陳在洴　編著

工程數學 Engineering Mathematics
觀念與精析

東華書局

國家圖書館出版品預行編目資料

工程數學：觀念與精析 / 陳在洼編著. -- 1 版. --
臺北市：臺灣東華書局股份有限公司, 2021.09
384 面；19x26 公分.

ISBN 978-986-5522-71-1 (平裝)

1. 工程數學

440.11　　　　　　　　　　110012128

工程數學：觀念與精析

編 著 者	陳在洼
發 行 人	陳錦煌
出 版 者	臺灣東華書局股份有限公司
地　　址	臺北市重慶南路一段一四七號三樓
電　　話	(02) 2311-4027
傳　　眞	(02) 2311-6615
劃撥帳號	00064813
網　　址	www.tunghua.com.tw
讀者服務	service@tunghua.com.tw
門　　市	臺北市重慶南路一段一四七號一樓
電　　話	(02) 2371-9320

2025 24 23 22 21 JF 5 4 3 2 1

ISBN　　978-986-5522-71-1

版權所有・翻印必究

編輯大意

(1) 本書之所有章節均依據教育部最新頒布之大專院校「工程數學」課程標準編輯而成。

(2) 本書中儘量避免繁瑣細雜及艱深公式之推導，以提高同學之學習意願，不再視『工程數學』為畏途。

(3) 本書中之所有例題，作者均以最清晰、最詳盡之步驟予以循序逐條說明，故本書不但可為教學之用、亦適用於準備各類考試時所須。

(4) 本書雖力求教材合適化、理論清晰化、公式簡易化、解題詳盡化、印刷精美化，惟難免仍有諸多遺漏、疏忽之處，尚祈各界先進不吝指教，不勝感激。

(5) 本書備有教師手冊，可提供教師教學參考之用。

(6) 長久以來，承蒙學界及讀者厚愛，且經東華編輯部之共同努力，本書已漸臻完善，但惟有廣大讀者的支持，才是作者執筆的最大動力，在此誠摯獻上感恩之意！

交大電子碩士、交大電子博士肄

陳在恩 謹識于風城

2021 年 8 月

目錄

第一章　一階常微分方程式

1-1　基本觀念 2
1-2　分離變數法 8
1-3　正合（exact）微分方程式 20
1-4　線性微分方程式 38
1-5　一階常微分方程式之應用 47
　　　精選習題 54

第二章　線性常微分方程式

2-1　二階齊性（homogeneous）線性微分方程式 64
2-2　二階常係數齊性線性微分方程式：實根、複根、重根之討論 68
2-3　自由振盪電路 71
2-4　柯西（Cauchy）方程式 78
2-5　n 階常係數齊性線性微分方程式：實根、複根、重根之討論 83
2-6　非齊性(nonhomogeneous)線性微分方程式 85
2-7　線性常微分方程式之應用 112
　　　精選習題 115

第三章　拉卜拉斯變換

3-1　基本觀念、基本定義 124
3-2　導函數及積分式之拉氏變換 135
3-3　s 軸及 t 軸之移位定理 139
3-4　拉氏變換之微分及積分 144
3-5　部份分式法 150
3-6　週期性函數之拉氏變換 166

3-7	拉氏變換之應用	170
精選習題		181

第四章　傅立葉分析

4-1	傅立葉級數基本觀念及計算	196
4-2	週期為任意值之函數	202
4-3	奇函數及偶函數	207
4-4	半幅展開法	212
4-5	傅立葉積分法	215
4-6	傅立葉之應用	217
精選習題		220

第五章　向量分析與向量積分

5-1	基本觀念	228
5-2	向量基本運算	230
5-3	向量場、曲線之向量式	236
5-4	曲線的弧長、切線、曲率及撓率	240
5-5	方向導數、梯度	250
5-6	向量場的散度及旋度	252
5-7	梯度、散度、旋度在電、磁學上的應用	254
5-8	線積分基本觀念及計算	255
5-9	線積分與二重積分之轉換	258
5-10	曲面之向量表示法，切平面	262
5-11	面積分基本觀念及計算	266
5-12	面積分與三重積分的轉換	269
5-13	斯托克斯（stokes）定理	271
5-14	保守場與非保守場	272
精選習題		275

第六章　矩陣

- 6-1　基本觀念、定義 282
- 6-2　矩陣基本運算 291
- 6-3　聯立方程式的解法 296
- 6-4　特徵值與特徵向量 306
- 6-5　矩陣的應用 315
- 精選習題 318

第七章　複變函數

- 7-1　基本觀念、複變數之圖示 324
- 7-2　複數函數、極限導數 329
- 7-3　解析函數與柯西黎曼方程式 332
- 7-4　常用複數函數計算公式 334
- 7-5　複平面上之線積分 339
- 7-6　複數線積分之基本性質 341
- 7-7　柯西積分定理 344
- 7-8　剩值定理 345
- 7-9　柯西積分的應用 351
- 精選習題 357

附錄

- 附錄 A　三角函數之基本性質及公式 362
- 附錄 B　雙曲與反雙曲函數之基本性質及公式 365
- 附錄 C　各類微分公式 366
- 附錄 D　各類積分公式 369
- 附錄 E　分部積分與快速積分法 370
- 附錄 F　向量微分運算子之一些有用公式 372
- 附錄 G　行列式之降階法 374
- 附錄 H　Cauchy 定理之證明 375

解

(a) x 為自變數，而 y 則為應變數。

(b) x, y, t 為自變數，而 u 則為應變數。

(c) x, y 為自變數，而 z 則為應變數。

---

(3) **方程式**（equation）：

表示自變數與應變數間之數學式子稱之。

(4) **微分方程式**（differential equations）：

方程式中含有微分項（或導數）者稱之。

(5) **常微分方程式**（ordinary differential equations）：

微分方程式中僅含有一自變數者稱之，簡稱為 O.D.E。

(6) **偏微分方程式**（partial differential equations）：

微分方程式中含有二個或二個以上自變數者稱之，簡稱為 P.D.E。

例題 1-2

判斷下列各微分方程式中，何者為常微分方程式？何者為偏微分方程式？

(a) $y'' + 2y = e^{-2x}\cos 2x$

(b) $x^2 y'' + xy' = x\ln x$

(c) $\dfrac{\partial^2 u}{\partial x \partial y} - \dfrac{\partial^2 u}{\partial x^2} = 0$

(d) $x\dfrac{\partial^2 z}{\partial x \partial y} - y\dfrac{\partial^2 z}{\partial x^2} = z$

解

(a), (b) 為常微分方程式，而 (c), (d) 則為偏微分方程式。

(7) **線性微分方程式（linear differential equations）：**

微分方程式中之應變數及其導數無高次方，或相乘積者稱之。

(8) **非線性微分方程式（nonlinear differential equations）：**

微分方程式中之應變數及其導數具高次方，或相乘積者稱之。

例題 1-3

判斷下列各微分方程式中，何者為線性微分方程式？何者為非線性微分方程式？

(a) $y'' + 2y' + 3y = x^2 \sin x$

(b) $xdy + ydx = x^2 ydx$

(c) $yy'' - 3y' + y = (x+2)y$

(d) $x(y')^2 + y = 1 + e^{-3x}$

解

(a), (b)為線性微分方程式，而(c), (d)則為非線性微分方程式。

---

(9) **階（orders）：**

微分方程式中所含導數之最高階數稱之。

(10) **次（degree）：**

微分方程式所含最高階導數之最高次方稱之。

例題 1-4

判斷下列各微分方程式為幾階？幾次？微分方程式。

(a) $y'' + 2y' + 4y = (x^2 + 1)e^{-x}$

(b) $x^2(y'')^3 + (xy' - 1) = xy^4$

(c) $xy''' + e^{-x}y^2 = \sin x$

(d) $\left[1 + (y')^2\right]^{\frac{1}{3}} = y''$

解

(a) 二階一次微分方程式。

(b) 二階三次微分方程式。

(c) 三階一次微分方程式。

(d) 二階三次微分方程式。

【注意：(d)之原式須先化簡為有理整數式 $1 + (y')^2 = (y'')^3$】

例題 1-5

判斷下列各微分方程式為幾階？幾次？線性？非線性？O.D.E？P.D.E？

(a) $y'' + \cos y = (x^2 + 1)e^{-x}$

(b) $x^2(y'')^2 + x(y')^3 = y\sin y$

(c) $xy''' + y\sin x = \tan x$

(d) $\left[1 + (e^{-x}yy')\right]^{\frac{1}{2}} = y''$

(e) $y\dfrac{\partial u}{\partial x} + x\dfrac{\partial u}{\partial y} = z$

(f) $\dfrac{\partial^2 u}{\partial x^2} + u\dfrac{\partial^2 u}{\partial y^2} = \dfrac{\partial^2 u}{\partial x \partial y}$

解

(a) 二階、一次、非線性、O.D.E。

(b) 二階、二次、非線性、O.D.E。

(c) 三階、一次、線性、O.D.E。

(d) 二階、二次、非線性、O.D.E.。

(e) 一階、一次、線性、P.D.E.。

(f) 二階、一次、非線性、P.D.E.。

(11) **通解**（general solution）：

微分方程式中含未知係數項之解稱之。

(12) **特解**（particular solution）：

通解配合其邊界條件，解出其未知係數之解稱之為特解。

(13) **全解**（complete solution）：

微分方程式中齊性解與特解之和稱之為全解。即全解
$$y(x) = y_h(x) + y_p(x)$$

微分方程式之原函數

如果有某一含任意常數之自變數與應變數之關係式，我們可藉微分，將其常數一一消除，而得一微分方程式，則稱此關係式為所得微分方程式之原函數。換言之，我們可以由給予之原函數求出相對應之微分方程式。

例題 1-6

給予下列各原函數，試求出其所對應之微分方程式。

(a) $y = A\cos 2x + B\sin 2x$

(b) $y = A\cos(3x + 4)$

(c) $y = \ln(Ae^{-x} + Be^{2x})$

(d) $y = c_1 x + c_2 x^2$

(e) $y = c_1 + c_2 e^x + c_3 e^{2x}$

解

(a) $y = A\cos 2x + B\sin 2x$

$y' = -2A\sin 2x + 2B\cos 2x$

$y'' = -4A\cos 2x - 4B\sin 2x = -4(A\cos 2x + B\sin 2x) = -4y$

$\Rightarrow y'' + 4y = 0$

(b) $y = A\cos(3x+4)$

$y' = -3A\sin(3x+4)$

$y'' = -9A\cos(3x+4) = -9[A\cos(3x+4)] = -9y$

$\Rightarrow y'' + 9y = 0$

(c) $y = \ln(Ae^{-x} + Be^{2x})$

$e^y = Ae^{-x} + Be^{2x}$ .... (1)

$y'e^y = -Ae^{-x} + 2Be^{2x}$ .... (2)

$y''e^y + (y')^2 e^y = Ae^{-x} + 4Be^{2x}$ .... (3)

$(1)+(2) \Rightarrow e^y + y'e^y = 3Be^{2x}$ .... (4)

$(4) \times 2 \Rightarrow 2e^y + 2y'e^y = 6Be^{2x}$

$(2)+(3) \Rightarrow$

$y'e^y + y''e^y + (y')^2 e^y = 6Be^{2x} = 2e^y + 2y'e^y$

$\Rightarrow y'' + (y')^2 - y' - 2 = 0$

(d) $y = c_1 x + c_2 x^2$ .... (1)

$y' = c_1 + 2c_2 x$ .... (2)

$y'' = 2c_2$ .... (3)

$(2) \times x \Rightarrow xy' = c_1 x + 2c_2 x^2$ .... (4)

$(3) \times x^2 \Rightarrow x^2 y'' = 2c_2 x^2$ .... (5)

$(5)-(4) \Rightarrow x^2 y'' - xy' = -c_1 x = -y + c_2 x^2 = -y + \dfrac{1}{2} x^2 y''$

$\dfrac{1}{2} x^2 y'' - xy' + y = 0$

$\Rightarrow x^2 y'' - 2xy' + 2y = 0$

(e) $y = c_1 + c_2 e^x + c_3 e^{2x}$ ··· (1)

$y' = c_2 e^x + 2c_3 e^{2x}$ ··· (2)

$y'' = c_2 e^x + 4c_3 e^{2x}$ ··· (3)

$y''' = c_2 e^x + 8c_3 e^{2x}$ ··· (4)

(4) − (3) ⇒ $y''' - y'' = 4c_3 e^{2x}$

(3) − (2) ⇒ $y'' - y' = 2c_3 e^{2x}$

$y''' - y'' = 4c_3 e^{2x} = 2(2c_3 e^{2x}) = 2(y'' - y')$

⇒ $y''' - 3y'' + 2y' = 0$

1-2 分離變數法

變數可直接分離

(1) 第一類型

$y' = \dfrac{dy}{dx} = f(x, y) = f_1(x) f_2(y)$

⇒ $\dfrac{dy}{f_2(y)} = f_1(x) dx$

⇒ $\int \dfrac{dy}{f_2(y)} = \int f_1(x) dx + c$

(2) 第二類型

$M(x, y) dx + N(x, y) dy = 0$

⇒ $M_1(x) M_2(y) dx + N_1(x) N_2(y) dy = 0$

$\div M_2(y) N_1(x)$ ⇒ $\dfrac{M_1(x)}{N_1(x)} dx + \dfrac{N_2(y)}{M_2(y)} dy = 0$

⇒ $\int \dfrac{M_1(x)}{N_1(x)} dx + \int \dfrac{N_2(y)}{M_2(y)} dy = c$

例題 1-7

解 $y'\cos y = e^{-x}$，$y(0) = \dfrac{\pi}{2}$。

解

$y'\cos y = e^{-x}$

$\dfrac{dy}{dx}\cos y = e^{-x}$

$dy \cos y = e^{-x} dx$

$\cos y \, dy = e^{-x} dx$

$\int \cos y \, dy = \int e^{-x} dx + c$

$\sin y = -e^{-x} + c$

$y(0) = \dfrac{\pi}{2} \Rightarrow \sin \dfrac{\pi}{2} = -e^{-0} + c = -1 + c \Rightarrow c = 2$

$\Rightarrow \sin y = -e^{-x} + 2$

$\Rightarrow y = \sin^{-1}(-e^{-x} + 2)$

例題 1-8

解 $y(1+x^2)dy + (x+xy^2)dx = 0$

解

$y(1+x^2)dy + (x+xy^2)dx = 0$

$y(1+x^2)dy + x(1+y^2)dx = 0$ ·················· (1)

$(1) \div (1+x^2)(1+y^2)$

$\Rightarrow \dfrac{y}{(1+y^2)}dy + \dfrac{x}{(1+x^2)}dx = 0$

$\dfrac{1}{2}\dfrac{1}{(1+y^2)}dy^2 + \dfrac{1}{2}\dfrac{1}{(1+x^2)}dx^2 = 0$

$$\frac{1}{2}\frac{1}{(1+y^2)}d(1+y^2)+\frac{1}{2}\frac{1}{(1+x^2)}d(1+x^2)=0$$

$$\frac{1}{2}[\ln(1+y^2)+\ln(1+x^2)]=c_1$$

$$\ln(1+y^2)+\ln(1+x^2)=2c_1=c_2$$

$$\ln(1+y^2)(1+x^2)=c_2=\ln c$$

$$\Rightarrow (1+y^2)(1+x^2)=c$$

例題 1-9

解 $(y')^2=\dfrac{2}{y^2}-1$。

解

$$(y')^2=\frac{2}{y^2}-1 \quad\cdots\cdots\cdots\cdots\cdots\cdots\cdots\cdots\cdots\cdots\cdots\cdots\cdots\cdots\cdots\cdots\cdots\cdots\cdots (1)$$

$(1)\times y^2 \Rightarrow y^2(y')^2=2-y^2 \Rightarrow [y(y')]^2=2-y^2 \Rightarrow y(y')=\pm\sqrt{2-y^2}$

$$\Rightarrow \frac{dy}{dx}=\pm\frac{\sqrt{2-y^2}}{y} \Rightarrow \frac{y}{\sqrt{2-y^2}}dy=\pm dx$$

$$\Rightarrow -\frac{1}{2}\frac{1}{\sqrt{2-y^2}}d(2-y^2)=\pm dx \Rightarrow -\frac{1}{2}\int\frac{1}{\sqrt{2-y^2}}d(2-y^2)=\pm\int dx+c_1$$

$$\Rightarrow -\frac{1}{2}\int(2-y^2)^{-\frac{1}{2}}d(2-y^2)=\pm\int dx+c_1 \Rightarrow -\frac{1}{2}\frac{1}{\frac{1}{2}}(2-y^2)^{\frac{1}{2}}=\pm x+c_1$$

$$-(2-y^2)^{\frac{1}{2}}=\pm x+c_1 \Rightarrow (2-y^2)^{\frac{1}{2}}=\mp x-c_1$$

$$\Rightarrow (2-y^2)=(\mp x-c_1)^2 \Rightarrow (2-y^2)=(\mp x-c_1)^2=(x+c)^2$$

$$\Rightarrow (x+c)^2+y^2=2$$

例題 1-10

解 $x(y+1)dx - y(x^2+1)dy = 0$，$y(1) = 0$

解

$x(y+1)dx - y(x^2+1)dy = 0$

$x(y+1)dx = y(x^2+1)dy$ ·· (1)

$(1) \div (y+1)(x^2+1)$

$\Rightarrow \dfrac{x}{x^2+1}dx = \dfrac{y}{y+1}dy$

$\dfrac{1}{2}\dfrac{1}{x^2+1}dx^2 = \dfrac{y}{y+1}dy = (1 - \dfrac{1}{y+1})dy$

$\int \dfrac{1}{2}\dfrac{1}{x^2+1}d(x^2+1) = \int (1 - \dfrac{1}{y+1})dy + c_1$

$\dfrac{1}{2}\ln(x^2+1) = [y - \ln(y+1)] + c_1$

$\ln(x^2+1) = 2[y - \ln(y+1)] + 2c_1$

$2[y - \ln(y+1)] - \ln(x^2+1) = -2c_1 = c_2$

$2y - 2\ln(y+1) - \ln(x^2+1) = c_2$

$2y - [\ln(y+1)^2 + \ln(x^2+1)] = c_2$

$2y - [\ln(y+1)^2(x^2+1)] = c_2$

$2y = \ln(y+1)^2(x^2+1) + c_2 = \ln(y+1)^2(x^2+1) + \ln c$

$\quad = \ln c(y+1)^2(x^2+1)$

$\Rightarrow e^{2y} = c(y+1)^2(x^2+1)$

$y(1) = 0 \Rightarrow c = \dfrac{1}{2} \Rightarrow e^{2y} = \dfrac{1}{2}(y+1)^2(x^2+1)$

例題 1-11

解 $(1+y^2)dx - xydy = 0$，$y(1) = 3$

解

$(1+y^2)dx - xydy = 0, y(1) = 3$

$(1+y^2)dx = xydy$ ·· (1)

$(1) \div (1+y^2)x \Rightarrow \dfrac{1}{x}dx = \dfrac{y}{1+y^2}dy = \dfrac{1}{2}\dfrac{1}{1+y^2}d(1+y^2)$

$\int \dfrac{1}{x}dx = \dfrac{1}{2}\int \dfrac{1}{1+y^2}d(1+y^2) + c_1 \Rightarrow \ln x = \dfrac{1}{2}\ln(1+y^2) + c_1$

$\Rightarrow 2\ln x - \ln(1+y^2) = 2c_1 \Rightarrow \ln x^2 - \ln(1+y^2) = 2c_1$

$\Rightarrow \ln \dfrac{x^2}{1+y^2} = 2c_1 = \ln c \Rightarrow \dfrac{x^2}{1+y^2} = c \Rightarrow x^2 = c(1+y^2)$

$y(1) = 3 \Rightarrow 1 = c(1+3^2) \Rightarrow c = \dfrac{1}{10} \Rightarrow x^2 = \dfrac{1}{10}(1+y^2)$

$\Rightarrow 10x^2 - y^2 = 1$

可化簡為分離形式之方程式

某些一階微分方程式無法以視察法立即分離其變數，但若是經過一些簡易之代換後則可將其變換為可分離之形式，此類之方程式可大致區分為下列三種類型：

第一種類型：齊次微分方程式

"齊次"之定義如下：

某一函數若滿足：

$$f(\lambda x, \lambda y) = \lambda^n f(x, y)$$

則稱此函數為 n 次齊次函數，微分方程式中含齊次函數者，稱之為齊次微分方程式。

例題 1-12

判斷下列各函數何者為齊次函數？何者為非齊次函數？

(a) $f(x,y) = xy - 2(x^2 + y^2)$

(b) $f(x,y) = x^2 + e^{xy}$

(c) $f(x,y) = \dfrac{x}{y} + 2\sin\dfrac{x}{y} + e^{\frac{x}{y}}$

(d) $f(x,y) = xy - \sin x \cos y$

解

(a) $f(x,y) = xy - 2(x^2 + y^2)$ 為二次齊次函數，因為：

$$f(x,y) = xy - 2(x^2 + y^2)$$
$$f(\lambda x, \lambda y) = (\lambda x)(\lambda y) - 2[(\lambda x)^2 + (\lambda y)^2] = \lambda^2 \left[xy - 2(x^2 + y^2) \right]$$
$$= \lambda^2 f(x,y), n = 2$$

(b) $f(x,y) = x^2 + e^{xy}$ 為非齊次函數，因為：

$$f(x,y) = x^2 + e^{xy}$$
$$f(\lambda x, \lambda y) = (\lambda x)^2 + e^{(\lambda x)(\lambda y)} = \lambda^2 x^2 + e^{\lambda^2 xy}$$
$$\neq \lambda^n f(x,y)$$

(c) $f(x,y) = \dfrac{x}{y} + 2\sin\dfrac{x}{y} + e^{\frac{x}{y}}$ 為零次齊次函數，因為：

$$f(x,y) = \dfrac{x}{y} + 2\sin\dfrac{x}{y} + e^{\frac{x}{y}}$$
$$f(\lambda x, \lambda y) = \dfrac{\lambda x}{\lambda y} + 2\sin\dfrac{\lambda x}{\lambda y} + e^{\frac{\lambda x}{\lambda y}} = \dfrac{x}{y} + 2\sin\dfrac{x}{y} + e^{\frac{x}{y}}$$
$$= \lambda^0 f(x,y), n = 0$$

(d) $f(x,y) = xy - \sin x \cos y$ 為非齊次函數，因為：

$f(x,y) = xy - \sin x \cos y$

$f(\lambda x, \lambda y) = \lambda x \lambda y - \sin \lambda x \cos \lambda y$

$\neq \lambda^n f(x,y)$

一階微分方程式 $M(x,y)dx + N(x,y)dy = 0$，若滿足下式：

$M(\lambda x, \lambda y) = \lambda^n M(x,y)$

$N(\lambda x, \lambda y) = \lambda^n N(x,y)$

則稱此微分方程式為 n 次齊次微分方程式。

欲將一階 n 次齊次微分方程式轉換為可分離變數之方程式可依下述作法而求得：

令 $u = \dfrac{y}{x}, y = ux, dy = udx + xdu$，代入原方程式整理，經分離變數後解之。

例題 1-13

解 $xdy - ydx - \sqrt{x^2 - y^2}\, dx = 0$

解

令 $u = \dfrac{y}{x}, y = ux, dy = udx + xdu$

$x(xdu + udx) - uxdx - \sqrt{x^2 - (ux)^2}\, dx = 0$

$x^2 du - x\sqrt{1 - u^2}\, dx = 0$ ································· (1)

$(1) \div x \Rightarrow xdu - \sqrt{1 - u^2}\, dx = 0$ ································· (2)

(2) $\div x\sqrt{1-u^2} \Rightarrow \dfrac{1}{\sqrt{1-u^2}}du - \dfrac{1}{x}dx = 0$

$\dfrac{1}{\sqrt{1-u^2}}du = \dfrac{1}{x}dx \Rightarrow \int \dfrac{1}{\sqrt{1-u^2}}du = \int \dfrac{1}{x}dx + c_1$

$\sin^{-1}u = \ln x + \ln c = \ln cx \Rightarrow cx = e^{\sin^{-1}u} \Rightarrow cx = e^{\sin^{-1}\frac{y}{x}}$

例題 1-14

解 $(1+2e^{\frac{x}{y}})dx + 2e^{\frac{x}{y}}(1-\dfrac{x}{y})dy = 0$

解

令 $u = \dfrac{x}{y}, x = uy, dx = ydu + udy$

$(1+2e^u)(ydu + udy) + 2e^u(1-u)dy = 0$

$ydu + udy + 2e^u ydu + 2e^u udy + 2e^u dy - 2e^u udy = 0$

$(1+2e^u)ydu + (u+2e^u)dy = 0$ ·· (1)

$(1) \div y(u+2e^u)$

$\Rightarrow \dfrac{1+2e^u}{u+2e^u}du + \dfrac{1}{y}dy = 0$

$\dfrac{1}{u+2e^u}d(u+2e^u) + \dfrac{1}{y}dy = 0$

$\int \dfrac{1}{u+2e^u}d(u+2e^u) + \int \dfrac{1}{y}dy = c_1$

$\ln(u+2e^u) + \ln y = c_1 = \ln c$

$\ln(u+2e^u)y = \ln c$

$(u+2e^u)y = c$

$(\dfrac{x}{y} + 2e^{\frac{x}{y}})y = c$

$\Rightarrow x + 2ye^{\frac{x}{y}} = c$

第二種類型：線性非齊次微分方程式

此類之微分方程式之形式如下：

$$(a_1 x + b_1 y + c_1)dx + (a_2 x + b_2 y + c_2)dy = 0$$

其解題之技巧如下：

(a) 若 $\dfrac{a_1}{b_1} = \dfrac{a_2}{b_2} = k$（常數）

可令 $a_1 x + b_1 y = u, y = \dfrac{1}{b_1}(u - a_1 x), dy = \dfrac{1}{b_1}(du - a_1 dx)$，代入原方程式，然後以分離變數法解之即可。

而若 $a_1 = b_1 = 1$，可令 $x + y = u, y = u - x, dy = du - dx$。

(b) 若 $\dfrac{a_1}{b_1} \neq \dfrac{a_2}{b_2}$

可令 $x = u + h, y = v + k, dx = du, dy = dv$

其中之 h, k 可藉解下列聯立方程式而求得：

$$\begin{cases} a_1 h + b_1 k + c_1 = 0 \\ a_2 h + b_2 k + c_2 = 0 \end{cases}$$

以所解得之 h, k 及上述關係式代入方程式，可化簡為齊次微分方程式，然後以分離變數法解之即可。

例題 1-15

解 $(x + y)dx + (2x + 2y + 3)dy = 0$

解

$\dfrac{a_1}{b_1} = \dfrac{1}{1} = \dfrac{a_2}{b_2} = \dfrac{2}{2} = 1$

$(x+y)dx + (2x+2y+3)dy = 0$

令 $x+y = u, dy = du - dx$

$\Rightarrow udx + (2u+3)(du - dx) = 0$

$(u - 2u - 3)dx + (2u+3)du = 0$

$(-u - 3)dx + (2u+3)du = 0$

$0 - (u+3)dx + (2u+3)du = 0$

$(u+3)dx = (2u+3)du$

$dx = \dfrac{2u+3}{u+3}du = \dfrac{2(u+3)-3}{u+3} = 2 - \dfrac{3}{u+3}$

$\int dx = \int (2 - \dfrac{3}{u+3})du + c_1$

$x = 2u - 3\ln(u+3) + c_1$

$x - 2u + 3\ln(u+3) = c_1$

$\Rightarrow x - 2(x+y) + 3\ln(x+y+3) = c_1$

$\Rightarrow -x - 2y + 3\ln(x+y+3) = c_1$

$x + 2y - 3\ln(x+y+3) = -c_1 = c$

例題 1-16

解 $(x+y-1)dx + (x-y+1)dy = 0$

解

因 $\dfrac{a_1}{b_1} = \dfrac{1}{1} \neq \dfrac{a_2}{b_2} = \dfrac{1}{-1}$

令 $x = u+h, y = v+k, dx = du, dy = dv$

$h + k - 1 = 0$ ·· (1)

$h - k + 1 = 0$ ·· (2)

$(1) + (2) \Rightarrow h = 0, k = 1$

$\Rightarrow x = u + 0 = u, y = v + 1, dx = du, dy = dv$

$(x+y-1)dx + (x-y+1)dy = 0$

$\Rightarrow (u+v+1-1)du+(u-v-1+1)dv=0$

$(u+v)du+(u-v)dv=0$

再令 $t=\dfrac{u}{v}, u=tv, du=vdt+tdv$

$(tv+v)(vdt+tdv)+(tv-v)dv=0$ ·· (3)

$(3)\div v \Rightarrow (t+1)(vdt+tdv)+(t-1)dv=0$

$(t^2+t+t-1)dv+(t+1)vdt=0$

$(t^2+2t-1)dv+(t+1)vdt=0$ ·· (4)

$(4)\div (t^2+2t-1)v$

$\Rightarrow \dfrac{1}{v}dv+\dfrac{(t+1)}{(t^2+2t-1)}dt=0$

$\Rightarrow \dfrac{1}{v}dv+\dfrac{1}{2}\dfrac{1}{(t^2+2t-1)}d(t^2+2t-1)=0$

$\int \dfrac{1}{v}dv+\int \dfrac{1}{2}\dfrac{1}{(t^2+2t-1)}d(t^2+2t-1)=c_1$

$\ln v+\dfrac{1}{2}\ln(t^2+2t-1)=c_1$

$2\ln v+\ln(t^2+2t-1)=2c_1$

$\ln v^2+\ln(t^2+2t-1)=2c_1=\ln c$

$v^2(t^2+2t-1)=c$

$v^2[(\dfrac{u}{v})^2+2(\dfrac{u}{v})-1]=c$

$(y-1)^2[(\dfrac{x}{y-1})^2+2(\dfrac{x}{y-1})-1]=c$

$\Rightarrow x^2+2x(y-1)-(y-1)^2=c$

第三種類型：非齊次微分方程式

此類方程式之類型如下：

$$yf(xy)dx+xg(xy)dy=0$$

解此類問題可令 $xy = u$，$y = \dfrac{u}{x}$，$dy = \dfrac{xdu - udx}{x^2}$，代入原方程式，然後以分離變數法解之。

例題 1-17

解 $y(1 + xy)dx + x(1 - xy)dy = 0$

解

令 $xy = u$，$y = \dfrac{u}{x}$，$dy = \dfrac{xdu - udx}{x^2}$

$\dfrac{u}{x}(1 + u)dx + x(1 - u)\dfrac{xdu - udx}{x^2} = 0$

$\Rightarrow u(1 + u)dx + (1 - u)(xdu - udx) = 0$

$\Rightarrow [u(1 + u) - u(1 - u)]dx + (1 - u)xdu = 0$

$\Rightarrow 2u^2 dx + (1 - u)xdu = 0$ ·································· (1)

$(1) \div 2u^2 x \Rightarrow \dfrac{1}{x}dx + \dfrac{1 - u}{2u^2}du = 0$

$\Rightarrow \dfrac{1}{x}dx + \dfrac{1}{2}(\dfrac{1}{u^2} - \dfrac{1}{u})du = 0 \Rightarrow \int \dfrac{1}{x}dx + \int \dfrac{1}{2}(\dfrac{1}{u^2} - \dfrac{1}{u})du = c_1$

$\Rightarrow \ln x + \dfrac{1}{2}(-\dfrac{1}{u} - \ln u) = c_1 \Rightarrow 2\ln x - (\dfrac{1}{u} + \ln u) = 2c_1 = c$

$\Rightarrow 2\ln x - (\dfrac{1}{xy} + \ln xy) = c$

例題 1-18

解 $(1 - xy + x^2 y^2)dx - (x^2 - x^3 y)dy = 0$

解

$(1 - xy + x^2 y^2)dx - (x^2 - x^3 y)dy = 0$ ·································· (1)

(1) $\times y$

$$\Rightarrow y(1-xy+x^2y^2)dx - y(x^2-x^3y)dy = 0$$

$$\Rightarrow y(1-xy+x^2y^2)dx - x(xy-x^2y^2)dy = 0$$

$$\Leftrightarrow xy = u, y = \frac{u}{x}, dy = \frac{xdu-udx}{x^2}$$

$$\Rightarrow \frac{u}{x}(1-u+u^2)dx - x(u-u^2)\frac{xdu-udx}{x^2} = 0$$

$$u(1-u+u^2)dx - (u-u^2)(xdu-udx) = 0$$

$$\Rightarrow (1-u+u^2)dx - (1-u)(xdu-udx) = 0$$

$$\left[(1-u+u^2) + u(1-u)\right]dx - (1-u)xdu = 0$$

$$\Rightarrow dx + (u-1)xdu = 0 \quad \cdots\cdots\cdots\cdots\cdots\cdots\cdots\cdots\cdots\cdots\cdots\cdots\cdots\cdots\cdots\cdots (2)$$

$$(2) \div x \Rightarrow \frac{1}{x}dx + (u-1)du = 0$$

$$\int \frac{1}{x}dx + \int (u-1)du = c \Rightarrow \ln x + \frac{1}{2}u^2 - u = c$$

$$\Rightarrow \ln x + \frac{1}{2}(xy)^2 - xy = c$$

$$\Rightarrow \ln x = xy - \frac{1}{2}x^2y^2 + c$$

1-3 正合(exact)微分方程式

一階微分方程式 $M(x,y)dx + N(x,y)dy = 0$，若滿足下式：

$$\frac{\partial M(x,y)}{\partial y} = \frac{\partial N(x,y)}{\partial x}$$

則稱此方程式為正合（exact）微分方程式。

解此類方程式之法有二：

(1) 將方程式改為全微分方程式，然後以積分解之。

(2) 將方程式以某一函數 ϕ 之全微分形式表示，也就是：

$$d\phi(x,y) = \frac{\partial \phi}{\partial x}dx + \frac{\partial \phi}{\partial y}dy = M(x,y)dx + N(x,y)dy = 0$$

$$\frac{\partial \phi}{\partial x} = M(x,y) \Rightarrow \phi(x,y) = \int M(x,y)dx + g(y) = c$$

$$\frac{\partial \phi}{\partial y} = N(x,y) \Rightarrow \phi(x,y) = \int N(x,y)dy + f(x) = c$$

總結上式，對於正合微分方程式：

(1) 可先求 $\phi(x,y) = \int M(x,y)dx + g(y) = c$，再代入條件 $\frac{\partial \phi}{\partial y} = N(x,y)$ 解之。

(2) 或先求 $\phi(x,y) = \int N(x,y)dy + f(x) = c$，再代入條件 $\frac{\partial \phi}{\partial x} = M(x,y)$ 解之。

例題 1-19

解 $(2xy + y^2)dx + (x^2 + 2xy)dy = 0$

解

因為：$\frac{\partial M(x,y)}{\partial y} = \frac{\partial (2xy + y^2)}{\partial y} = 2x + 2y$

$\frac{\partial N(x,y)}{\partial x} = \frac{\partial (x^2 + 2xy)}{\partial x} = 2x + 2y$

$\Rightarrow \frac{\partial M(x,y)}{\partial y} = \frac{\partial N(x,y)}{\partial x}$

所以方程式 $(2xy + y^2)dx + (x^2 + 2xy)dy = 0$ 為一正合微分方程式，我們可以下列兩種方法求出其解：

法 1： $(2xy + y^2)dx + (x^2 + 2xy)dy = 0$

$\Rightarrow (2xydx + x^2dy) + (y^2dx + 2xydy) = 0$

$\Rightarrow d(x^2y) + d(xy^2) = 0$

$$\int d(x^2 y) + \int d(xy^2) = c$$

$$\Rightarrow x^2 y + xy^2 = c$$

法2： $M(x,y)dx + N(x,y)dy = 0$

$(2xy + y^2)dx + (x^2 + 2xy)dy = 0$

$M(x,y) = 2xy + y^2$

$N(x,y) = x^2 + 2xy$

$\dfrac{\partial \phi(x,y)}{\partial x} = M(x,y) = 2xy + y^2$

$\phi(x,y) = \int M(x,y)dx + g(y) = \int (2xy + y^2)dx + g(y) = c_1$

$\Rightarrow \phi(x,y) = x^2 y + xy^2 + g(y)$ ·· (1)

$\dfrac{\partial \phi(x,y)}{\partial y} = N(x,y) = x^2 + 2xy$

$(1)' \Rightarrow \dfrac{\partial \phi(x,y)}{\partial y} = x^2 + 2xy + g'(y) = x^2 + 2xy$

$\Rightarrow g'(y) = 0, \Rightarrow g(y) = c_2$

$\Rightarrow \phi(x,y) = x^2 y + xy^2 + c_2 = c_1$

$\Rightarrow \phi(x,y) = x^2 y + xy^2 = -c_2 + c_1 = c$

$\Rightarrow x^2 y + xy^2 = c$

例題 1-20

解 $(x^2 + y^2 + x)dx + (1 + 2xy)dy = 0$

解

因為： $\dfrac{\partial M(x,y)}{\partial y} = \dfrac{\partial (x^2 + y^2 + x)}{\partial y} = 2y$

$\dfrac{\partial N(x,y)}{\partial x} = \dfrac{\partial (1 + 2xy)}{\partial x} = 2y$

$$\Rightarrow \frac{\partial M(x,y)}{\partial y} = \frac{\partial N(x,y)}{\partial x} = 2y$$

所以方程式 $(x^2+y^2+x)dx+(1+2xy)dy=0$ 為一正合微分方程式，我們可以下列方法求出其解：

$M(x,y)dx + N(x,y)dx = 0$

$(x^2+y^2+x)dx + (1+2xy)dx = 0$

$M(x,y) = x^2 + y^2 + x$

$N(x,y) = 1 + 2xy$

$\phi(x,y) = \int M(x,y)dx + g(y) = \int(x^2+y^2+x)dx + g(y) = c$

$\dfrac{\partial \phi(x,y)}{\partial x} = M(x,y) = x^2 + y^2 + x$

$\Rightarrow \phi(x,y) = \dfrac{1}{3}x^3 + xy^2 + \dfrac{1}{2}x^2 + g(y)$ ································· (1)

$\dfrac{\partial \phi(x,y)}{\partial y} = N(x,y) = 1 + 2xy$

$(1)' \Rightarrow \dfrac{\partial \phi(x,y)}{\partial y} = 2xy + g'(y) = 1 + 2xy$

$\Rightarrow g'(y) = 1 \Rightarrow g(y) = y$

$\Rightarrow \phi(x,y) = \dfrac{1}{3}x^3 + xy^2 + \dfrac{1}{2}x^2 + y = c$

$\Rightarrow \dfrac{1}{3}x^3 + xy^2 + \dfrac{1}{2}x^2 + y = c$

例題 1-21

解 $\ln y\, dx + \dfrac{x}{y} dy = 0$

解

因為：$\dfrac{\partial M(x,y)}{\partial y} = \dfrac{\partial (\ln y)}{\partial y} = \dfrac{1}{y}$

$$\frac{\partial N(x,y)}{\partial x} = \frac{\partial(\frac{x}{y})}{\partial x} = \frac{1}{y}$$

$$\Rightarrow \frac{\partial M(x,y)}{\partial y} = \frac{\partial N(x,y)}{\partial x} = \frac{1}{y}$$

所以方程式

$$\ln y\, dx + \frac{x}{y} dy = 0$$

為一正合微分方程式，我們可以下列方法求出其解：

$$M(x,y)dx + N(x,y)dy = 0$$

$$\ln y\, dx + \frac{x}{y} dy = 0$$

$$M(x,y) = \ln y$$

$$N(x,y) = \frac{x}{y}$$

$$\frac{\partial \phi(x,y)}{\partial x} = M(x,y) = \ln y$$

$$\phi(x,y) = \int M(x,y)dx + g(y) = \int \ln y\, dx + g(y) = c_1$$

$$\Rightarrow \phi(x,y) = x\ln y + g(y) \quad\cdots\cdots\cdots\cdots\cdots\cdots\cdots\cdots\cdots (1)$$

$$\frac{\partial \phi(x,y)}{\partial y} = N(x,y) = \frac{x}{y}$$

$$(1)' \Rightarrow \frac{\partial \phi(x,y)}{\partial y} = \frac{x}{y} + g'(y) = \frac{x}{y}$$

$$\Rightarrow g'(y) = 0 \Rightarrow g(y) = c_2$$

$$\Rightarrow \phi(x,y) = x\ln y + c_2 = c_1$$

$$\Rightarrow \phi(x,y) = x\ln y = c_1 - c_2 = c$$

$$\Rightarrow x\ln y = c$$

例題 1-22

解 $(y^2 e^{xy^2} + 4x^3)dx + (2xye^{xy^2} - 3y^2)dy = 0$

解

因為：$\dfrac{\partial M(x,y)}{\partial y} = \dfrac{\partial(y^2 e^{xy^2} + 4x)}{\partial y}$

$$= 2ye^{xy^2} + (y^2 e^{xy^2})(2xy) = 2ye^{xy^2} + 2xy^3 e^{xy^2}$$

$\dfrac{\partial N(x,y)}{\partial x} = \dfrac{\partial(2xye^{xy^2} - 3y^2)}{\partial x}$

$$= 2ye^{xy^2} + (2xye^{xy^2})(y^2) = 2ye^{xy^2} + 2xy^3 e^{xy^2}$$

$\Rightarrow \dfrac{\partial M(x,y)}{\partial y} = \dfrac{\partial N(x,y)}{\partial x} = 2ye^{xy^2} + 2xy^3 e^{xy^2}$

所以方程式 $(y^2 e^{xy^2} + 4x^3)dx + (2xye^{xy^2} - 3y^2)dy = 0$ 為一正合微分方程式，我們可以下列方法求出其解：

$M(x,y)dx + N(x,y)dy = 0$

$(y^2 e^{xy^2} + 4x^3)dx + (2xye^{xy^2} - 3y^2)dy = 0$

$M(x,y) = y^2 e^{xy^2} + 4x^3$

$N(x,y) = 2xye^{xy^2} - 3y^2$

$\dfrac{\partial \phi(x,y)}{\partial x} = M(x,y) = y^2 e^{xy^2} + 4x^3$

$\phi(x,y) = \int M(x,y)dx + g(y) = \int(y^2 e^{xy^2} + 4x^3)dx + g(y) = c_1$

$\Rightarrow \phi(x,y) = e^{xy^2} + x^4 + g(y)$ ……………………………………… (1)

$\dfrac{\partial \phi(x,y)}{\partial y} = N(x,y) = 2xye^{xy^2} - 3y^2$

$(1)' \Rightarrow \dfrac{\partial \phi(x,y)}{\partial y} = 2xye^{xy^2} + g'(y) = 2xye^{xy^2} - 3y^2$

$\Rightarrow g'(y) = -3y^2 \Rightarrow g(y) = \int -3y^2 dy = -y^3 + c_2$

$\Rightarrow \phi(x,y) = e^{xy^2} + x^4 + (-y^3 + c_2) = c_1$

$\Rightarrow \phi(x,y) = e^{xy^2} + x^4 - y^3 = -c_2 + c_1 = c$

$\Rightarrow e^{xy^2} + x^4 - y^3 = c$

可化簡為正合的類型：積分因子

並非所有的一階微分方程式都為正合的類型，也就是說，若微分方程式 $M(x,y)dx+N(x,y)dy=0$，存在下述關係：

$$\frac{\partial M(x,y)}{\partial y} \neq \frac{\partial N(x,y)}{\partial x}$$

則此方程式為非正合微分方程式，當然也無法以解正合微分方程式的方法來解此類題型，但是若我們將此方程式乘上一個因子 $F(x,y)$，使得 $F(x,y)M(x,y)dx+F(x,y)N(x,y)dy=0$ 為正合微分方程式，則 $F(x,y)$ 稱之為「積分因子」，但此積分因子並非唯一，若以其通式來找積分因子，如下所述：

$$\frac{\partial [F(x,y)M(x,y)]}{\partial y} = \frac{\partial [F(x,y)N(x,y)]}{\partial x}$$

$$\frac{\partial F(x,y)}{\partial y}M(x,y) + F(x,y)\frac{\partial M(x,y)}{\partial y} = \frac{\partial F(x,y)}{\partial x}N(x,y) + F(x,y)\frac{\partial N(x,y)}{\partial x}$$

一般而言，上式既複雜又無用。因此，解決之道為尋求較簡易且可行之積分因子，比方說：

(1) $F(x,y)$ 僅為 x 的函數可表為 $F(x,y)=F(x)$，

正合條件為：

$$\frac{\partial [F(x)M(x,y)]}{\partial y} = \frac{\partial [F(x)N(x,y)]}{\partial x},$$

$$\frac{dF(x)}{dy}M(x,y) + F(x)\frac{\partial M(x,y)}{\partial y} = \frac{dF(x)}{dx}N(x,y) + F(x)\frac{\partial N(x,y)}{\partial x}$$

$$F(x)\frac{\partial M(x,y)}{\partial y} = \frac{dF(x)}{dx}N(x,y) + F(x)\frac{\partial N(x,y)}{\partial x} \qquad \leftarrow \frac{dF(x)}{dy}=0$$

$$\frac{\partial M(x,y)}{\partial y} = \frac{1}{F(x)}\frac{dF(x)}{dx}N(x,y) + \frac{\partial N(x,y)}{\partial x} \qquad \leftarrow \text{除以 } F(x)$$

$$\frac{1}{N(x,y)}\frac{\partial M(x,y)}{\partial y} = \frac{1}{F(x)}\frac{dF(x)}{dx} + \frac{1}{N(x,y)}\frac{\partial N(x,y)}{\partial x} \qquad \leftarrow \text{除以 } N(x,y)$$

$$\frac{1}{F(x)}\frac{dF(x)}{dx} = \frac{1}{N(x,y)}\frac{\partial M(x,y)}{\partial y} - \frac{1}{N(x,y)}\frac{\partial N(x,y)}{\partial x} \qquad \leftarrow \text{移項}$$

$$\frac{1}{F(x)}\frac{dF(x)}{dx} = \frac{1}{N(x,y)}\left[\frac{\partial M(x,y)}{\partial y} - \frac{\partial N(x,y)}{\partial x}\right] = f(x) \leftarrow \text{合併及定義}$$

$$\int\frac{dF(x)}{F(x)} = \int f(x)dx \qquad \leftarrow \text{積分}$$

$$\ln|F(x)| = \int f(x)dx \qquad \leftarrow \text{積分結果}$$

$$F(x) = e^{\int f(x)dx}, f(x) = \frac{1}{N(x,y)}\left[\frac{\partial M(x,y)}{\partial y} - \frac{\partial N(x,y)}{\partial x}\right] \leftarrow \text{最後結果}$$

因此,如果

$$\frac{1}{N(x,y)}\left[\frac{\partial M(x,y)}{\partial y} - \frac{\partial N(x,y)}{\partial x}\right] = f(x) \text{ 為純 } x \text{ 的函數,則積分因子為:}$$

$$F(x) = e^{\int f(x)dx}, f(x) = \frac{1}{N(x,y)}\left[\frac{\partial M(x,y)}{\partial y} - \frac{\partial N(x,y)}{\partial x}\right]$$

例題 1-23

解 $(x^2 + y^2)dx + xydy = 0$

解

$$\frac{\partial M(x,y)}{\partial y} = \frac{\partial(x^2 + y^2)}{\partial y} = 2y$$

$$\frac{\partial N(x,y)}{\partial x} = \frac{\partial(xy)}{\partial x} = y$$

$$\Rightarrow \frac{\partial M(x,y)}{\partial y} \neq \frac{\partial N(x,y)}{\partial x} \text{,非正合微分方程式}$$

$$\frac{1}{N(x,y)}\left[\frac{\partial M(x,y)}{\partial y}-\frac{\partial N(x,y)}{\partial x}\right]=\frac{1}{xy}(2y-y)=\frac{1}{x}=f(x)，$$

則積分因子為：

$F(x)=e^{\int f(x)dx}=e^{\int \frac{1}{x}dx}=e^{\ln x}=x$，原方程式改為 $(x^3+xy^2)dx+x^2ydy=0$

因為：$\dfrac{\partial M(x,y)}{\partial y}=\dfrac{\partial(x^3+xy^2)}{\partial y}=2xy$

$\dfrac{\partial N(x,y)}{\partial x}=\dfrac{\partial(x^2y)}{\partial x}=2xy$

$\Rightarrow \dfrac{\partial M(x,y)}{\partial y}=\dfrac{\partial N(x,y)}{\partial x}$

所以方程式 $(x^3+xy^2)dx+x^2ydy=0$ 為一正合微分方程式，我們可以下列兩種方法求出其解：

法1：$(x^3+xy^2)dx+x^2ydy=0$

$\Rightarrow x^3dx+(xy^2dx+x^2ydy)=0$

$\Rightarrow \dfrac{1}{4}d(x^4)+\dfrac{1}{2}d(x^2y^2)=0$

$\dfrac{1}{4}\int d(x^4)+\dfrac{1}{2}\int d(x^2y^2)=c_1$

$\Rightarrow x^4+2x^2y^2=4c_1=c$

法2：$M(x,y)dx+N(x,y)dy=0$

$(x^3+xy^2)dx+x^2ydy=0$

$M(x,y)=x^3+xy^2$

$N(x,y)=x^2y$

$\dfrac{\partial \phi(x,y)}{\partial x}=M(x,y)=x^3+xy^2$

$\phi(x,y)=\int M(x,y)dx+g(y)=\int(x^3+xy^2)dx+g(y)=c_1$

$\Rightarrow \phi(x,y)=\dfrac{1}{4}x^4+\dfrac{1}{2}x^2y^2+g(y)$ ················(1)

$\dfrac{\partial \phi(x,y)}{\partial y}=N(x,y)=x^2y$

$(1)'\Rightarrow \dfrac{\partial \phi(x,y)}{\partial y}=x^2y+g'(y)=x^2y$

$$\Rightarrow \left(\frac{2x}{y^2}dx - \frac{2x^2}{y^3}dy\right) - 4dy = 0$$

$$\Rightarrow \int d\left(\frac{x^2}{y^2}\right) - 4\int dy = c_1$$

$$\Rightarrow \frac{x^2}{y^2} - 4y = c_1 = c$$

$$\Rightarrow \frac{x^2}{y^2} - 4y = c$$

法 2： $M(x,y)dx + N(x,y)dy = 0$

$$\frac{2x}{y^2}dx - \frac{(2x^2 + 4y^3)}{y^3}dy = 0$$

$$M(x,y) = \frac{2x}{y^2}$$

$$N(x,y) = -\frac{(2x^2 + 4y^3)}{y^3}$$

$$\frac{\partial \phi(x,y)}{\partial x} = M(x,y) = \frac{2x}{y^2}$$

$$\phi(x,y) = \int M(x,y)dx + g(y) = \int \left(\frac{2x}{y^2}\right)dx + g(y) = c_1$$

$$\Rightarrow \phi(x,y) = \frac{x^2}{y^2} + g(y) \cdots\cdots\cdots\cdots\cdots\cdots\cdots\cdots\cdots\cdots (1)$$

$$\frac{\partial \phi(x,y)}{\partial y} = N(x,y) = -\frac{(2x^2 + 4y^3)}{y^3} = -\frac{2x^2}{y^3} - 4$$

$$(1)' \Rightarrow \frac{\partial \phi(x,y)}{\partial y} = -\frac{2x^2}{y^3} + g'(y) = -\frac{2x^2}{y^3} - 4$$

$$\Rightarrow g'(y) = -4, \Rightarrow g(y) = -4y + c_2$$

$$\Rightarrow \phi(x,y) = \frac{x^2}{y^2} - 4y + c_2 = c_1$$

$$\Rightarrow \phi(x,y) = \frac{x^2}{y^2} - 4y = c_1 - c_2 = c$$

$$\Rightarrow \frac{x^2}{y^2} - 4y = c$$

(3) $F(x, y)$ 僅為 xy 的函數可表為 $F(x, y) = F(xy)$,

正合條件為:
$$\frac{\partial F(xy)}{\partial x} = \frac{dF(xy)}{d(xy)}\frac{d(xy)}{dx} = y\frac{dF(xy)}{d(xy)}, \frac{\partial F(xy)}{\partial y} = \frac{dF(xy)}{d(xy)}\frac{d(xy)}{dy} = x\frac{dF(xy)}{d(xy)}$$

$$\frac{\partial[F(xy)M(x,y)]}{\partial y} = \frac{\partial[F(xy)N(x,y)]}{\partial x},$$

$$\frac{\partial F(xy)}{\partial y}M(x,y) + F(xy)\frac{\partial M(x,y)}{\partial y} = \frac{\partial F(xy)}{\partial x}N(x,y) + F(xy)\frac{\partial N(x,y)}{\partial x} \quad \leftarrow 微分$$

$$x\frac{dF(xy)}{d(xy)}M(x,y) + F(xy)\frac{\partial M(x,y)}{\partial y} = y\frac{dF(xy)}{d(xy)}N(x,y) + F(xy)\frac{\partial N(x,y)}{\partial x} \quad \leftarrow 帶入$$

$$F(xy)\left[\frac{\partial M(x,y)}{\partial y} - \frac{\partial N(x,y)}{\partial x}\right] = \frac{dF(xy)}{d(xy)}[yN(x,y) - xM(x,y)] \quad \leftarrow 移項及合併$$

$$\frac{dF(xy)}{F(xy)} = \frac{\frac{\partial M(x,y)}{\partial y} - \frac{\partial N(x,y)}{\partial x}}{yN(x,y) - xM(x,y)}d(xy) = f(xy)d(xy) \quad \leftarrow 整理及定義$$

$$\int\frac{dF(xy)}{F(xy)} = \int f(xy)d(xy) \quad \leftarrow 積分$$

$$\ln|F(xy)| = \int f(xy)d(xy) \quad \leftarrow 積分結果$$

$$F(xy) = e^{\int f(xy)d(xy)}, f(xy) = \frac{\frac{\partial M(x,y)}{\partial y} - \frac{\partial N(x,y)}{\partial x}}{yN(x,y) - xM(x,y)} \quad \leftarrow 最後結果$$

因此,如果

$$\frac{\frac{\partial M(x,y)}{\partial y} - \frac{\partial N(x,y)}{\partial x}}{yN(x,y) - xM(x,y)} = f(xy) \text{ 為純 } xy \text{ 的函數,則積分因子為:}$$

$$F(xy) = e^{\int f(xy)d(xy)}, f(xy) = \frac{\frac{\partial M(x,y)}{\partial y} - \frac{\partial N(x,y)}{\partial x}}{yN(x,y) - xM(x,y)}$$

例題 1-25

解 $(2y^2 - 9xy)dx + (3xy - 6x^2)dy = 0$

解

$\dfrac{\partial M(x,y)}{\partial y} = \dfrac{\partial (2y^2 - 9xy)}{\partial y} = 4y - 9x$

$\dfrac{\partial N(x,y)}{\partial x} = \dfrac{\partial (3xy - 6x^2)}{\partial x} = 3y - 12x$

$\Rightarrow \dfrac{\partial M(x,y)}{\partial y} \neq \dfrac{\partial N(x,y)}{\partial x}$，非正合微分方程式

$\dfrac{\dfrac{\partial M(x,y)}{\partial y} - \dfrac{\partial N(x,y)}{\partial x}}{yN(x,y) - xM(x,y)} = \dfrac{(4y-9x) - (3y-12x)}{y(3xy - 6x^2) - x(2y^2 - 9xy)}$，

$= \dfrac{y + 3x}{xy^2 + 3x^2 y} = \dfrac{y + 3x}{xy(y + 3x)} = \dfrac{1}{xy} = f(xy)$

則積分因子為：$F(xy) = e^{\int f(xy) dxy} = e^{\int \frac{1}{xy} dxy} = e^{\ln xy} = xy$，原方程式改為

$(2xy^3 - 9x^2 y^2)dx + (3x^2 y^2 - 6x^3 y)dy = 0$

因為：$\dfrac{\partial M(x,y)}{\partial y} = \dfrac{\partial (2xy^3 - 9x^2 y^2)}{\partial y} = 6xy^2 - 18x^2 y$

$\dfrac{\partial N(x,y)}{\partial x} = \dfrac{\partial (3x^2 y^2 - 6x^3 y)}{\partial x} = 6xy^2 - 18x^2 y$

$\Rightarrow \dfrac{\partial M(x,y)}{\partial y} = \dfrac{\partial N(x,y)}{\partial x}$

所以方程式 $(2xy^3 - 9x^2 y^2)dx + (3x^2 y^2 - 6x^3 y)dy = 0$ 為一正合微分方程式，我們可以下列兩種方法求出其解：

法 1：$(2xy^3 - 9x^2 y^2)dx + (3x^2 y^2 - 6x^3 y)dy = 0$

$\Rightarrow \left[(2xy^3)dx + (3x^2 y^2)dy\right] - \left[(9x^2 y^2)dx + (6x^3 y)dy\right] = 0$

$\Rightarrow d(x^2 y^3) - d(3x^3 y^2) = 0$

$\int d(x^2 y^3) - \int d(3x^3 y^2) = c$

$\Rightarrow x^2 y^3 - 3x^3 y^2 = c$

法 2： $M(x,y)dx + N(x,y)dy = 0$

$(2xy^3 - 9x^2y^2)dx + (3x^2y^2 - 6x^3y)dy = 0$

$M(x,y) = 2xy^3 - 9x^2y^2$

$N(x,y) = 3x^2y^2 - 6x^3y$

$\dfrac{\partial \phi(x,y)}{\partial x} = M(x,y) = 2xy^3 - 9x^2y^2$

$\phi(x,y) = \int M(x,y)dx + g(y) = \int (2xy^3 - 9x^2y^2)dx + g(y) = c_1$

$\Rightarrow \phi(x,y) = x^2y^3 - 3x^3y^2 + g(y)$ ·· (1)

$\dfrac{\partial \phi(x,y)}{\partial y} = N(x,y) = 3x^2y^2 - 6x^3y$

$(1)' \Rightarrow \dfrac{\partial \phi(x,y)}{\partial y} = 3x^2y^2 - 6x^3y + g'(y) = 3x^2y^2 - 6x^3y$

$\Rightarrow g'(y) = 0, \Rightarrow g(y) = c_2$

$\Rightarrow \phi(x,y) = x^2y^3 - 3x^3y^2 + c_2 = c_1$

$\Rightarrow \phi(x,y) = x^2y^3 - 3x^3y^2 = c_1 - c_2 = c$

$\Rightarrow x^2y^3 - 3x^3y^2 = c$

---

(4) $F(x,y)$ 僅為 $x+y$ 的函數可表為 $F(x,y) = F(x+y)$，

正合條件為：

$\dfrac{\partial F(x+y)}{\partial x} = \dfrac{dF(x+y)}{d(x+y)} \dfrac{d(x+y)}{dx} = \dfrac{dF(x+y)}{d(x+y)}$，

$\dfrac{\partial F(x+y)}{\partial y} = \dfrac{dF(x+y)}{d(x+y)} \dfrac{d(x+y)}{dy} = \dfrac{dF(x+y)}{d(x+y)}$

$\dfrac{\partial [F(x+y)M(x,y)]}{\partial y} = \dfrac{\partial [F(x+y)N(x,y)]}{\partial x}$，

$\dfrac{\partial F(x+y)}{\partial y}M(x,y) + F(x+y)\dfrac{\partial M(x,y)}{\partial y} = \dfrac{\partial F(x+y)}{\partial x}N(x,y) + F(x+y)\dfrac{\partial N(x,y)}{\partial x}$

$\dfrac{dF(x+y)}{d(x+y)}M(x,y) + F(x+y)\dfrac{\partial M(x,y)}{\partial y} = \dfrac{dF(x+y)}{d(x+y)}N(x,y) + F(x+y)\dfrac{\partial N(x,y)}{\partial x}$

$$F(x+y)\left[\frac{\partial M(x,y)}{\partial y}-\frac{\partial N(x,y)}{\partial x}\right]=\frac{dF(x+y)}{d(x+y)}[N(x,y)-M(x,y)] \quad \leftarrow 移項及合併$$

$$\frac{dF(x+y)}{F(x+y)}=\frac{\frac{\partial M(x,y)}{\partial y}-\frac{\partial N(x,y)}{\partial x}}{N(x,y)-M(x,y)}d(x+y)=f(x+y)d(x+y) \quad \leftarrow 整理及定義$$

$$\int \frac{dF(x+y)}{F(x+y)}=\int f(x+y)d(x+y) \quad \leftarrow 積分$$

$$\ln|F(x+y)|=\int f(x+y)d(x+y) \quad \leftarrow 積分結果$$

$$F(x+y)=e^{\int f(x+y)d(x+y)},\ f(x+y)=\frac{\frac{\partial M(x,y)}{\partial y}-\frac{\partial N(x,y)}{\partial x}}{N(x,y)-M(x,y)} \quad \leftarrow 最後結果$$

因此，如果

$$\frac{\frac{\partial M(x,y)}{\partial y}-\frac{\partial N(x,y)}{\partial x}}{N(x,y)-M(x,y)}=f(x+y) \quad 為純\ x+y\ 的函數，則積分因子為：$$

$$F(x+y)=e^{\int f(x+y)d(x+y)},\ f(x+y)=\frac{\frac{\partial M(x,y)}{\partial y}-\frac{\partial N(x,y)}{\partial x}}{N(x,y)-M(x,y)}$$

※ 除上面所討論的積分因子外，還有許多可借助「視察法」來求得的積分因子，比方說 $\frac{1}{x^2+y^2}$ 就是一個很好的例子。

例題 1-26

解 $(x+y)dx-(x-y)dy=0$, 積分因子為 $\frac{1}{x^2+y^2}$

解

將原方程式 $(x+y)dx-(x-y)dy=0$ 乘上積分因子 $\frac{1}{x^2+y^2}$，可得

$$\frac{x+y}{x^2+y^2}dx-\frac{x-y}{x^2+y^2}dy=0$$

$$\frac{\partial M(x,y)}{\partial y} = \frac{\partial\left(\frac{x+y}{x^2+y^2}\right)}{\partial y} = \frac{1\times(x^2+y^2)-2y\times(x+y)}{\left[(x^2+y^2)\right]^2} = \frac{x^2-y^2-2xy}{\left[(x^2+y^2)\right]^2}$$

$$\frac{\partial N(x,y)}{\partial x} = \frac{\partial\left(-\frac{x-y}{x^2+y^2}\right)}{\partial x} = -\frac{1\times(x^2+y^2)-2x\times(x-y)}{\left[(x^2+y^2)\right]^2} = \frac{x^2-y^2-2xy}{\left[(x^2+y^2)\right]^2}$$

$$\Rightarrow \frac{\partial M(x,y)}{\partial y} = \frac{\partial N(x,y)}{\partial x}$$，正合微分方程式，我們可以下列兩種方法求出其解：

法 1： $\dfrac{x+y}{x^2+y^2}dx - \dfrac{x-y}{x^2+y^2}dy = 0$

$\dfrac{xdx+ydy}{x^2+y^2} + \dfrac{ydx-xdy}{x^2+y^2} = 0$

$\Rightarrow d\left[\dfrac{1}{2}\ln(x^2+y^2) + \tan^{-1}\dfrac{x}{y}\right] = 0$

$\Rightarrow \dfrac{1}{2}\ln(x^2+y^2) + \tan^{-1}\dfrac{x}{y} = c$

法 2： $M(x,y)dx + N(x,y)dy = 0$

$\dfrac{x+y}{x^2+y^2}dx - \dfrac{x-y}{x^2+y^2}dy = 0$

$M(x,y) = \dfrac{x+y}{x^2+y^2}$

$N(x,y) = -\dfrac{x-y}{x^2+y^2}$

$\dfrac{\partial \phi(x,y)}{\partial x} = M(x,y) = \dfrac{x+y}{x^2+y^2}$

$\phi(x,y) = \int M(x,y)dx + g(y) = \int \dfrac{x+y}{x^2+y^2}dx + g(y) = c_1$

$\phi(x,y) = \dfrac{1}{2}\int \dfrac{2x}{x^2+y^2}dx + y\times\dfrac{1}{y}\int \dfrac{1}{\left(\dfrac{x}{y}\right)^2+1}d\left(\dfrac{x}{y}\right) + g(y) = c_1$

$\Rightarrow \phi(x,y) = \dfrac{1}{2}\ln(x^2+y^2) + \tan^{-1}\dfrac{x}{y} + g(y)$ ……………………………… (1)

$$\phi(x,y) = \int N(x,y)dy + f(x) = -\int \frac{x-y}{x^2+y^2}dy + f(x)$$

$$\phi(x,y) = \frac{1}{2}\int \frac{2y}{x^2+y^2}dy - x \times \frac{1}{x}\int \frac{1}{1+\left(\frac{y}{x}\right)^2}d\left(\frac{y}{x}\right) + f(x)$$

$$\phi(x,y) = \frac{1}{2}\ln(x^2+y^2) - \tan^{-1}\frac{y}{x} + f(x)$$

$$\phi(x,y) = \frac{1}{2}\ln(x^2+y^2) - \left(\frac{\pi}{2} - \tan^{-1}\frac{x}{y}\right) + f(x)$$

$$\phi(x,y) = \frac{1}{2}\ln(x^2+y^2) + \tan^{-1}\frac{x}{y} + \left[f(x) - \frac{\pi}{2}\right]$$

$$\Rightarrow \phi(x,y) = \frac{1}{2}\ln(x^2+y^2) + \tan^{-1}\frac{x}{y} + h(x) \quad \cdots\cdots (2)$$

由 (1) 與 (2) 式比較，可得

$$\Rightarrow \phi(x,y) = \frac{1}{2}\ln(x^2+y^2) + \tan^{-1}\frac{x}{y} + g(y)$$

$$= \frac{1}{2}\ln(x^2+y^2) + \tan^{-1}\frac{x}{y} + h(x)$$

$$g(y) = h(x) = 0$$

$$\Rightarrow \frac{1}{2}\ln(x^2+y^2) + \tan^{-1}\frac{x}{y} = c$$

積分因子之總結

非正合方程式可乘上下列「積分因子」，讓非正合方程式變成正合方程式：

符合之條件	相關簡易變數	積分因子
$\dfrac{1}{N(x,y)}\left[\dfrac{\partial M(x,y)}{\partial y}-\dfrac{\partial N(x,y)}{\partial x}\right]=f(x)$	(1) $F(x,y)$ 僅為 x 的函數可表為 $F(x,y)=F(x)$	$F(x)=e^{\int f(x)dx}$
$\dfrac{1}{M(x,y)}\left[\dfrac{\partial M(x,y)}{\partial y}-\dfrac{\partial N(x,y)}{\partial x}\right]=f(y)$	(2) $F(x,y)$ 僅為 y 的函數可表為 $F(x,y)=F(y)$	$F(y)=e^{-\int f(y)dy}$
$\dfrac{\dfrac{\partial M(x,y)}{\partial y}-\dfrac{\partial N(x,y)}{\partial x}}{yN(x,y)-xM(x,y)}=f(xy)$	(3) $F(x,y)$ 僅為 xy 的函數可表為 $F(x,y)=F(xy)$	$F(xy)=e^{\int f(xy)d(xy)}$
$\dfrac{\dfrac{\partial M(x,y)}{\partial y}-\dfrac{\partial N(x,y)}{\partial x}}{N(x,y)-M(x,y)}=f(x+y)$	(4) $F(x,y)$ 僅為 $x+y$ 的函數可表為 $F(x,y)=F(x+y)$	$F(x+y)=e^{\int f(x+y)d(x+y)}$

1-4 線性微分方程式

一階線性方程式之類型如下：

$$y' + p(x)y = q(x)$$

其解為：

$$y(x) = e^{-\int p(x)dx}\left[\int q(x)e^{\int p(x)dx}dx + c\right]$$

例題 1-27

證明一階線性方程式 $y' + p(x)y = q(x)$ 之解為：

$$y(x) = e^{-\int p(x)dx}\left[\int q(x)e^{\int p(x)dx}dx + c\right]$$

【證】：

$y' + p(x)y = q(x)$ ……… (1)

$(1) \times e^{\int p(x)dx}$

$\Rightarrow y'e^{\int p(x)dx} + p(x)ye^{\int p(x)dx} = q(x)e^{\int p(x)dx}$

$\dfrac{d}{dx}(ye^{\int p(x)dx}) = q(x)e^{\int p(x)dx}$

$\int \dfrac{d}{dx}(ye^{\int p(x)dx})dx = \int q(x)e^{\int p(x)dx}dx$

$ye^{\int p(x)dx} = \int q(x)e^{\int p(x)dx}dx + c$

$\Rightarrow y(x) = e^{-\int p(x)dx}\left[\int q(x)e^{\int p(x)dx}dx + c\right]$

例題 1-28

解 $y' + y = x^2 + x + 1$

解

$y' + p(x)y = q(x)$

$y' + y = x^2 + x + 1$

$\Rightarrow p(x) = 1, q(x) = x^2 + x + 1$

$y(x) = e^{-\int p(x)dx}\left[\int q(x)e^{\int p(x)dx}dx + c\right]$

$$= e^{-\int 1dx}\left[\int(x^2+x+1)e^{\int 1dx}dx+c\right]$$

$$= e^{-x}\left[\int(x^2+x+1)e^x dx+c\right]$$

$$= e^{-x}\left[(x^2+x+1)e^x-(2x+1)e^x+(2)e^x+c\right]$$

$$= (x^2+x+1-2x-1+2)+ce^{-x}$$

$$= (x^2-x+2)+ce^{-x}$$

※ 注意本題中之積分 $\int(x^2+x+1)e^x dx$ 可使用快速積分法，如下所示：

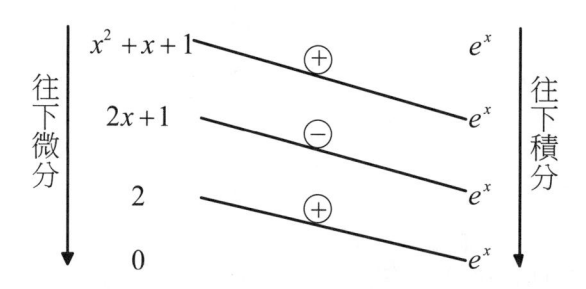

往下微分	x^2+x+1	$\oplus$	e^x	往下積分
	$2x+1$	$\ominus$	e^x	
	2	$\oplus$	e^x	
	0		e^x	

因此

$$\int(x^2+x+1)e^x dx = (x^2+x+1)e^x-(2x+1)e^x+2e^x$$

$$= (x^2+x+1-2x-1+2)e^x = (x^2-x+2)e^x$$

例題 1-29

解 $y'+y=\cos x$。

解

$y'+p(x)y=q(x)$

$y'+y=\cos x$

$\Rightarrow p(x)=1, q(x)=\cos x$

$$y(x)=e^{-\int p(x)dx}\left[\int q(x)e^{\int p(x)dx}dx+c\right]$$

$$= e^{-\int 1 dx}\left[\int (\cos x)e^{\int 1 dx}dx+c\right]$$

$$= e^{-x}\left[\int (\cos x)e^{x}dx+c\right]$$

$$= e^{-x}\left[\frac{1}{2}e^{x}(\cos x+\sin x)+c\right]=\frac{1}{2}(\cos x+\sin x)+ce^{-x}$$

※ 注意本題中之積分採用分部積分法，如下所示：

$$\int u\,dv = uv - \int u'v\,dx$$

$$\int e^{x}\cos x\,dx = \int \cos x\,de^{x}$$

$$= e^{x}\cos x - \int (-\sin x)e^{x}dx$$

$$= e^{x}\cos x + \int e^{x}\sin x\,dx$$

$$= e^{x}\cos x + \int \sin x\,de^{x}$$

$$= e^{x}\cos x + (e^{x}\sin x - \int (\cos x)e^{x}dx]$$

$$= e^{x}\cos x + e^{x}\sin x - \int e^{x}\cos x\,dx$$

$$2\int e^{x}\cos x\,dx = e^{x}\cos x + e^{x}\sin x = e^{x}(\cos x+\sin x)$$

$$\Rightarrow \int e^{x}\cos x\,dx = \frac{1}{2}e^{x}(\cos x+\sin x)$$

例題 1-30

解 $y'+\dfrac{1}{x}y=x^{2}$，$y(2)=3$

解

$$y'+p(x)y=q(x) \Rightarrow y'+\frac{1}{x}y=x^{2} \Rightarrow p(x)=\frac{1}{x},\,q(x)=x^{2}$$

$$y(x)=e^{-\int p(x)dx}\left[\int q(x)e^{\int p(x)dx}dx+c\right]=e^{-\int \frac{1}{x}dx}\left[\int (x^{2})e^{\int \frac{1}{x}dx}dx+c\right]$$

$$=e^{-\ln x}\left[\int (x^{2})e^{\ln x}dx+c\right]=\frac{1}{x}\left[\int (x^{2})x\,dx+c\right]=\frac{1}{x}\left[\frac{x^{4}}{4}+c\right]=\frac{x^{3}}{4}+\frac{c}{x}$$

$$y(2) = 3 \Rightarrow 3 = \frac{2^3}{4} + \frac{c}{2} \Rightarrow c = 2$$

$$\Rightarrow y(x) = \frac{x^3}{4} + \frac{2}{x}$$

例題 1-31

解 $xy' + (1+x)y = e^{2x}$

解

$y' + p(x)y = q(x)$

$xy' + (1+x)y = e^{2x}$ ……………………………………………………………… (1)

$(1) \div x$

$$\Rightarrow y' + (\frac{1}{x} + 1)y = \frac{e^{2x}}{x} \Rightarrow p(x) = (\frac{1}{x} + 1), q(x) = \frac{e^{2x}}{x}$$

$$\begin{aligned}
y(x) &= e^{-\int p(x)dx} \left[\int q(x) e^{\int p(x)dx} dx + c \right] \\
&= e^{-\int (\frac{1}{x}+1)dx} \left[\int (\frac{e^{2x}}{x}) e^{\int (\frac{1}{x}+1)dx} dx + c \right] \\
&= e^{-(\ln x + x)} \left[\int (\frac{e^{2x}}{x}) e^{(\ln x + x)} dx + c \right] = x^{-1} e^{-x} \left[\int (\frac{e^{2x}}{x})(xe^x) dx + c \right] \\
&= x^{-1} e^{-x} \left[\int (e^{3x}) dx + c \right] = x^{-1} e^{-x} (\frac{1}{3} e^{3x} + c) = x^{-1}(\frac{1}{3} e^{2x} + ce^{-x})
\end{aligned}$$

例題 1-32

解 $y' + \frac{2}{x} y = 8x$ ， $y(2) = 5$

解

$y' + p(x)y = q(x)$

$$y' + \frac{2}{x}y = 8x \Rightarrow p(x) = \frac{2}{x}, q(x) = 8x$$

$$\begin{aligned}
y(x) &= e^{-\int p(x)dx}\left[\int q(x)e^{\int p(x)dx}dx + c\right] = e^{-\int \frac{2}{x}dx}\left[\int (8x)e^{\int \frac{2}{x}dx}dx + c\right]\\
&= e^{-2\ln x}\left[\int (8x)e^{2\ln x}dx + c\right] = x^{-2}\left[\int (8x)x^2 dx + c\right]\\
&= x^{-2}(\frac{8}{4}x^4 + c) = (2x^2 + \frac{c}{x^2})
\end{aligned}$$

$$y(2) = 5 \Rightarrow 5 = 2(2)^2 + \frac{c}{2^2} \Rightarrow c = -12$$

$$\Rightarrow y(x) = 2x^2 - \frac{12}{x^2}$$

可化簡為線性類型的非線性方程式：柏努力方程式

某些非線性方程式可以化簡為線性方程式，其中最著名的就是「**柏努力方程式**」，其類型如下所示：

$$y' + p(x)y = q(x)y^a$$

其中若 $\begin{cases} a = 0 & \Rightarrow \text{線性方程式} \\ a = 1 & \Rightarrow \text{柏努力方程式可分離} \end{cases}$

因此，當 $a \neq 0$、1 時，可令 $u(x) = [y(x)]^{1-a}$ 並將此式微分後帶入柏努力方程式，可得：

$$\begin{aligned}
u &= y^{1-a}\\
u' &= (1-a)y^{-a}y' && \leftarrow \text{微分}\\
&= (1-a)y^{-a}(qy^a - py) && \leftarrow \text{帶入柏努力方程式之 } y'\\
&= (1-a)(q - py^{1-a}) && \leftarrow \text{化簡}\\
&= (1-a)(q - pu) && \leftarrow \text{帶入 } u = y^{1-a}\\
u' &+ (1-a)pu = (1-a)q && \leftarrow \text{已成功將柏努力方程式化簡為線性方程式}
\end{aligned}$$

例題 1-33

解 $y' + 2y = y^3, y(0) = 1$

解

這是一個 $p(x) = 2$、$q(x) = 1$ 而 $a = 3$ 的柏努力方程式，可令 $u(x) = [y(x)]^{1-a}$ 並將此式微分後帶入柏努力方程式，可得：

$u = y^{1-3} = y^{-2}$

$u' = -2y^{-3}y'$ ← 微分

    $= -2y^{-3}(y^3 - 2y)$ ← 帶入柏努力方程式之 y'

    $= -2(1 - 2y^{-2})$ ← 化簡

    $= -2(1 - 2u)$ ← 帶入 $u = y^{-2}$

$u' - 4u = -2$ ← 已成功將柏努力方程式化簡為線性方程式

參考一階微分方程式 $y' + p(x)y = q(x)$ 的公式解法，可得：

$u' - 4u = -2 \Rightarrow p(x) = -4, q(x) = -2$

$u(x) = e^{-\int p(x)dx} \left[\int q(x)e^{\int p(x)dx} dx + c \right] = e^{-\int (-4)dx} \left[\int (-2)e^{\int (-4)dx} dx + c \right]$

$= e^{4x} \left[\int (-2)e^{-4x} dx + c \right] = e^{4x}(\frac{-2}{-4})e^{-4x} + ce^{4x} = \frac{1}{2} + ce^{4x} = y^{-2} = \frac{1}{y^2}$

$y(0) = 1 \Rightarrow \frac{1}{2} + c = 1 \Rightarrow c = \frac{1}{2}$ $\Rightarrow \frac{1}{2} + \frac{1}{2}e^{4x} = \frac{1}{y^2} \Rightarrow \frac{2}{y^2} = 1 + e^{4x}$

例題 1-34

解 $y' + xy = xy^2$

解

這是一個 $p(x) = x$、$q(x) = x$ 而 $a = 2$ 的柏努力方程式，可令 $u(x) = [y(x)]^{1-a}$ 並將此式微分後帶入柏努力方程式，可得：

$u = y^{1-2} = y^{-1}$

$u' = -y^{-2} y'$ ←微分

$\quad = -y^{-2}(xy^2 - xy)$ ←帶入柏努力方程式之 y'

$\quad = -x(1 - y^{-1})$ ←化簡

$\quad = -x(1 - u)$ ←帶入 $u = y^{-1}$

$u' - xu = -x$ ←已成功將柏努力方程式化簡為線性方程式

參考一階微分方程式 $y' + p(x)y = q(x)$ 的公式解法，可得：

$u' - xu = -x \Rightarrow p(x) = -x, q(x) = -x$

$u(x) = e^{-\int p(x)dx}\left[\int q(x)e^{\int p(x)dx} dx + c\right] = e^{-\int (-x)dx}\left[\int (-x)e^{\int (-x)dx} dx + c\right]$

$\quad = e^{\frac{1}{2}x^2}\left[\int (-x)e^{-\frac{1}{2}x^2} dx + c\right] = e^{\frac{1}{2}x^2}\left[\int e^{-\frac{1}{2}x^2} d(-\frac{1}{2}x^2) + c\right]$

$\quad = e^{\frac{1}{2}x^2}\left[e^{-\frac{1}{2}x^2} + c\right] = 1 + ce^{\frac{1}{2}x^2} = y^{-1} = \frac{1}{y} \Rightarrow y = \frac{1}{1 + ce^{\frac{1}{2}x^2}}$

例題 1-35

解 $y' + \dfrac{1}{x}y = -\dfrac{1}{x^2}y^{-\frac{3}{2}}$

解

這是一個 $p(x) = \dfrac{1}{x}$、$q(x) = -\dfrac{1}{x^2}$ 而 $a = -\dfrac{3}{2}$ 的柏努力方程式，

可令 $u(x) = [y(x)]^{1-a}$ 並將此式微分後帶入柏努力方程式，可得：

$u = y^{1-(-\frac{3}{2})} = y^{\frac{5}{2}}$

$u' = \dfrac{5}{2}y^{\frac{3}{2}}y'$ ←微分

$\quad = \dfrac{5}{2}y^{\frac{3}{2}}(-\dfrac{1}{x^2}y^{-\frac{3}{2}} - \dfrac{1}{x}y)$ ←帶入柏努力方程式之 y'

$$=\frac{5}{2}(-\frac{1}{x^2}-\frac{1}{x}y^{\frac{5}{2}}) \qquad \leftarrow 化簡$$

$$=\frac{5}{2}(-\frac{1}{x^2}-\frac{1}{x}u) \qquad \leftarrow 帶入 u=y^{\frac{5}{2}}$$

$$u'+\frac{5}{2}\frac{1}{x}u=-\frac{5}{2}\frac{1}{x^2} \qquad \leftarrow 已成功將柏努力方程 化簡為線性方程式$$

參考一階微分方程式 $y'+p(x)y=q(x)$ 的公式解法，可得：

$$u'+\frac{5}{2}\frac{1}{x}u=-\frac{5}{2}\frac{1}{x^2} \Rightarrow p(x)=\frac{5}{2}\frac{1}{x}, q(x)=-\frac{5}{2}\frac{1}{x^2}$$

$$u(x)=e^{-\int p(x)dx}\left[\int q(x)e^{\int p(x)dx}dx+c\right]$$

$$=e^{-\int(\frac{5}{2}\frac{1}{x})dx}\left[\int(-\frac{5}{2}\frac{1}{x^2})e^{\int(\frac{5}{2}\frac{1}{x})dx}dx+c\right]$$

$$=e^{-\frac{5}{2}\ln x}\left[\int(-\frac{5}{2}\frac{1}{x^2})e^{\frac{5}{2}\ln x}dx+c\right]=e^{\ln x^{-\frac{5}{2}}}\left[\int(-\frac{5}{2}\frac{1}{x^2})e^{\ln x^{\frac{5}{2}}}dx+c\right]$$

$$=x^{-\frac{5}{2}}\left[\int(-\frac{5}{2}\frac{1}{x^2})x^{\frac{5}{2}}dx+c\right]=x^{-\frac{5}{2}}\left(-\frac{5}{2}\int x^{\frac{1}{2}}dx+c\right)$$

$$=x^{-\frac{5}{2}}\left(\frac{-\frac{5}{2}}{\frac{3}{2}}x^{\frac{3}{2}}+c\right)=x^{-\frac{5}{2}}\left(-\frac{5}{3}x^{\frac{3}{2}}+c\right)=y^{\frac{5}{2}}$$

$$\Rightarrow x^{\frac{5}{2}}y^{\frac{5}{2}}+\frac{5}{3}x^{\frac{3}{2}}=c$$

1-5 一階常微分方程式之應用

電路元件之基本公式

(1) 電阻器

$$v_R(t) = Ri_R(t), i_R(t) = \frac{1}{R}v_R(t)$$

(2) 電感器

$$v_L(t) = L\frac{di_L(t)}{dt}, i_L(t) = \frac{1}{L}\int_{-\infty}^{t} v_L(t)dt$$

(3) 電容器

$$i_c(t) = C\frac{dv_c(t)}{dt}, v_c(t) = \frac{1}{C}\int_{-\infty}^{t} i_c(t)dt$$

電路之初值條件

(1) 電感器之電流在開關動作之前後，不會改變其值，也就是 $i_L(0^+) = i_L(0^-)$

(2) 電容器之電壓在開關動作之前後，不會改變其值，也就是 $v_c(0^+) = v_c(0^-)$

(3) 電感器在穩態時視為短路，而電容器在穩態時則視為斷路。

例題 1-36

如圖 1.1 所示之電路，開關 K 在位置 1 時已經到達穩態，然後在 $t = 0$ 時將開關 K 關到位置 2，求出 $t \geq 0^+$ 時之電流 $i(t)$。

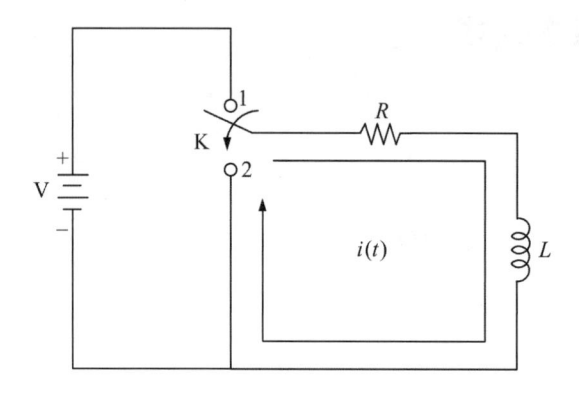

◆ 圖 1.1　例題 1-36 之電路

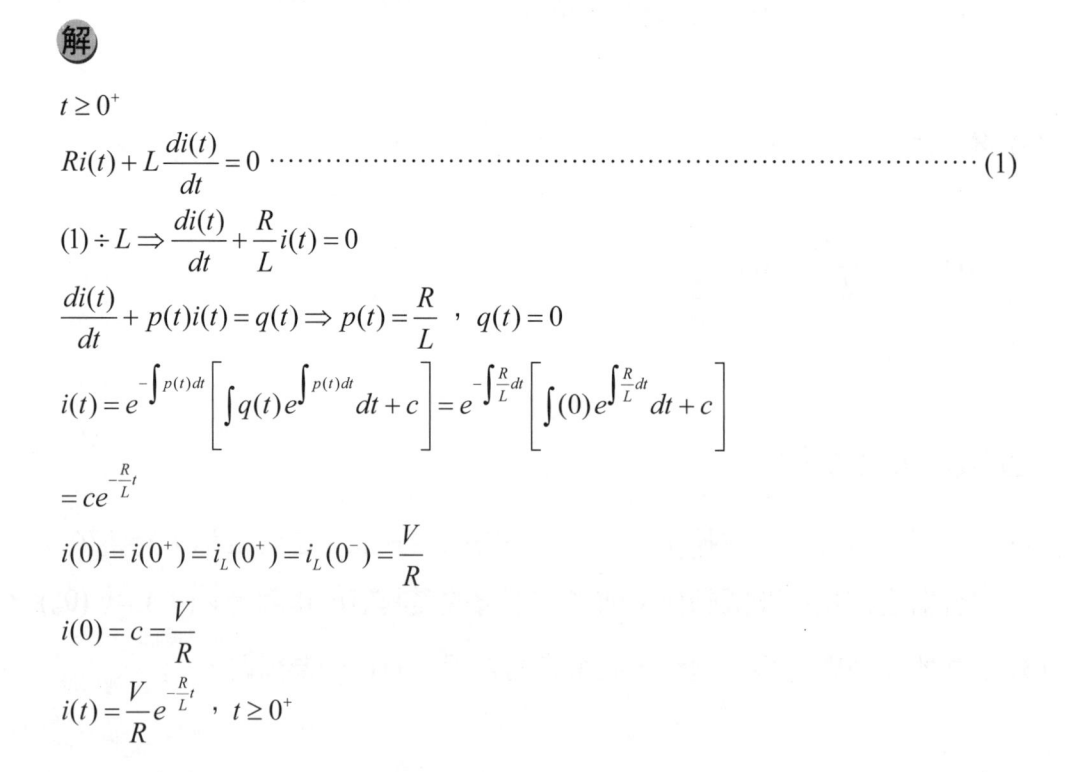

解

$t \geq 0^+$

$$Ri(t) + L\frac{di(t)}{dt} = 0 \quad \cdots\cdots (1)$$

$(1) \div L \Rightarrow \dfrac{di(t)}{dt} + \dfrac{R}{L}i(t) = 0$

$\dfrac{di(t)}{dt} + p(t)i(t) = q(t) \Rightarrow p(t) = \dfrac{R}{L}$，$q(t) = 0$

$i(t) = e^{-\int p(t)dt}\left[\int q(t)e^{\int p(t)dt}dt + c\right] = e^{-\int \frac{R}{L}dt}\left[\int (0)e^{\int \frac{R}{L}dt}dt + c\right]$

$= ce^{-\frac{R}{L}t}$

$i(0) = i(0^+) = i_L(0^+) = i_L(0^-) = \dfrac{V}{R}$

$i(0) = c = \dfrac{V}{R}$

$i(t) = \dfrac{V}{R}e^{-\frac{R}{L}t}$，$t \geq 0^+$

例題 1-37

如圖 1.2 所示之電路，開關 K 在位置 2 時已經到達穩態，然後在 $t=0$ 時將開關 K 關到位置 1，求出 $t \geq 0^+$ 時之電流 $i(t)$。

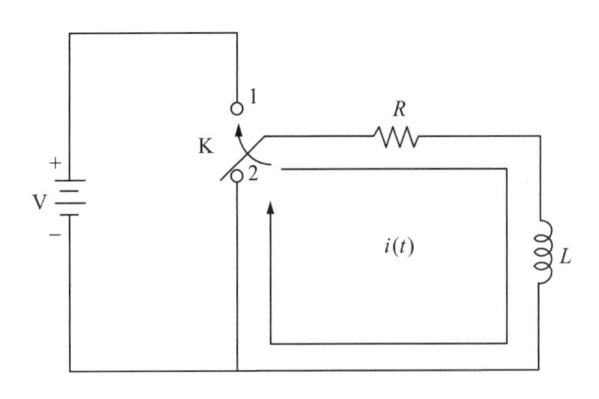

▲ 圖 1.2　例題 1-37 之電路

解

$t \geq 0^+$

$$Ri(t) + L\frac{di(t)}{dt} = V \quad \cdots\cdots\cdots (1)$$

$(1) \div L \Rightarrow \dfrac{di(t)}{dt} + \dfrac{R}{L}i(t) = \dfrac{V}{L}$

$\dfrac{di(t)}{dt} + p(t)i(t) = q(t) \Rightarrow p(t) = \dfrac{R}{L}, q(t) = \dfrac{V}{L}$

$i(t) = e^{-\int p(t)dt}\left[\int q(t)e^{\int p(t)dt}dt + c\right] = e^{-\int \frac{R}{L}dt}\left[\int \dfrac{V}{L}e^{\int \frac{R}{L}dt}dt + c\right]$

$= e^{-\frac{R}{L}t}(\dfrac{V}{L} \times \dfrac{1}{\frac{R}{L}}e^{\frac{R}{L}t} + c) = e^{-\frac{R}{L}t}(\dfrac{V}{R}e^{\frac{R}{L}t} + c) = \dfrac{V}{R} + ce^{-\frac{R}{L}t}$

$i(0) = 0 = \dfrac{V}{R} + c \Rightarrow c = -\dfrac{V}{R}$

$i(t) = \dfrac{V}{R} - \dfrac{V}{R}e^{-\frac{R}{L}t}$，$t \geq 0^+$

$\Rightarrow i(t) = \dfrac{V}{R}(1 - e^{-\frac{R}{L}t})$，$t \geq 0^+$

例題 1-38

如圖 1.3 所示之電路，開關 K 在位置 1 時已經到達穩態，然後在 $t = 0$ 時將開關 K 關到位置 2，求出 $t \geq 0^+$ 時之電流 $i(t)$。

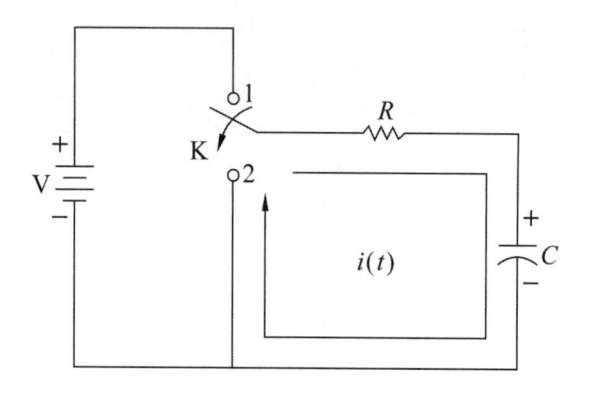

▲圖 1.3　例題 1-38 之電路

解

$t \geq 0^+$

$$Ri(t) + \frac{1}{C}\int_0^t i(t)dt = 0 \quad \cdots\cdots (1)$$

$(1) \div R$ 並微分 $\Rightarrow \dfrac{di(t)}{dt} + \dfrac{1}{RC}i(t) = 0$

$\dfrac{di(t)}{dt} + p(t)i(t) = q(t) \Rightarrow p(t) = \dfrac{1}{RC}$，$q(t) = 0$

$$i(t) = e^{-\int p(t)dt}\left[\int q(t)e^{\int p(t)dt}dt + c\right] = e^{-\int \frac{1}{RC}dt}\left[\int (0)e^{\int \frac{1}{RC}dt}dt + c\right]$$

$$= ce^{-\frac{1}{RC}t}$$

$v(0) = v(0^+) = v_c(0^+) = v_c(0^-) = V$

$i(0) = i(0^+) = \dfrac{V}{R}$

$i(0) = c = \dfrac{V}{R}$

$i(t) = \dfrac{V}{R}e^{-\frac{1}{RC}t}, t \geq 0^+$

例題 1-39

如圖 1.4 所示之電路，開關 K 在位置 a 時已經到達穩態，然後在 $t=0$ 時將開關 K 關到位置 b，求出：

(a) $t \geq 0^+$ 時，電感器之電流 $i(t)$。

(b) 開關 K 關到位置 b 以後之多少毫秒，電感器之電壓 $v(t)$ 等於 20 伏特？

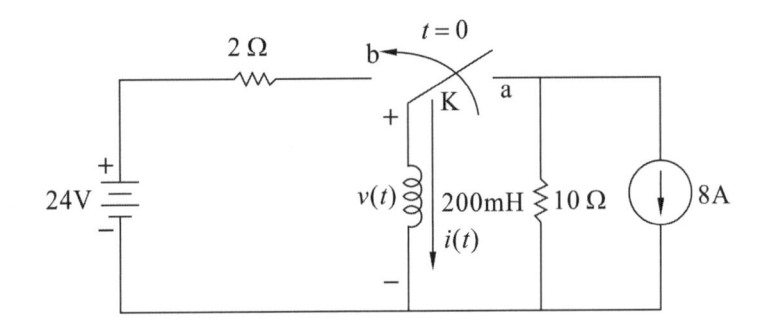

▲ 圖 1.4　例題 1-39 之電路

解

(a) $t \geq 0^+$，$Ri(t) + L\dfrac{di(t)}{dt} = V$　　(1)

$(1) \div L \Rightarrow \dfrac{di(t)}{dt} + \dfrac{R}{L}i(t) = \dfrac{V}{L}, R = 2\Omega, L = 0.2H, V = 24V$

$\Rightarrow \dfrac{di(t)}{dt} + \dfrac{2}{0.2}i(t) = \dfrac{24}{0.2} = 120 \Rightarrow \dfrac{di(t)}{dt} + 10i(t) = 120$

$\dfrac{di(t)}{dt} + p(t)i(t) = q(t) \Rightarrow p(t) = 10, q(t) = 120$

$i(t) = e^{-\int p(t)dt}\left[\int q(t)e^{\int p(t)dt}dt + c\right] = e^{-\int 10dt}\left[\int 120 e^{\int 10dt}dt + c\right]$

$\qquad = e^{-10t}(120 \times \dfrac{1}{10}e^{10t} + c) = e^{-10t}(12e^{10t} + c) = 12 + ce^{-10t}$

$i(0) = i(0^+) = i_L(0^+) = i_L(0^-) = -I_0 = -8$

$i(0) = -8 = 12 + c \Rightarrow c = -20$

$\Rightarrow i(t) = 12 - 20e^{-10t} A, t \geq 0^+$

(b) $i(t) = 12 - 20e^{-10t} A, t \geq 0^+$

$v_L(t) = L\dfrac{di(t)}{dt} = 0.2\dfrac{d(12-20e^{-10t})}{dt} = 40e^{-10t} V$

$v_L(t) = 40e^{-10t} V = 20V$

$\Rightarrow t = \dfrac{1}{10}\ln\dfrac{40}{20} = 69.31$ ms

例題 1-40

如圖 1.5 所示之電路，開關 K 在位置 1 時已經到達穩態，然後在 $t = 0$ 時將開關 K 關到位置 2，求出：

(a) $t \geq 0^+$ 時，電容器之電壓 $v_o(t)$。

(b) $t \geq 0^+$ 時，電容器之電流 $i_o(t)$。

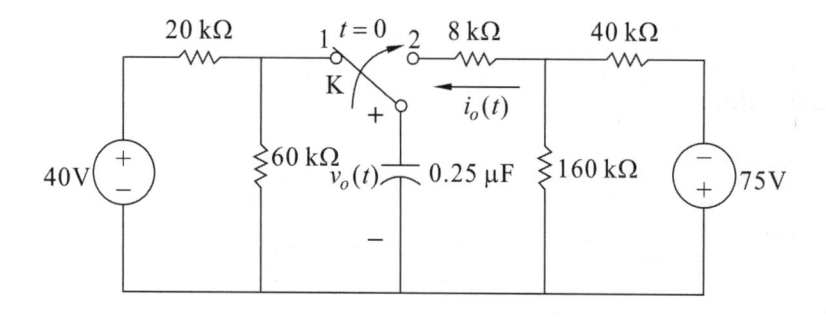

▲ 圖 1.5　例題 1-40 之電路

解

(a) 由於電容之初值電壓為 $\dfrac{60}{20+60} \times 80 = 30$ 伏特，且以電源變換簡化電容器之右側電路為一諾頓等效電路，因此 $t \geq 0^+$ 時，可將原電路化簡為下圖：

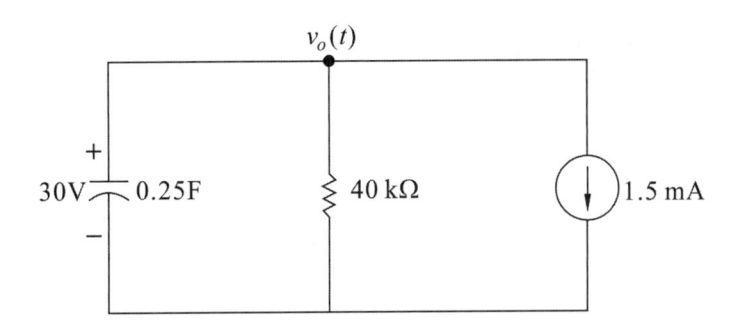

▲ 圖 1.6　圖 1.5 之諾頓等效電路圖

因此：

$$C\frac{dv_o(t)}{dt}+\frac{v_o(t)}{R}+I=0$$

$$0.25\times 10^{-6}\frac{dv_o(t)}{dt}+\frac{v_o(t)}{40\times 10^3}+1.5\times 10^{-3}=0 \quad\cdots\cdots\cdots\cdots (1)$$

$(1)\times(4\times 10^6)$

$$\Rightarrow \frac{dv_o(t)}{dt}+100v_o(t)=-6000$$

$$v_o(t)=e^{-\int 100dt}\left[\int(-6000)e^{\int 100dt}dt+c\right]$$

$$=e^{-100t}\left[\int(-6000)e^{100t}dt+c\right]$$

$$=e^{-100t}(-\frac{6000}{100}e^{100t}+c)=e^{-100t}(-60e^{100t}+c)$$

$$=-60+ce^{-100t}$$

$v_o(0)=30=-60+c \Rightarrow c=90$

$v_o(t)=-60+90e^{-100t}\,V$

(b) $i_o(t)=C\dfrac{dv_o(t)}{dt}=0.25\times 10^{-6}\dfrac{d(-60+90e^{-100t})}{dt}A$

$\qquad =-2.25e^{-100t}\,\text{mA}$

精選習題

1.1 說明下列方程式中，各變數中何者為應變數？何者為自變數？

(a) $\dfrac{d^2y}{dt^2} + 4\dfrac{dy}{dt} + 3y = t^2 coh3t$

(b) $\dfrac{\partial^2 u}{\partial x^2} - \dfrac{\partial^2 u}{\partial x \partial y} = \dfrac{\partial u}{\partial z}$

(c) $\dfrac{\partial^2 z}{\partial x^2} + x\dfrac{\partial^2 z}{\partial^2 y} = y\dfrac{\partial z}{\partial y}$

解答 (a) t 為自變數，而 y 則為應變數。

(b) x, y, z 為自變數，而 u 則為應變數。

(c) x, y 為自變數，而 z 則為應變數。

1.2 判斷下列各微分方程式中，何者為常微分方程式？何者為偏微分方程式？

(a) $y'' + 2yy' = x^3 \sin x$

(b) $x^2 y'' + x(x+1)y' = x^2 \ln^3 x$

(c) $\dfrac{\partial^2 u}{\partial x \partial y} + 2\dfrac{\partial^2 u}{\partial x^2} = u^2$

(d) $\dfrac{\partial^2 z}{\partial x \partial y} - xy\dfrac{\partial^2 z}{\partial x^2} = z$

解答 (a), (b) 為常微分方程式，而 (c), (d) 為偏微分方程式。

1.3 判斷下列各微分方程式中，何者為線性微分方程式？何者為非線性微分方程式？

(a) $y'' + 5y' + 4y = x^2 \ln x$

(b) $xdy - ydx = x^2 \cos x dx$

(c) $yy'' - 3y'y + y = (x+2)y$

(d) $y' + xy^2 = 1 + x + x^2$

解答 (a), (b)為線性微分方程式，而(c), (d)為非線性微分方程式。

1.4 判斷下列各微分方程式為幾階？幾次？微分方程式。

(a) $xy'' + (y')^2 + y = x^2 e^{-x}$

(b) $x^2(y'')^2 + (xy' - 1)y^3 = xy^4$

(c) $xy''' + y'' \tan(xy^2) = xy^4$

(d) $\left[1 + (y')^3\right]^{\frac{1}{2}} = (y'')^3$

解答 (a) 二階一次微分方程式。

(b) 二階二次微分方程式。

(c) 三階一次微分方程式。

(d) 二階六次微分方程式。

【注意：(d)之原式須先化簡為有理整式 $1 + (y')^3 = (y'')^{3 \times 2} = (y'')^6$】

1.5 判斷下列各微分方程式為幾階？幾次？線性？非線性？O.D.E？P.D.E？

(a) $y'' + y \cos y = x^2 \cos x$

(b) $x^2(y'')^2 + x(y')^3 = y^4 \tan y$

(c) $x^3 y''' + y^2 \sin x = \sec x$

(d) $\left[1 + (e^{-x} y')\right]^{\frac{1}{2}} = y'' \sin x$

(e) $\dfrac{\partial u}{\partial x} + xy \dfrac{\partial u}{\partial y} = x \ln y$

(f) $\dfrac{\partial^2 u}{\partial x^2} - 3u \dfrac{\partial^2 u}{\partial y^2} = u^2 (\dfrac{\partial^2 u}{\partial x \partial y})^2$

解答 (a) 二階、一次、非線性、O.D.E。

(b) 二階、二次、非線性、O.D.E。

(c) 三階、一次、非線性、O.D.E。

(d) 二階、二次、非線性、O.D.E。

(e) 一階、一次、線性、P.D.E。

(f) 二階、二次、非線性、P.D.E。

1.6 給予下列各原函數，試求出其所對應之微分方程式。

(a) $y = A\cos 3x + B\sin 3x$

(b) $y = A\cos(5t+8)$

(c) $y = \ln|c_1 e^{-x} + c_2|$

(d) $y = c_1 x^2 + c_2 x^3$

(e) $y = c_1 e^{-2x} + c_2 e^{-x}$

[解答] (a) $y = A\cos 3x + B\sin 3x \Rightarrow y'' + 9y = 0$

(b) $y = A\cos(5t+8) \Rightarrow y'' + 25y = 0$

(c) $y = \ln|c_1 e^{-x} + c_2| \Rightarrow y'' + (y')^2 + y' = 0$

(d) $y = c_1 x^2 + c_2 x^3 \Rightarrow x^2 y'' - 4xy' + 6y = 0$

(e) $y = c_1 e^{-2x} + c_2 e^{-x} \Rightarrow y'' + 3y' + 2y = 0$

1.7 解下列一階微分方程式（可直接分離變數）：

(a) $2x(\sin 3y)dx + 3x^2 \cos 3y\, dy = 0,\ y(1) = \dfrac{\pi}{2}$

(b) $(1+x^3)dy - x^2 y\, dx = 0,\ y(1) = 2$

(c) $y(1+x^2)dy = (3x + xy^2)dx,\ y(1) = 2$

(d) $y e^y dy - e^{-x} dx = 0,\ y(0) = 0$

[解答] (a) $x^2 \sin 3y + 1 = 0$

(b) $y^3 = 4(1+x^3)$

(c) $y^2 + 3 = \dfrac{7}{2}(1+x^2)$

(d) $(1-y)e^{x+y} = 1$

1.8 解下列一階微分方程式(可變換為分離變數之線性齊次方程式)：

(a) $(y^2 - x^2)dx + xy\,dy = 0$

(b) $(\sin\dfrac{y}{x} - \dfrac{y}{x}\cos\dfrac{y}{x})dx + \cos\dfrac{y}{x}dy = 0$

(c) $x\,dy - y\,dx = \sqrt{x^2 - y^2}\,dx$

(d) $(xe^{\frac{y}{x}} + y)dx = x\,dy$

【解答】(a) $2x^2y^2 - x^4 = c$

(b) $x\sin\dfrac{y}{x} = c$

(c) $\sin^{-1}\dfrac{y}{x} = \ln cx$

(d) $\ln|x| + e^{-\frac{y}{x}} = c$

1.9 解下列一階微分方程式(可變換為分離變數之線性非齊次方程式)：

(a) $(x+y)dx + (3x+3y-4)dy = 0$

(b) $(x-y-1)dx + (x+4y-1)dy = 0$

(c) $(2x+3y+4)dx + (3x+4y+5)dy = 0$

(d) $(2x+y-1)^2 dx - (x-2)^2 dy = 0$

【解答】(a) $x + 3y + 2\ln|x+y-2| = c$

(b) $\ln\left|(x-1) + 4y^2\right| - \tan^{-1}\dfrac{x-1}{2y} = c$

(c) $(x+y+1)(x+2y+3) = c$

(d) $\ln(x-2) = \dfrac{2}{\sqrt{7}}\tan^{-1}[\dfrac{2}{\sqrt{7}}(\dfrac{y+3}{x-2} + \dfrac{3}{2})] + c$

1.10 解下列一階微分方程式(可變換為分離變數之線性非齊次方程式)：

(a) $y(1-xy)dx - x(1+xy)dy = 0$

(b) $y(1+2xy)dx + x(1-xy)dy = 0$

(c) $y(1+xy)dx - x(1-xy)dy = 0$

(d) $(1-xy+x^2y^2)dx = x^2(1-xy)dy$

解答 (a) $x = cye^{xy}$

(b) $y = cx^2 e^{-\frac{1}{xy}}$

(c) $y = cxe^{xy}$

(d) $\ln|x| = xy - \dfrac{x^2y^2}{2} + c$

1.11 解下列一階微分方程式(正合微分方程式)：

(a) $2xy\ln y\,dx + x^2 dy = 0$

(b) $(x + y\cos x)dx + \sin x\,dy = 0$

(c) $(2+e^y)dx + xe^y dy = 0$

(d) $(x\sqrt{x^2+y^2} - y)dx + (y\sqrt{x^2+y^2} - x)dy = 0$

解答 (a) $x^2 \ln y = c$

(b) $\dfrac{x^2}{2} + y\sin x = c$

(c) $2x + xe^y = c$

(d) $(x^2+y^2)^{\frac{3}{2}} - 3xy = c$

1.12 解下列一階微分方程式(經積分因子轉為正合微分方程式)：

(a) $3(y^4+1)dx + 4xy^3 dy = 0$

(b) $y^2 dx + (1+xy)dy = 0$

(c) $(y - \dfrac{1}{y})dx + (x + \dfrac{1}{x})dy = 0$

(d) $(x^2+y+y^2)dx - xdy = 0$，積分因子為 $\dfrac{1}{x^2+y^2}$

解答 (a) $x^3 y^4 + x^3 = c$，積分因子為 x^2

(b) $xy + \ln y = c$，積分因子為 $\dfrac{1}{y}$

(c) $x^2y^2 - x^2 + y^2 = c$，積分因子為 xy

(d) $x + \tan^{-1}\left(\dfrac{x}{y}\right) = c$，積分因子為 $\dfrac{1}{x^2 + y^2}$

1.13 請利用公式法解下列一階線性微分方程式：

(a) $y' + \dfrac{y}{x} = \dfrac{1}{x}\sin x$

(b) $2(y - 4x^2) + xy' = 0$

(c) $y' + (1 + \dfrac{1}{x})y = \dfrac{e^x}{x}$

(d) $y' + \dfrac{1}{x}y = 3x^2$

解答 (a) $xy + \cos x = c$

(b) $x^2 y = 2x^4 + c$

(c) $y = \dfrac{e^x}{2x} + \dfrac{c}{xe^x}$

(d) $y = \dfrac{3x^3}{4} + \dfrac{c}{x}$

1.14 請利用公式法解下列一階非線性微分方程式(柏努力方程式)：

(a) $y' + y = y^2$

(b) $y' + \dfrac{2x}{3(1+x^2)}y = \dfrac{2x}{3(1+x^2)}y^4$

(c) $y' + \dfrac{1}{2x}y = xy^{-3}$，$y(2) = 1$

(d) $y' + \dfrac{2}{x}y = \dfrac{1}{x^2}y^4$

解答 (a) $y = \dfrac{1}{1 + ce^x}$

(b) $y^3 = \dfrac{1}{1+c(1+x^2)}$

(c) $y^4 = x^2 - \dfrac{12}{x^2}$

(d) $\dfrac{1}{y^3} = \dfrac{3}{7x} + cx^6$

1.15 如圖 P1.15 所示之電路，開關 K 在位置 2 時已經到達穩態，然後在 $t = 0$ 時將開關 K 關到位置 1，求出：

(a) $t \geq 0^+$ 時，電容器之電壓 $v_o(t)$。

(b) $t \geq 0^+$ 時，電容器之電流 $i_o(t)$。

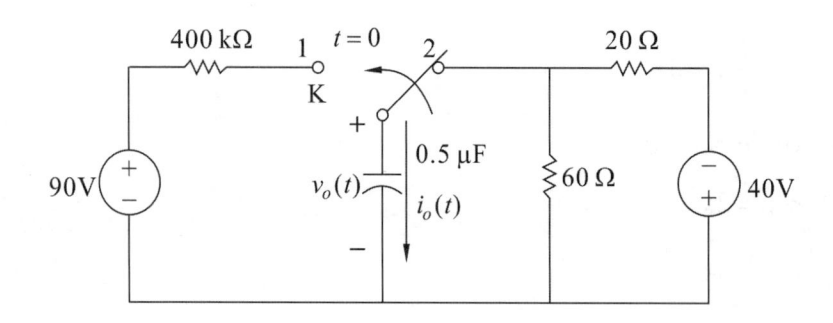

▲ 圖 P1.15　習題 1.15 之電路圖

[解答] (a) $v_o(t) = 90 - 120e^{-5t}$ V, $t \geq 0^+$

(b) $i_o(t) = 300e^{-5t}$ μA, $t \geq 0^+$

1.16 如圖 P1.16 所示之電路，開關 K 在開著時已經到達穩態，然後在 $t = 0$ 時將開關 K 合攏，求出：

(a) $t \geq 0^+$ 時，電阻器之電壓 $v(t)$。

(b) $t \geq 0^+$ 時，電容器之電流 $i(t)$。

第一章　一階常微分方程式　61

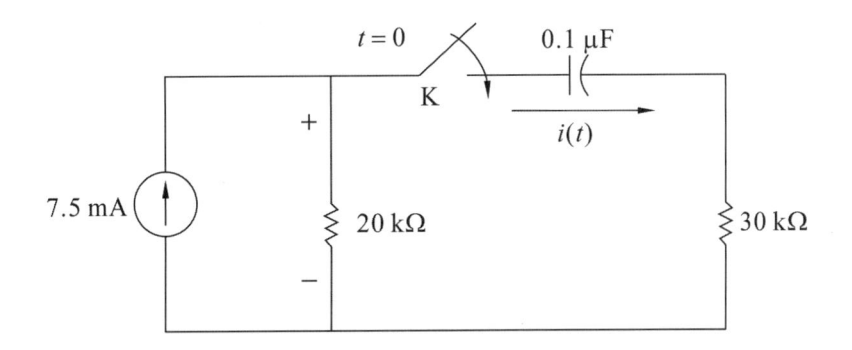

▲ 圖 P1.16　習題 1.16 之電路圖

解答 (a) $v(t) = 150 - 60e^{-200t}$ V, $t \geq 0^+$

(b) $i(t) = 3e^{-200t}$ mA, $t \geq 0^+$

1.17 如圖 P1.17 所示之電路，開關 K 在開著時已經到達穩態，然後在 $t = 0$ 時將開關 K 合攏，求出：

(a) $t \geq 0^+$ 時，電感器之電壓 $v(t)$。

(b) $t \geq 0^+$ 時，電感器之電流 $i(t)$。

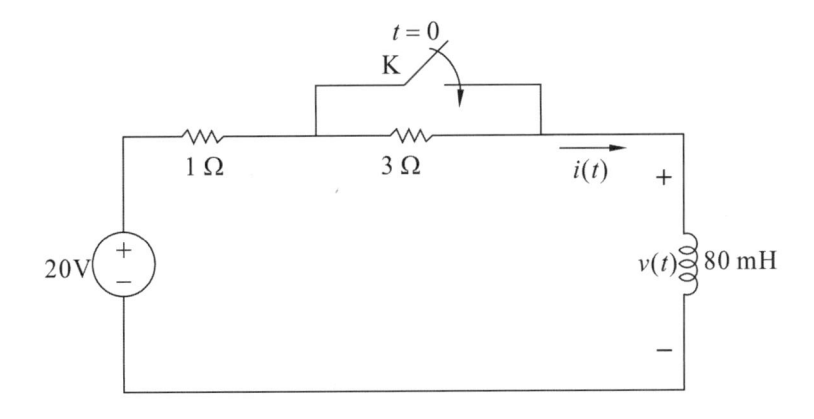

▲ 圖 P1.17　習題 1.17 之電路圖

解答 (a) $v(t) = 15e^{-12.5t}$ V, $t \geq 0^+$

(b) $i(t) = 20 - 15e^{-12.5t}$ A, $t \geq 0^+$

chapter 2 線性常微分方程式
Linear Ordinary Differential Equation

本章大綱

- 2-1　二階齊性（homogeneous）線性微分方程式
- 2-2　二階常係數齊性線性微分方程式：實根、複根、重根之討論
- 2-3　自由振盪電路
- 2-4　柯西（Cauchy）方程式
- 2-5　n階常係數齊性線性微分方程式：實根、複根、重根之討論
- 2-6　非齊性(nonhomogeneous)線性微分方程式
- 2-7　線性常微分方程式之應用

2-1 二階齊性(homogeneous)線性微分方程式

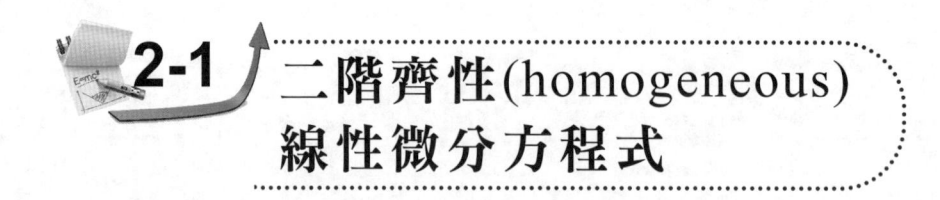

二階線性微分方程式之標準型態

$$a\frac{d^2y}{dx^2}+b\frac{dy}{dx}+cy=f(x)$$

上式中之 a,b,c 均為常數。

方程式等號右邊之 $f(x)=0$，稱為**齊性**（Homogeneous）微分方程式；反之，若 $f(x)\neq 0$，則稱為**非齊性**（NonHomogeneous）微分方程式。

線性獨立及線性相依

考慮 n 個非零之函數 $y_1, y_2, y_3, \ldots \ldots y_n$ 在某區間 I 中，具有下列型態之線性組合：

$$c_1y_1(x)+c_2y_2(x)+c_3y_3(x)+\cdots\cdots+c_ny_n(x)=0$$

上式中若存在所有係數 $c_1=c_2=c_3=\cdots\cdots=c_n=0$，則函數 $y_1,y_2,y_3,\ldots\ldots y_n$ 在區間 I 內稱之為線性獨立，反之則稱之為線性相依。

舉一個例子來說明，如果方程式中之 $c_1\neq 0$，則 $y_1(x)$ 可以下式表示：

$$y_1(x)=-\frac{c_2}{c_1}y_2(x)-\frac{c_3}{c_1}y_3(x)-\frac{c_4}{c_1}y_4(x)-\cdots\cdots-\frac{c_n}{c_1}y_n(x)$$

由上式可知 $y_1(x)$ 與 $y_2(x), y_3(x), y_4(x)\ldots\ldots y_n$ 為線性相依。

郎士基（Wronski）行列式：

n 個非零函數 $y_1, y_2, y_3, \ldots\ldots y_n$

若存在於某區間 I 中，其線性組合為零

$$c_1 y_1(x) + c_2 y_2(x) + c_3 y_3(x) + \cdots\cdots + c_n y_n(x) = 0$$

而其導數亦為一連續性函數，如下：

$$c_1 \frac{dy_1}{dx} + c_2 \frac{dy_2}{dx} + c_3 \frac{dy_3}{dx} + \cdots\cdots + c_n \frac{dy_n}{dx} = 0$$

$$c_1 \frac{d^2 y_1}{dx^2} + c_2 \frac{d^2 y_2}{dx^2} + c_3 \frac{d^2 y_3}{dx^2} + \cdots\cdots + c_n \frac{d^2 y_n}{dx^2} = 0$$

$$\vdots$$

$$c_1 \frac{d^{n-1} y_1}{dx^{n-1}} + c_2 \frac{d^{n-1} y_2}{dx^{n-1}} + c_3 \frac{d^{n-1} y_3}{dx^{n-1}} + \cdots\cdots + c_n \frac{d^{n-1} y_n}{dx^{n-1}} = 0$$

上式寫成矩陣之形式如下：

$$W(y_1, y_2, y_3 \cdots\cdots y_n) = \begin{bmatrix} y_1 & y_2 & \cdots & y_n \\ \frac{dy_1}{dx} & \frac{dy_2}{dx} & \cdots & \frac{dy_n}{dx} \\ \frac{d^2 y_1}{dx^2} & \frac{d^2 y_2}{dx^2} & \cdots & \frac{d^2 y_n}{dx^2} \\ . & . & \cdots & . \\ . & . & \cdots & . \\ \frac{d^{n-1} y_1}{dx^{n-1}} & \frac{d^{n-1} y_2}{dx^{n-1}} & \cdots & \frac{d^{n-1} y_n}{dx^{n-1}} \end{bmatrix} \begin{bmatrix} c_1 \\ c_2 \\ c_3 \\ . \\ . \\ c_n \end{bmatrix} = \begin{bmatrix} 0 \\ 0 \\ 0 \\ . \\ . \\ 0 \end{bmatrix}$$

郎士基行列式與線性獨立及線性相依之關係如下：

(1) 如果 $W(y_1, y_2, y_3 \cdots\cdots y_n) \neq 0$，則 $y_1, y_2, y_3 \cdots\cdots y_n$ 一定是線性獨立。

(2) 如果 $W(y_1, y_2, y_3 \cdots\cdots y_n) = 0$，則 $y_1, y_2, y_3 \cdots\cdots y_n$ 可能是線性相依，但也可能是線性獨立。

(3) 如果 $y_1, y_2, y_3 \cdots\cdots y_n$ 為線性相依，則 $W(y_1, y_2, y_3 \cdots\cdots y_n) = 0$。

(4) $W(y_1, y_2, y_3 \cdots\cdots y_n) = 0$ 為 $y_1, y_2, y_3 \cdots\cdots y_n$ 線性相依之必要條件而非充要條件。

例題 2-1

判斷下列各組函數為線性獨立或線性相依。

(a) $x, x+1, x+2$

(b) $1, x, x^2$

(c) $e^x, xe^x, x^2 e^x$

(d) $\sin x, \cos x$

(e) $1, \cos^2 x, \cos 2x$

解

(a) $W(x, x+1, x+2) = \begin{vmatrix} x & x+1 & x+2 \\ 1 & 1 & 1 \\ 0 & 0 & 0 \end{vmatrix} = 0$

但是

$c_1 x + c_2(x+1) + c_3(x+2) = 0$

$(c_1 + c_2 + c_3)x + (c_2 + 2c_3) = 0$

$\begin{cases} c_1 + c_2 + c_3 = 0 \\ c_2 + 2c_3 = 0 \end{cases}$

取

$c_3 = 1, \Rightarrow c_2 = -2, c_1 = 1$，故 $x, x+1, x+2$ 為線性相依。

(b) $W(1, x, x^2) = \begin{vmatrix} 1 & x & x^2 \\ 0 & 1 & 2x \\ 0 & 0 & 2 \end{vmatrix} = 2 \neq 0$

故 $1, x, x^2$ 為線性獨立。

(c) $W(e^x, xe^e, x^2 e^x) = \begin{vmatrix} e^x & xe^x & x^2 e^x \\ e^x & e^x + xe^x & 2xe^x + x^2 e^x \\ e^x & 2e^x + xe^x & 2e^x + 4xe^x + x^2 e^x \end{vmatrix}$

$= e^{3x} \begin{vmatrix} 1 & x & x^2 \\ 1 & 1+x & 2x+x^2 \\ 1 & 2+x & 2+4x+x^2 \end{vmatrix} = e^{3x} \begin{vmatrix} 1 & x & x^2 \\ 0 & 1 & 2x \\ 0 & 2 & 2+4x \end{vmatrix}$

$= e^{3x}[(2+4x) - 4x] = 2e^{3x} \neq 0$

故 $e^x, xe^x, x^2 e^x$ 為線性獨立。

(d) $W(\sin x, \cos x) = \begin{vmatrix} \sin x & \cos x \\ \cos x & -\sin x \end{vmatrix} = -\sin^2 x - \cos^2 x$

$= -(\sin^2 x + \cos^2 x) = -1$

故 $\sin x, \cos x$ 為線性獨立。

(e) 由於 $\cos 2x = 2\cos^2 x - 1$，所以 $1, \cos^2 x, \cos 2x$ 為線性相依。

2-2 二階常係數齊性線性微分方程式：實根、複根、重根之討論

二階常係數線性微分方程式

$$a\frac{d^2y}{dx^2} + b\frac{dy}{dx} + cy = f(x)$$

當上式之 $f(x) = 0$ 時，此二階微分方程式稱之為齊性微分方程式，也就是

$$a\frac{d^2y}{dx^2} + b\frac{dy}{dx} + cy = 0 \Leftrightarrow ay'' + by' + cy = 0$$

令 $y = e^{\lambda x}$, $y' = \lambda e^{\lambda x}$, $y'' = \lambda^2 e^{\lambda x}$，代入上式可得：

$$a\lambda^2 e^{\lambda x} + b\lambda e^{\lambda x} + ce^{\lambda x} = (a\lambda^2 + b\lambda + c)e^{\lambda x} = 0$$

因此可知其特性方程式如下：

$$a\lambda^2 + b\lambda + c = 0$$

解出 λ

$$\lambda = \frac{-b \pm \sqrt{b^2 - 4ac}}{2a} \qquad 令 \delta = b^2 - 4ac$$

二階常係數線性微分方程式之齊性解

二階常係數線性微分方程式之齊性解可討論其判別式($\delta = b^2 - 4ac$)，而分為三種情形：

(1) 當 $\delta > 0$，為二相異實根。

$\lambda = \lambda_1, \lambda_2$

$y_h(x) = c_1 e^{\lambda_1 x} + c_2 e^{\lambda_2 x}$

(2) 當 $\delta = 0$，為二重根。

$\lambda_1 = \lambda_2 = \lambda$

$y_h(x) = (c_1 + c_2 x)e^{\lambda x}$

(3) 當 $\delta < 0$，為共軛複數（二虛根）。

$\lambda = p \pm qi$

$y_h(x) = e^{px}(c_1 \cos qx + c_2 \sin qx)$

註：$y = e^{\lambda x} = e^{(p \pm qi)x} = e^{px} e^{\pm iqx} \Rightarrow e^{px}(c_1 \cos qx + c_2 \sin qx)$

例題 2-2

求出下列方程式之齊性解：

(a) $y'' + 3y' + 2y = 0$

(b) $y'' + 2y' + 1y = 0$

(c) $y'' + 2y' + 2y = 0$

(d) $y'' + 5y' + 6y = e^{-3x} \sin 2x$

(e) $y'' + 6y' + 9y = x^2 \cos x$

(f) $y'' + 2y' + 5y = x^2 \sin x \cos x$

解

(a) $y'' + 3y' + 2y = 0$

$\lambda^2 + 3\lambda + 2 = 0 \Rightarrow (\lambda+1)(\lambda+2) = 0, \lambda = -1, \lambda = -2$

$\Rightarrow y_h(x) = c_1 e^{-x} + c_2 e^{-2x}$

(b) $y'' + 2y' + 1y = 0$

$\lambda^2 + 2\lambda + 1 = 0 \Rightarrow (\lambda+1)^2 = 0, \lambda = -1, \lambda = -1$

$\Rightarrow y_h(x) = (c_1 + c_2 x)e^{-x}$

(c) $y'' + 2y' + 2y = 0$

$\lambda^2 + 2\lambda + 2 = 0 \Rightarrow \lambda = \dfrac{-2 \pm \sqrt{2^2 - 4\times 2}}{2} = \dfrac{-2 \pm 2i}{2} = -1 \pm i$

$\Rightarrow y_h(x) = e^{-x}(c_1 \cos x + c_2 \sin x)$

(d) $y'' + 5y' + 6y = e^{-3x} \sin 2x$

$\lambda^2 + 5\lambda + 6 = 0 \Rightarrow (\lambda+2)(\lambda+3) = 0, \lambda = -2, \lambda = -3$

$\Rightarrow y_h(x) = c_1 e^{-2x} + c_2 e^{-3x}$

(e) $y'' + 6y' + 9y = x^2 \cos x$

$\lambda^2 + 6\lambda + 9 = 0 \Rightarrow (\lambda+3)^2 = 0, \lambda = -3, \lambda = -3$

$\Rightarrow y_h(x) = (c_1 + c_2 x)e^{-3x}$

(f) $y'' + 2y' + 5y = x^2 \sin x \cos x$

$\lambda^2 + 2\lambda + 5 = 0 \Rightarrow \lambda = \dfrac{-2 \pm \sqrt{2^2 - 4\times 5}}{2} = \dfrac{-2 \pm 4i}{2} = -1 \pm 2i$

$\Rightarrow y_h(x) = e^{-x}(c_1 \cos 2x + c_2 \sin 2x)$

2-3 自由振盪電路

電路中計算初值條件之方法

(a) 計算 $i_L(0^+), v_c(0^+)$ 之方法：

(1) 電感器在穩態時視為短路，而電容器在穩態時則視為斷路。

(2) 電感器之電流在開關動作之剎那不會改變其值，也就是：
$$i_L(0^+) = i_L(0^-)$$
電容器之電壓在開關動作之剎那不會改變其值，也就是：
$$v_c(0^+) = v_c(0^-)$$

(b) 計算 $i_L'(0^+), v_c'(0^+)$ 之方法：

寫出 $t \geq 0^+$ 之方程式，再代入(a)之值解之。

(c) 計算 $i_L''(0^+), v_c''(0^+)$ 之方法：

寫出 $t \geq 0^+$ 微分一次之方程式，再代入(a)、(b)之值解之。

例題 2-3

如圖 2.1 所示之電路，開關 K 原來在開著時已達穩態，然後在 $t = 0$ 時，將開關 K 合攏，求出 $t \geq 0^+$ 時之電流 $i(t)$，並繪其圖。

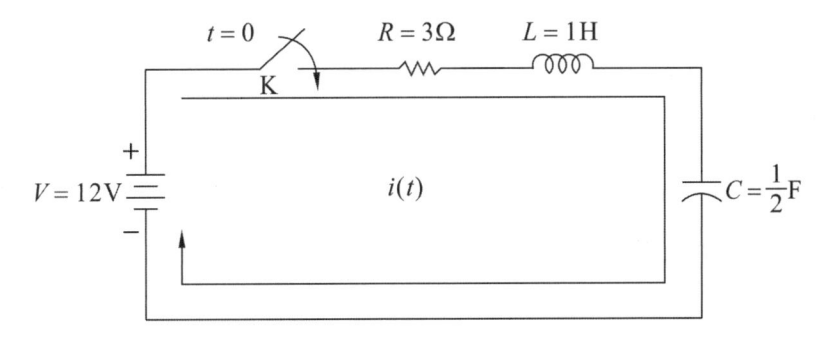

▲ 圖 2.1　例題 2-3 之電路

解

$t \geq 0^+$

$Ri(t) + L\dfrac{di(t)}{dt} + \dfrac{1}{C}\int_0^t i(t)dt = V$

$R\dfrac{di(t)}{dt} + L\dfrac{d^2i(t)}{dt^2} + \dfrac{1}{C}i(t) = 0$

$\dfrac{d^2i(t)}{dt^2} + 3\dfrac{di(t)}{dt} + 2i(t) = 0$

$\lambda^2 + 3\lambda + 2 = 0$

$(\lambda+1)(\lambda+2) = 0 \Rightarrow \lambda = -1, \lambda = -2$

$i_c(t) = i(t) = K_1 e^{-t} + K_2 e^{-2t}$

$i(0) = i(0^+) = i_L(0^+) = i_L(0^-) = 0$

$Ri(0^+) + L\dfrac{di(0^+)}{dt} + v_c(0^+) = V$

$v_c(0^+) = v_c(0^-) = 0 \Rightarrow \dfrac{di(0^+)}{dt} = \dfrac{V}{L} = \dfrac{12}{1} \; Amp/Sec$

$i(0) = K_1 + K_2 = 0$ ··· (1)

$\dfrac{di(t)}{dt} = -K_1 e^{-t} - 2K_2 e^{-2t}$

$\dfrac{di(0^+)}{dt} = -K_1 - 2K_2 = 12$ ··· (2)

$(1) + (2) \Rightarrow -K_2 = 12, K_2 = -12, K_1 = 12$

$\Rightarrow i(t) = 12(e^{-t} - e^{-2t})$

要知道欲繪出任何曲線之徒手劃之圖，最少要討論三點之情況，亦即，除了要討論在 $t = 0, t = \infty$ 時之圖形外，第三點要找之關鍵值，最好是找其極大或極小值，但是有些圖並無極大或極小值，則可找其特殊值，例如指數函數最好之特殊值即為 $t = T$（時間常數）。

現在再討論如何繪出 $i(t) = 12(e^{-t} - e^{-2t})$ 之圖形：

(1) $t = 0 \Rightarrow i(t) = 0$

(2) $t = \infty \Rightarrow i(t) = 0$

(3) $i(t) = 12(e^{-t} - e^{-2t})$

$i'(t) = 12(-e^{-t} + 2e^{-2t}) = 12(-e^{-t} + 2e^{-t} \times e^{-t})$

$\qquad = 12e^{-t}(-1 + 2e^{-t}) = 0$

(a) $e^{-t} = 0 \Rightarrow t = \infty$ (不合)

(b) $(-1 + 2e^{-t}) = 0$

$\Rightarrow e^{-t} = \dfrac{1}{2} \Rightarrow -t = \ln 2^{-1} = -\ln 2 \Rightarrow t = \ln 2 = 0.693$

$i''(t) = 12[-e^{-t}(-1 + 2e^{-t}) - 2e^{-t} \times e^{-t}] = 12(e^{-t} - 4e^{-2t})$

$i''(\ln 2) = 12[\dfrac{1}{2} - 4 \times (\dfrac{1}{2})^2] = 12[\dfrac{1}{2} - 1] = -6 < 0$

$\Rightarrow i_{\max}(t) = i(\ln 2) = 12[\dfrac{1}{2} - (\dfrac{1}{2})^2] = \dfrac{12}{4} = 3$

根據討論結果，求得之圖形如圖 2.2 所示。

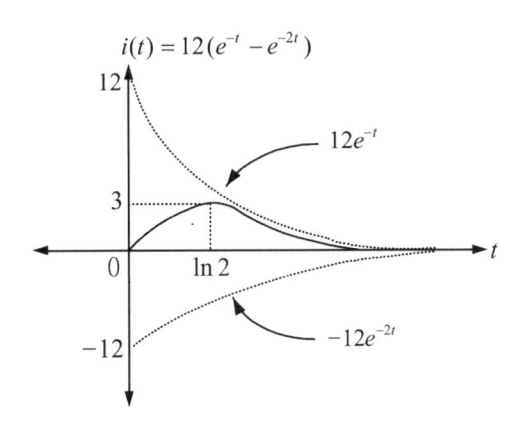

●圖 2.2　$i(t) = 12(e^{-t} - e^{-2t})$ 之圖形

例題 2-4

如圖 2.3 所示之電路，開關 K 原來在閉合時已達穩態，然後在 $t = 0$ 時，將開關 K 打開，求出 $t \geq 0^+$ 時之電壓 $v(t)$，並繪其圖。

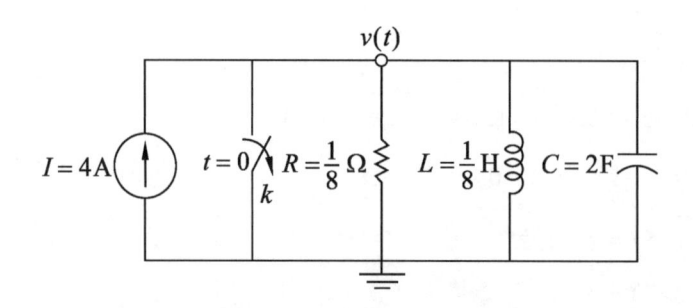

▲ 圖 2.3　例題 2-4 之電路

解

$t \geq 0^+$

$$\frac{v(t)}{R} + \frac{1}{L}\int_0^t v(t)dt + C\frac{dv(t)}{dt} = I$$

$$C\frac{d^2v(t)}{dt^2} + \frac{1}{R}\frac{dv(t)}{dt} + \frac{1}{L}v(t) = 0$$

$$2\frac{d^2v(t)}{dt^2} + 8\frac{dv(t)}{dt} + 8v(t) = 0$$

$$2\lambda^2 + 8\lambda + 8 = 0 \Rightarrow \lambda^2 + 4\lambda + 4 = 0$$

$$(\lambda + 2)^2 = 0 \Rightarrow \lambda = -2, \lambda = -2$$

$$v_c(t) = v(t) = (K_1 + K_2 t)e^{-2t}$$

$$\frac{v(0^+)}{R} + i_L(0^+) + C\frac{dv(0^+)}{dt} = I$$

$$v(0^+) = v_c(0^+) = v_c(0^-) = 0$$

$$i_L(0^+) = i_L(0^-) = 0$$

$$\frac{dv(0^+)}{dt} = \frac{I}{C} = \frac{4}{2} = 2$$

$$v(t) = (K_1 + K_2 t)e^{-2t}$$

$$v(0^+) = K_1 = 0 \Rightarrow v(t) = K_2 t e^{-2t}$$

$$\frac{dv(t)}{dt} = K_2 e^{-2t} - 2K_2 t e^{-2t}$$

$$\frac{dv(0^+)}{dt} = K_2 = 2$$

$\Rightarrow v(t) = 2te^{-2t}$

現在再討論如何繪出 $v(t) = 2te^{-2t}$ 之圖形：

(1) $t = 0 \Rightarrow v(t) = 0$

(2) $t = \infty \Rightarrow v(\infty) = \lim_{t \to \infty} v(t) = \lim_{t \to \infty} 2te^{-2t} = \lim_{t \to \infty} 2\frac{t}{e^{2t}} = \lim_{t \to \infty} \frac{2}{2e^{2t}} = 0$

(3) $v(t) = 2te^{-2t}$

$v'(t) = 2(e^{-2t} - 2te^{-2t}) = 2(1-2t)e^{-2t} = 0$

(a) $e^{-2t} = 0 \Rightarrow t = \infty$ (不合)

(b) $(1-2t) = 0 \Rightarrow t = \dfrac{1}{2}$

$v''(t) = 2[-2e^{-2t} - 2(1-2t)e^{-2t}]$

$v''(\dfrac{1}{2}) = 2(-2e^{-2 \times \frac{1}{2}}) = -4e^{-1} = -\dfrac{4}{e} < 0$

$\Rightarrow v_{\max}(t) = v(\dfrac{1}{2}) = 2 \times (\dfrac{1}{2})e^{-2 \times \frac{1}{2}} = e^{-1} = \dfrac{1}{e}$

根據討論結果，求得之圖形如圖 2.4 所示。

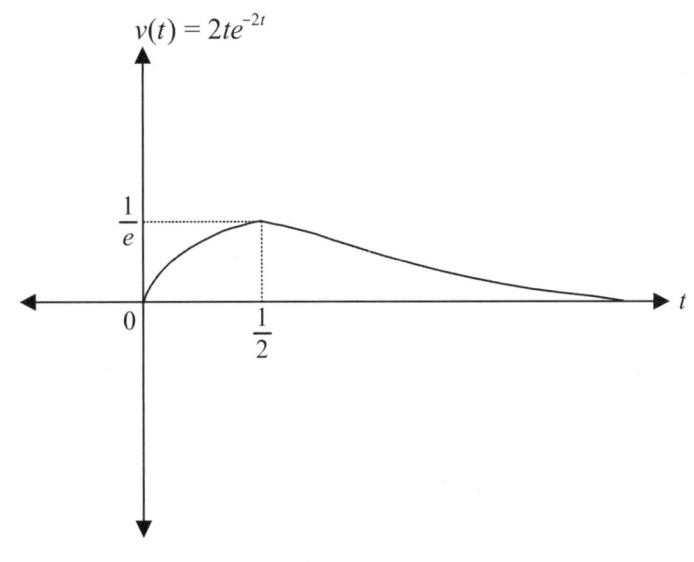

▲ 圖 2.4　$v(t) = 2te^{-2t}$ 之圖形

例題 2-5

如圖 2.5 所示之電路，開關 K 原來在開著時已達穩態，然後在 $t = 0$ 時，將開關 K 合攏，求出 $t \geq 0^+$ 時之電流 $i(t)$，並繪其圖。

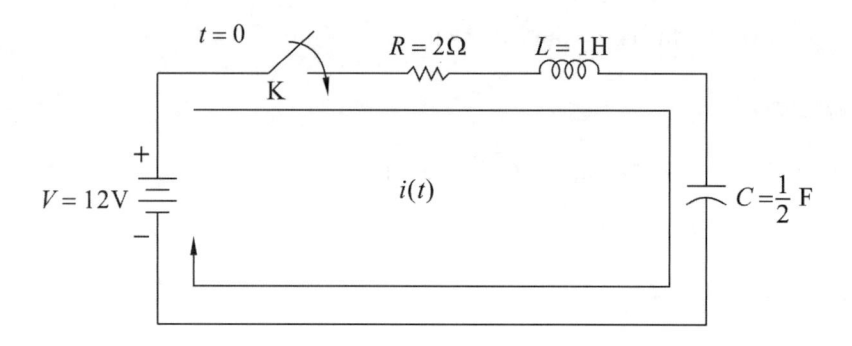

▲ 圖 2.5　例題 2-5 之電路

解

$t \geq 0^+$

$$Ri(t) + L\frac{di(t)}{dt} + \frac{1}{C}\int_0^t i(t)dt = V$$

$$R\frac{di(t)}{dt} + L\frac{d^2i(t)}{dt^2} + \frac{1}{C}i(t) = 0$$

$$\frac{d^2i(t)}{dt^2} + 2\frac{di(t)}{dt} + 2i(t) = 0$$

$$\lambda^2 + 2\lambda + 2 = 0$$

$$\lambda = \frac{-2 \pm \sqrt{2^2 - 4 \times 1 \times 2}}{2} = -1 \pm i$$

$$i_c(t) = i(t) = e^{-t}(K_1 \cos t + K_2 \sin t)$$

$$i(0) = i(0^+) = i_L(0^+) = i_L(0^-) = 0$$

$$Ri(0^+) + L\frac{di(0^+)}{dt} + v_c(0^+) = V$$

$$v_c(0^+) = v_c(0^-) = 0 \Rightarrow \frac{di(0^+)}{dt} = \frac{V}{L} = \frac{12}{1} \, Amp/Sec$$

$$i(0) = K_1 = 0 \Rightarrow i(t) = K_2 e^{-t} \sin t$$

$$\frac{di(t)}{dt} = -K_2 e^{-t}\sin t + K_2 e^{-t}\cos t$$

$$\frac{di(0^+)}{dt} = K_2 = 12 \Rightarrow i(t) = 12e^{-t}\sin t$$

現在再討論如何繪出 $i(t) = 12e^{-t}\sin t$ 之圖形：

(1) $t = 0 \Rightarrow i(t) = 0$

(2) $t = \infty \Rightarrow i(t) = 0$

(3) $i(t) = 12e^{-t}\sin t$

此圖為一指數式遞減之正弦函數。

根據討論結果，求得之圖形如圖 2.6 所示。

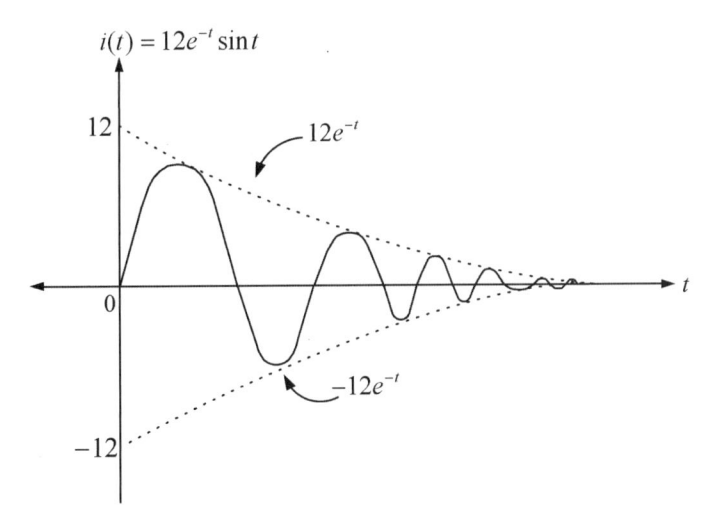

▲ 圖 2.6　$i(t) = 12e^{-t}\sin t$ 之圖形

2-4 柯西(Cauchy)方程式

n 階非齊性科西（Cauchy）微分方程式之標準式

$$a_n x^n y^{(n)} + a_{n-1} x^{n-1} y^{(n-1)} + \cdots\cdots + a_1 xy' + a_o y = f(x)，其中 f(x) \neq 0$$

解此類之問題通常係藉助於變數代換而得，茲敘述如下：

令　$x = e^z$，$D \equiv \dfrac{d}{dx}$，$D_z \equiv \dfrac{d}{dz}$

$\Rightarrow z = \ln x$

$y' = Dy = \dfrac{dy}{dx} = \dfrac{dy}{dz}\dfrac{dz}{dx} = \dfrac{1}{x}\dfrac{dy}{dz} \Rightarrow xDy = \dfrac{dy}{dz} \Rightarrow xy' = D_z y$

$y'' = D^2 y = \dfrac{d^2 y}{dx^2} = \dfrac{d}{dx}\dfrac{dy}{dx} = \dfrac{d}{dx}(\dfrac{1}{x}\dfrac{dy}{dz}) = [\dfrac{d}{dx}(\dfrac{1}{x})]\dfrac{dy}{dz} + \dfrac{1}{x}\dfrac{d}{dx}\dfrac{dy}{dz})$

$\quad = [\dfrac{d}{dx}(\dfrac{1}{x})]\dfrac{dy}{dz} + \dfrac{1}{x}\dfrac{d}{dz}\dfrac{dy}{dx})$

$\quad = -\dfrac{1}{x^2}\dfrac{dy}{dz} + \dfrac{1}{x}\dfrac{d}{dz}[\dfrac{1}{x}\dfrac{dy}{dz}] = -\dfrac{1}{x^2}\dfrac{dy}{dz} + \dfrac{1}{x^2}\dfrac{d^2 y}{dz^2}$

$\quad = \dfrac{1}{x^2}(\dfrac{d^2 y}{dz^2} - \dfrac{dy}{dz}) = \dfrac{1}{x^2}(D_z^2 y - D_z y) = \dfrac{1}{x^2} D_z(D_z - 1)y$

$\Rightarrow x^2 y'' = D_z(D_z - 1)y$

$y''' = D^3 y = \dfrac{d^3 y}{dx^3} = \dfrac{d}{dx}\dfrac{dy^2}{dx^2} = \dfrac{d}{dx}(-\dfrac{1}{x^2}\dfrac{dy}{dz} + \dfrac{1}{x^2}\dfrac{d^2 y}{dz^2})$

$\quad = [\dfrac{d}{dx}(-\dfrac{1}{x^2})]\dfrac{dy}{dz} - \dfrac{1}{x^2}\dfrac{d}{dx}(\dfrac{dy}{dz}) + [\dfrac{d}{dx}(\dfrac{1}{x^2})]\dfrac{d^2 y}{dz^2}$

$\quad\quad + \dfrac{1}{x^2}\dfrac{d}{dx}(\dfrac{d^2 y}{dz^2})$

$\quad = [\dfrac{d}{dx}(-\dfrac{1}{x^2})]\dfrac{dy}{dz} - \dfrac{1}{x^2}\dfrac{d}{dz}(\dfrac{dy}{dx}) + [\dfrac{d}{dx}(\dfrac{1}{x^2})]\dfrac{d^2 y}{dz^2}$

$$+\frac{1}{x^2}\frac{d}{dz}\frac{dy}{dx}\frac{dy}{dz}$$

$$=[\frac{d}{dx}(-\frac{1}{x^2})]\frac{dy}{dz}-\frac{1}{x^2}\frac{d}{dz}(\frac{dy}{dx})+[\frac{d}{dx}(\frac{1}{x^2})]\frac{d^2y}{dz^2}$$

$$+\frac{1}{x^2}\frac{d}{dz}(\frac{1}{x}\frac{dy}{dz})\frac{dy}{dz}$$

$$=[\frac{d}{dx}(-\frac{1}{x^2})]\frac{dy}{dz}-\frac{1}{x^2}\frac{d}{dz}(\frac{1}{x}\frac{dy}{dz})+[\frac{d}{dx}(\frac{1}{x^2})]\frac{d^2y}{dz^2}$$

$$+\frac{1}{x^3}\frac{dy^3}{dz^3}$$

$$=\frac{2}{x^3}\frac{dy}{dz}-\frac{1}{x^3}\frac{dy^2}{dz^2}-\frac{2}{x^3}\frac{dy^2}{dz^2}+\frac{1}{x^3}\frac{dy^3}{dz^3}$$

$$=\frac{1}{x^3}(\frac{dy^3}{dz^3}-3\frac{dy^2}{dz^2}+2\frac{dy}{dz})$$

$$=\frac{1}{x^3}(D_z^3 y-3D_z^3 y+2D_z y)$$

$$=\frac{1}{x^3}D_z(D_z-1)(D_z-2)y$$

$$\Rightarrow x^3 y'''=D_z(D_z-1)(D_z-2)y$$

※特例

二階齊性科西（Cauchy）方程式

$$ax^2 y''+bxy'+cy=f(x)，f(x)=0$$

解此類方程式除上述之方法外，亦可令 $y=x^m$ 且配合下列關係式解之，

$$y'=mx^{m-1}，y''=m(m-1)x^{m-2}$$
$$\Rightarrow xy'=mx^m，x^2 y''=m(m-1)x^m$$

而此類方程式可歸納為三類：

(1) 當 $m_1 \neq m_2$ 時，有二相異實根。

　　其解之型式為：$y = c_1 x^{m_1} + c_2 x^{m_2}$

(2) 當 $m_1 = m_2$ 時，有二相同實根（二重根）。

　　其解之型式為：$y = (c_1 + c_2 \ln x) x^{m_1}$

(3) 當 $m_1 = p + iq, m_2 = p - iq$ 時，有二虛根（共軛複數）。

　　其解之型式為：$y = x^p [c_1 \cos(q \ln x) + c_2 \sin(q \ln x)]$

例題 2-6

解 $x^2 y'' - 4xy' + 4y = 0$。

解一

$x = e^z$，$z = \ln x$，$D \equiv \dfrac{d}{dx}$，$D_z \equiv \dfrac{d}{dz}$

$xy' = D_z y, \; x^2 y'' = D_z (D_z - 1) y$

$x^2 y'' - 4xy' + 4y = 0$

$\Rightarrow D_z (D_z - 1) y - 4 D_z y + 4y = 0$

$\Rightarrow (D_z^2 - 5 D_z + 4) y = 0$

$\Rightarrow (\lambda^2 - 5\lambda + 4) = 0$

$\Rightarrow (\lambda - 1)(\lambda - 4) = 0$

$\Rightarrow \lambda = 1$，$\lambda = 4$

$\therefore y(z) = c_1 e^z + c_2 e^{4z}$

$\Rightarrow y(x) = c_1 x^1 + c_2 x^4$

解二

令 $y = x^m$

$y' = m x^{m-1}$，$y'' = m(m-1) x^{m-2}$，$\Rightarrow xy' = m x^m$，$x^2 y'' = m(m-1) x^m$

$x^2 y'' - 4xy' + 4y = 0$

$\Rightarrow m(m-1)x^m - 4mx^m + 4x^m = 0$

$[m(m-1) - 4m + 4]x^m = 0$

$(m^2 - 5m + 4)x^m = 0$

$m^2 - 5m + 4 = 0$,

$(m-1)(m-4) = 0$,$m = 1, 4$

$\Rightarrow y(x) = c_1 x^1 + c_2 x^4$

例題 2-7

解 $x^2 y'' + 3xy' + y = 0$。

解一

$x = e^z$,$z = \ln x$,$D \equiv \dfrac{d}{dx}$,$D_z \equiv \dfrac{d}{dz}$

$xy' = D_z y$,$x^2 y'' = D_z(D_z - 1)y$

$x^2 y'' + 3xy' + y = 0$

$\Rightarrow D_z(D_z - 1)y + 3D_z y + y = 0$

$\Rightarrow (D_z^2 + 2D_z + 1)y = 0$

$\Rightarrow (\lambda^2 + 2\lambda + 1) = 0$

$\Rightarrow (\lambda + 1)^2 = 0$

$\Rightarrow \lambda = -1$,$\lambda = -1$

$\therefore y(z) = (c_1 + c_2 z)e^{-z}$

$\Rightarrow y(x) = (c_1 + c_2 \ln x)x^{-1}$

解二

令 $y = x^m$

$y' = mx^{m-1}$,$y'' = m(m-1)x^{m-2}$

$\Rightarrow xy' = mx^m$，$x^2 y'' = m(m-1)x^m$

$x^2 y'' + 3xy' + y = 0$

$\Rightarrow m(m-1)x^m + 3mx^m + x^m = 0$

$[m(m-1) + 3m + 1]x^m = 0$

$(m^2 + 2m + 1)x^m = 0$

$m^2 + 2m + 1 = 0$

$(m+1)^2 = 0$，$m = -1, -1$

$\Rightarrow y(x) = (c_1 + c_2 \ln x)x^{-1}$

例題 2-8

解 $x^2 y'' + 4xy' + 4y = 0$。

解一

$x = e^z$，$z = \ln x$，$D \equiv \dfrac{d}{dx}$，$D_z \equiv \dfrac{d}{dz}$

$xy' = D_z y$，$x^2 y'' = D_z(D_z - 1)y$

$x^2 y'' + 4xy' + 4y = 0$

$\Rightarrow D_z(D_z - 1)y + 4D_z y + 4y = 0$

$\Rightarrow (D_z^2 + 3D_z + 4)y = 0$

$\Rightarrow (\lambda^2 + 3\lambda + 4) = 0$

$\Rightarrow \lambda = \dfrac{-3 \pm \sqrt{3^2 - 4 \times 1 \times 4}}{2} = \dfrac{-3 \pm i\sqrt{7}}{2}$

$\therefore y(z) = e^{-\frac{3}{2}z}(c_1 \cos \dfrac{\sqrt{7}}{2} z + c_2 \sin \dfrac{\sqrt{7}}{2} z)$

$\Rightarrow y(x) = x^{-\frac{3}{2}}[c_1 \cos(\dfrac{\sqrt{7}}{2} \ln x) + c_2 \sin(\dfrac{\sqrt{7}}{2} \ln x)]$

解二

令 $y = x^m$

$y' = mx^{m-1}$，$y'' = m(m-1)x^{m-2}$

$\Rightarrow xy' = mx^m$，$x^2 y'' = m(m-1)x^m$

$x^2 y'' + 4xy' + 4y = 0$

$\Rightarrow m(m-1)x^m + 4mx^m + 4x^m = 0$

$[m(m-1) + 4m + 4]x^m = 0$

$(m^2 + 3m + 4)x^m = 0$

$m^2 + 3m + 4 = 0$

$m = \dfrac{-3 \pm \sqrt{3^2 - 4 \times 1 \times 4}}{2} = \dfrac{-3 \pm i\sqrt{7}}{2}$

$\Rightarrow y(x) = x^{-\frac{3}{2}}[c_1 \cos(\dfrac{\sqrt{7}}{2}\ln x) + c_2 \sin(\dfrac{\sqrt{7}}{2}\ln x)]$

※注意：$x^{\frac{-3 \pm i\sqrt{7}}{2}}$

$= x^{-\frac{3}{2}} \cdot x^{i\frac{\sqrt{7}}{2}} = x^{-\frac{3}{2}} \cdot e^{i\frac{\sqrt{7}}{2}\ln x} = x^{-\frac{3}{2}} \cdot e^{i\frac{\sqrt{7}}{2}\ln x}$

$= x^{-\frac{3}{2}} \cdot [\cos(\dfrac{\sqrt{7}}{2}\ln x) + i\sin(\dfrac{\sqrt{7}}{2}\ln x)]$

$\Rightarrow y(x) = x^{-\frac{3}{2}}[c_1 \cos(\dfrac{\sqrt{7}}{2}\ln x) + c_2 \sin(\dfrac{\sqrt{7}}{2}\ln x)]$

2-5 n 階常係數齊性線性微分方程式：實根、複根、重根之討論

n 階常係數線性微分方程式

$$a_n y^{(n)} + a_{n-1} y^{(n-1)} + \cdots\cdots + a_1 y' + a_o y = f(x)$$

當上式之 $f(x)=0$ 時，此 n 階微分方程式稱之為齊性微分方程式，也就是

$$a_n y^{(n)} + a_{n-1} y^{(n-1)} + \cdots\cdots + a_1 y' + a_o y = 0$$

其特性方程式如下：

$$a_n \lambda^{(n)} + a_{n-1} \lambda^{(n-1)} + \cdots\cdots + a_1 \lambda + a_o = 0$$

解出 λ，再依二階微分方程式之作法，即可求得 n 階常係數線性微分方程式之齊性解。

例題 2-9

求出下列方程式之齊性解：

$y^{(5)}(x) + 6y^{(4)}(x) + 17y'''(x) + 28y''(x) + 24y'(x) + 8y(x) = 0$

解

特性方程式為

$f(\lambda) = 1\lambda^5 + 6\lambda^4 + 17\lambda^3 + 28\lambda^2 + 24\lambda^1 + 8 = 0$

1	6	17	28	24	8	
	−1	−5	−12	−16	−8	$-1 \to (\lambda+1)$
1	5	12	16	8	0	
	−1	−4	−8	−8		$-1 \to (\lambda+1)$
1	4	8	8	0		
	−2	−4	−8			$-2 \to (\lambda+2)$
1	2	4	0			

$\to (\lambda^2 + 2\lambda + 4)$

因此

$f(\lambda) = (\lambda+1)^2 (\lambda+2)(\lambda^2 + 2\lambda + 4) = 0$

$$\lambda = -1, -1 \text{ , } \lambda = -2 \text{ , } \lambda = \frac{-2 \pm \sqrt{4-16}}{2} = -1 \pm \sqrt{3}i$$

$$\therefore y(x) = (c_1 + c_2 x)e^{-x} + c_3 e^{-2x} + e^{-x}(c_4 \cos\sqrt{3}x + c_5 \sin\sqrt{3}x)$$

2-6 非齊性 (nonhomogeneous) 線性微分方程式

二階常係數非齊性線性微分方程式

$$a\frac{d^2y}{dx^2} + b\frac{dy}{dx} + cy = f(x) \text{ , } f(x) \neq 0$$

解此類方程式之特解有下列幾種方法：

(1) 未定係數法

本法僅適用於常係數線性微分方程式，且其 $f(x)$ 須為經連續微分後為一有限數之線性函數方可。

- 未定係數法之特解形式

$f(x)$	$y_p(x)$
c	A
$ce^{\pm ax}$	$Ae^{\pm ax}$
cx^n	$Ax^n + Bx^{n-1} + \cdots\cdots + Px + Q$
$c \sin ax$	$A \cos ax + B \sin ax$
$c \cos ax$	$A \cos ax + B \sin ax$

例題 2-10

利用未定係數法求出 $y'' + 3y' + 2y = 2x^2$ 之特解。

解

令 $y_p(x) = Ax^2 + Bx + C$

$y_p'(x) = 2Ax + B$

$y_p''(x) = 2A$

$(2A) + 3(2Ax + B) + 2(Ax^2 + Bx + C) = 2x^2$

$x^2 : 2A = 2 \Rightarrow A = 1$

$x^1 : 6A + 2B = 0 \Rightarrow A = 1, B = -3$

$x^0 : 2A + 3B + 2C = 0 \Rightarrow C = -\dfrac{2A + 3B}{2} = -\dfrac{2 + 3(-3)}{2} = \dfrac{7}{2}$

$\Rightarrow y_p(x) = x^2 - 3x + \dfrac{7}{2}$

例題 2-11

利用未定係數法求出 $y'' + 3y' + 2y = e^x$ 之特解。

解

令 $y_p(x) = Ae^x$，$y' = Ae^x$，$y'' = Ae^x$

$y'' + 3y' + 2y = e^x$

$\Rightarrow Ae^x + 3Ae^x + 2Ae^x = e^x$

$6Ae^x = e^x \Rightarrow A = \dfrac{1}{6}$

$\therefore y_p(x) = \dfrac{1}{6}e^x$

例題 2-12

利用未定係數法求出 $y'' + 3y' + 2y = e^{-x}$ 之全解。

解

(1) 先求出其齊次解 $y_h(x)$

$y'' + 3y' + 2y = 0 \Rightarrow \lambda^2 + 3\lambda + 2 = 0, \lambda = -1, \lambda = -2$

$\therefore y_h(x) = c_1 e^{-x} + c_2 e^{-2x}$

(2) 由於有重根存在，因此吾人須令其特解為

$y_p(x) = Axe^{-x}$ ， $y' = Ae^{-x} - Axe^{-x}$

$y'' = -Ae^{-x} - (Ae^{-x} - Axe^{-x}) = -2Ae^{-x} + Axe^{-x}$

$y'' + 3y' + 2y = e^{-x}$

$\Rightarrow (-2Ae^{-x} + Axe^{-x}) + 3(Ae^{-x} - Axe^{-x}) + 2(Axe^{-x}) = e^{-x}$

$Ae^{-x} = e^{-x} \Rightarrow A = 1$

$\therefore y_p(x) = xe^{-x}$

因此其全解為 $y(x) = y_h(x) + y_p(x) = c_1 e^{-x} + c_2 e^{-2x} + xe^{-x}$。

例題 2-13

利用未定係數法求出 $y'' + 2y = \cos 2x$ 之特解。

解

令 $y_p(x) = A\cos 2x + B\sin 2x$

$y' = -2A\sin 2x + 2B\cos 2x$

$y'' = -4A\cos 2x - 4B\sin 2x$

$y'' + 2y = \cos 2x$

$\Rightarrow (-4A\cos 2x - 4B\sin 2x) + 2(A\cos 2x + B\sin 2x) = \cos 2x$

$$-2A\cos 2x = \cos 2x \Rightarrow A = -\frac{1}{2}$$

$$\therefore y_p(x) = -\frac{1}{2}\cos 2x$$

---

(2) 逐項積分法

- n 階常係數線性非齊性微分方程式

$$a_n y^{(n)} + a_{n-1} y^{(n-1)} + \cdots\cdots + a_1 y' + a_o y = f(x)，其中 f(x) \neq 0$$

將上式寫成微分算子之型式可得下式：

$$(a_n D^n + a_{n-1} D^{n-1} + a_{n-2} D^{n-2} + \cdots\cdots + a_0) y_p = f(x)$$

$$y_p(x) = \frac{1}{(a_n D^n + a_{n-1} D^{n-1} + a_{n-2} D^{n-2} + \cdots\cdots + a_0)} f(x)$$

$$= \frac{1}{(D-\lambda_1)(D-\lambda_2)(D-\lambda_3)\cdots\cdots(D-\lambda_n)} f(x)$$

$$= e^{\lambda_1 x} \int e^{(\lambda_2-\lambda_1)x} \int e^{(\lambda_3-\lambda_2)x} \int e^{(\lambda_4-\lambda_3)x} \cdots\cdots \int e^{-\lambda_n x} f(x)(dx)^n$$

對於：

$n=1$ 時（一階），$y_p(x) = e^{\lambda_1 x} \int e^{-\lambda_1 x} f(x) dx$

$n=2$ 時（二階），$y_p(x) = e^{\lambda_1 x} \int e^{(\lambda_2-\lambda_1)x} \int e^{-\lambda_2 x} f(x) dx dx$

例題 2-14

證明逐項積分法在：

(a) $n=1$(一階)時之公式，也就是證明：

$$y_p(x) = \frac{1}{(D-\lambda_1)} f(x)$$
$$= e^{\lambda_1 x} \int e^{-\lambda_1 x} f(x) dx$$

(b) $n = 2$ (二階)時之公式，也就是證明：
$$y_p(x) = \frac{1}{(D-\lambda_1)(D-\lambda_2)} f(x)$$
$$= e^{\lambda_1 x} \int e^{(\lambda_2-\lambda_1)x} \int e^{-\lambda_2 x} f(x) dx dx$$

解

(a) $n = 1$，$y_p(x) = \dfrac{1}{(D-\lambda_1)} f(x)$

$(D-\lambda_1)y = f(x) \Rightarrow y' - \lambda_1 y = f(x) \Leftrightarrow y' + p(x)y = q(x)$

$p(x) = -\lambda_1$，$q(x) = f(x)$
$$y_p(x) = e^{-\int p(x)dx} [\int q(x) e^{\int p(x)dx} dx] = e^{-\int (-\lambda_1)dx} [\int f(x) e^{\int (-\lambda_1)dx} dx]$$
$$= e^{\lambda_1 x} \int e^{-\lambda_1 x} f(x) dx$$

(b) $n = 2$，$y_p(x) = \dfrac{1}{(D-\lambda_1)(D-\lambda_2)} f(x)$
$$= \frac{1}{(D-\lambda_1)} \times \frac{1}{(D-\lambda_2)} f(x)$$
$$= \frac{1}{(D-\lambda_1)} \times e^{\lambda_2 x} \int e^{-\lambda_2 x} f(x) dx$$

$(D-\lambda_1)y = e^{\lambda_2 x} \int e^{-\lambda_2 x} f(x) dx \Rightarrow y' - \lambda_1 y = e^{\lambda_2 x} \int e^{-\lambda_2 x} f(x) dx$

$\Leftrightarrow y' + p(x)y = q(x)$

$p(x) = -\lambda_1, q(x) = e^{\lambda_2 x} \int e^{-\lambda_2 x} f(x) dx$

$y_p(x) = e^{-\int p(x)dx} [\int q(x) e^{\int p(x)dx} dx]$
$$= e^{-\int (-\lambda_1)dx} \{\int e^{\lambda_2 x} [\int e^{-\lambda_2 x} f(x) dx] e^{\int (-\lambda_1)dx} dx\}$$
$$= e^{\lambda_1 x} \{\int e^{\lambda_2 x} [\int e^{-\lambda_2 x} f(x) dx] e^{-\lambda_1 x} dx\} = e^{\lambda_1 x} \int e^{(\lambda_2-\lambda_1)x} \int e^{-\lambda_2 x} f(x) dx dx$$

例題 2-15

利用逐項積分法求出 $y'' - 3y' + 2y = \sin(e^{-x})$ 之全解。

解

$y'' - 3y' + 2y = 0$

$\lambda^2 - 3\lambda + 2 = 0 \Rightarrow (\lambda - 1)(\lambda - 2) = 0$, $\lambda_2 = 1$, $\lambda_1 = 2$

$\Rightarrow y_h(x) = c_1 e^{2x} + c_2 e^x$

$\begin{aligned}
y_p(x) &= e^{\lambda_1 x} \int e^{(\lambda_2 - \lambda_1)x} \int e^{-\lambda_2 x} f(x) dx dx \\
&= e^{2x} \int e^{(1-2)x} \int e^{-x} \sin(e^{-x})(dx)^2 \\
&= e^{2x} \int e^{-x} [\int -\sin(e^{-x}) de^{-x}] dx \\
&= e^{2x} \int e^{-x} \cos(e^{-x}) dx \\
&= e^{2x} \int -\cos(e^{-x}) de^{-x} \\
&= -e^{2x} \sin(e^{-x})
\end{aligned}$

$\therefore y(x) = y_h(x) + y_p(x) = (c_1 e^{2x} + c_2 e^x) + [-e^{2x} \sin(e^{-x})]$

$\qquad = c_1 e^{2x} + c_2 e^x - e^{2x} \sin(e^{-x})$

例題 2-16

利用逐項積分法求出 $y'' + 3y' + 2y = xe^{-x}$ 之全解。

解

$y'' + 3y' + 2y = 0$

$\lambda^2 + 3\lambda + 2 = 0 \Rightarrow (\lambda + 1)(\lambda + 2) = 0$, $\lambda_2 = -1$, $\lambda_1 = -2$

$\Rightarrow y_h(x) = c_1 e^{-2x} + c_2 e^{-x}$

$\begin{aligned}
y_p(x) &= e^{\lambda_1 x} \int e^{(\lambda_2 - \lambda_1)x} \int e^{-\lambda_2 x} f(x) dx dx \\
&= e^{-2x} \int e^{(-1+2)x} \int e^x x e^{-x} dx dx \\
&= e^{-2x} \int e^x \int x dx dx
\end{aligned}$

$$= \frac{1}{2}e^{-2x}\int x^2 e^x dx$$

$$= \frac{1}{2}e^{-2x}(x^2 - 2x + 2)e^x$$

$$= \frac{1}{2}(x^2 - 2x + 2)e^{-x}$$

$$\therefore y(x) = y_h(x) + y_p(x) = (c_1 e^{-2x} + c_2 e^{-x}) + \frac{1}{2}(x^2 - 2x + 2)e^{-x}$$

例題 2-17

利用逐項積分法求出 $y'' + 6y' + 8y = e^{e^{2x}}$ 之全解。

解

$y'' + 6y' + 8y = e^{e^{2x}}$

$\lambda^2 + 6\lambda + 8 = 0 \Rightarrow (\lambda + 2)(\lambda + 4) = 0$，$\lambda_2 = -2$，$\lambda_1 = -4$

$\Rightarrow y_h(x) = c_1 e^{-4x} + c_2 e^{-2x}$

$y_p(x) = e^{\lambda_1 x}\int e^{(\lambda_2 - \lambda_1)x}\int e^{-\lambda_2 x}f(x)dxdx$

$\quad = e^{-4x}\int e^{(-2+4)x}\int e^{2x}e^{e^{2x}}dxdx = e^{-4x}\int e^{2x}\int \frac{1}{2}e^{e^{2x}}(de^{2x})dx$

$\quad = \frac{1}{2}e^{-4x}\int e^{2x}e^{e^{2x}}dx = \frac{1}{2}e^{-4x}\int \frac{1}{2}e^{e^{2x}}(de^{2x}) = \frac{1}{4}e^{-4x}e^{e^{2x}}$

$\therefore y(x) = y_h(x) + y_p(x) = c_1 e^{-4x} + c_2 e^{-2x} + \frac{1}{4}e^{-4x}e^{e^{2x}}$

例題 2-18

利用逐項積分法求出 $y'' - 3y' + 2y = e^{5x}$ 之全解。

解

$y'' - 3y' + 2y = e^{5x}$

$$\lambda^2 - 3\lambda + 2 = 0 \Rightarrow (\lambda-1)(\lambda-2) = 0 \text{ , } \lambda_2 = 1 \text{ , } \lambda_1 = 2$$

$$\Rightarrow y_h(x) = c_1 e^{2x} + c_2 e^x$$

$$\begin{aligned}y_p(x) &= e^{\lambda_1 x}\int e^{(\lambda_2-\lambda_1)x}\int e^{-\lambda_2 x} f(x)dxdx\\ &= e^{2x}\int e^{(1-2)x}\int e^{-x}e^{5x}dxdx\\ &= e^{2x}\int e^{-x}(\int e^{4x}dxdx) = e^{2x}\int e^{-x}\frac{1}{4}e^{4x}dx\\ &= \frac{1}{4}e^{2x}\int e^{3x}dx = \frac{1}{4}e^{2x}(\frac{1}{3}e^{3x}) = \frac{1}{12}e^{5x}\end{aligned}$$

$$\begin{aligned}\therefore y(x) &= y_h(x)+y_p(x) = (c_1 e^{2x}+c_2 e^x)+(\frac{1}{12}e^{5x})\\ &= c_1 e^{2x}+c_2 e^x+\frac{1}{12}e^{5x}\end{aligned}$$

---

(3) 參數變換法

- n 階常係數線性非齊性微分方程式

$$a_n y^{(n)} + a_{n-1} y^{(n-1)} + \cdots\cdots + a_1 y' + a_0 y = f(x) \text{ , 其中 } f(x) \neq 0$$

其齊性解為

$$y_h(x) = c_1 y_1 + c_2 y_2 + c_3 y_3 + \cdots\cdots + c_n y_n$$

以參數 $u_1(x), u_2(x), u_3(x), \cdots\cdots u_n(x)$ 取代上式之 $c_1, c_2, c_3, \cdots\cdots, c_n$，可得下式之特解：

$$y_p(x) = u_1(x)y_1 + u_2(x)y_2 + u_3(x)y_3 + \cdots\cdots + u_n(x)y_n$$

其中 $u_1(x), u_2(x), u_3(x), \cdots\cdots u_n(x)$ 可由解下列方程式而得：

$$u_1' y_1 + u_2' y_2 + u_3' y_3 \cdots\cdots + u_n' y_n = 0$$

$$u'_1 y'_1 + u'_2 y'_2 + u'_3 y'_3 \cdots\cdots + u'_n y'_n = 0$$

$$\vdots$$

$$u'_1 y_1^{(n-1)} + u'_2 y_2^{(n-1)} + u'_3 y_3^{(n-1)} \cdots\cdots + u'_n y_n^{(n-1)} = f(x)$$

上式可以矩陣表示：

$$w(y_1, y_2, \cdots\cdots y_n) = \begin{bmatrix} y_1 & y_2 & \cdots & y_n \\ y'_1 & y'_2 & \cdots & y'_n \\ . & . & \cdots & . \\ . & . & \cdots & . \\ . & . & \cdots & . \\ y_1^{(n-1)} & y_2^{(n-1)} & \cdots & y_n^{(n-1)} \end{bmatrix} \begin{bmatrix} u'_1 \\ u'_2 \\ . \\ . \\ . \\ u'_n \end{bmatrix} = \begin{bmatrix} 0 \\ 0 \\ . \\ . \\ . \\ f(x) \end{bmatrix}$$

解出上式 $u'_1(x), u'_2(x), u'_3(x), \cdots\cdots u'_n(x)$ 之後，再將其積分後即可解出 $u_1(x), u_2(x), u_3(x), \cdots\cdots u_n(x)$，而得特解。

- 例如：**二階非齊性微分方程式** $a\dfrac{d^2 y}{dx^2} + b\dfrac{dy}{dx} + cy = f(x)$

其齊性解為：$y_h(x) = c_1 y_1 + c_2 y_2$

$$\begin{bmatrix} y_1 & y_2 \\ y'_1 & y'_2 \end{bmatrix} \begin{bmatrix} u'_1 \\ u'_2 \end{bmatrix} = \begin{bmatrix} 0 \\ f(x) \end{bmatrix}, \quad W(y_1, y_2) = \begin{vmatrix} y_1 & y_2 \\ y'_1 & y'_2 \end{vmatrix}$$

$$\Rightarrow \mu'_1 = \dfrac{\begin{vmatrix} 0 & y_2 \\ f(x) & y'_2 \end{vmatrix}}{W(y_1, y_2)}, \quad \mu'_2 = \dfrac{\begin{vmatrix} y_1 & 0 \\ y'_1 & f(x) \end{vmatrix}}{W(y_1, y_2)}$$

而其特解為：

$$\lambda^2 + 2\lambda + 1 = 0 = y_1 \int u'_1(x) dx + y_2 \int u'_2(x) dx$$

$$= y_1 \int \frac{\begin{vmatrix} 0 & y_2 \\ f(x) & y_2' \end{vmatrix}}{W(y_1, y_2)} dx + y_2 \int \frac{\begin{vmatrix} y_1 & 0 \\ y_1' & f(x) \end{vmatrix}}{W(y_1, y_2)} dx$$

$$= -y_1 \int \frac{y_2 f(x)}{W(y_1, y_2)} dx + y_2 \int \frac{y_1 f(x)}{W(y_1, y_2)} dx$$

例題 2-19

利用參數變換法求出 $y'' + 2y' + y = \dfrac{e^{-x}}{x}$ 之全解。

解

$\lambda^2 + 2\lambda + 1 = 0$，$(\lambda + 1)^2 = 0$，$\lambda = -1, -1$

$y_h = (c_1 + c_2 x) e^{-x} = c_1 e^{-x} + c_2 x e^{-x} = c_1 y_1 + c_2 y_2$
$\Rightarrow y_1 = e^{-x}$，$y_2 = x e^{-x}$

$y_p(x) = u_1(x) y_1 + u_2(x) y_2$

$\qquad = -y_1 \int \dfrac{y_2 f(x)}{W(y_1, y_2)} dx + y_2 \int \dfrac{y_1 f(x)}{W(y_1, y_2)} dx$

$\qquad = -e^{-x} \int \dfrac{x e^{-x} \cdot \dfrac{e^{-x}}{x}}{e^{-2x}} dx + x e^{-x} \int \dfrac{e^{-x} \cdot \dfrac{e^{-x}}{x}}{e^{-2x}} dx$

$\qquad = -e^{-x} \int dx + x e^{-x} \int \dfrac{1}{x} dx$

$\qquad = -x e^{-x} + x e^{-x} \ln|x|$

$\therefore y = y_h(x) + y_p(x) = c_1 e^{-x} + c_2 x e^{-x} + [-x e^{-x} + x e^{-x} \ln|x|]$

$\qquad = c_1 e^{-x} + c_2 x e^{-x} - x e^{-x} + x e^{-x} \ln|x|$

※注意，本題中之 $W(y_1, y_2)$ 如下所示：

$W(y_1, y_2) = \begin{vmatrix} y_1 & y_2 \\ y_1' & y_2' \end{vmatrix} = \begin{vmatrix} e^{-x} & x e^{-x} \\ -e^{-x} & e^{-x} - x e^{-x} \end{vmatrix}$

$\qquad = e^{-x}(e^{-x} - x e^{-x}) - (-e^{-x})(x e^{-x})$

$\qquad = e^{-2x}[(1 - x) - (-1)(x)] = e^{-2x}$

例題 2-20

利用參數變換法求出 $y'' + y = \csc x$ 之全解。

解

$\lambda^2 + 1 = 0$

$\lambda^2 = -1$，$\lambda = i, -i$

$y_h = c_1 \cos x + c_2 \sin x = c_1 y_1 + c_2 y_2$

$\Rightarrow y_1 = \cos x$，$y_2 = \sin x$

$\begin{aligned} y_p(x) &= u_1(x) y_1 + u_2(x) y_2 \\ &= -y_1 \int \frac{y_2 f(x)}{W(y_1, y_2)} dx + y_2 \int \frac{y_1 f(x)}{W(y_1, y_2)} dx \\ &= -\cos x \int \frac{\sin x \csc x}{1} dx + \sin x \int \frac{\cos x \csc x}{1} dx \\ &= -\cos x \int 1 \, dx + \sin x \int \frac{\cos x}{\sin x} dx \\ &= -x \cos x + \sin x \int \frac{1}{\sin x} d \sin x \\ &= -x \cos x + \sin x \ln|\sin x| \end{aligned}$

$\begin{aligned} \therefore y(x) &= y_h(x) + y_p(x) = c_1 \cos x + c_2 \sin x + [-x \cos x + \sin x \ln|\sin x|] \\ &= c_1 \cos x + c_2 \sin x - x \cos x + \sin x \ln|\sin x| \end{aligned}$

※注意，本題中之 $W(y_1, y_2)$ 如下所示：

$W(y_1, y_2) = \begin{vmatrix} y_1 & y_2 \\ y_1' & y_2' \end{vmatrix} = \begin{vmatrix} \cos x & \sin x \\ -\sin x & \cos x \end{vmatrix} = \cos^2 x + \sin^2 x = 1$

例題 2-21

利用參數變換法求出 $y'' + 2y' + y = e^{-x} \ln x$ 之全解。

解

$\lambda^2 + 2\lambda + 1 = 0$

$(\lambda+1)^2 = 0$，$\lambda = -1, -1$

$y_h = (c_1 + c_2 x)e^{-x} = c_1 e^{-x} + c_2 x e^{-x} = c_1 y_1 + c_2 y_2$

$\Rightarrow y_1 = e^{-x}$，$y_2 = xe^{-x}$

$$\begin{aligned}
y_p(x) &= u_1(x)y_1 + u_2(x)y_2 \\
&= -y_1 \int \frac{y_2 f(x)}{W(y_1, y_2)}dx + y_2 \int \frac{y_1 f(x)}{W(y_1, y_2)}dx \\
&= -e^{-x}\int \frac{xe^{-x}e^{-x}\ln x}{e^{-2x}}dx + xe^{-x}\int \frac{e^{-x}e^{-x}\ln x}{e^{-2x}}dx \\
&= -e^{-x}\int x\ln x\, dx + xe^{-x}\int \ln x\, dx \\
&= -e^{-x}(\frac{x^2}{2}\ln x - \frac{x^2}{4}) + xe^{-x}(x\ln x - x)
\end{aligned}$$

$$\begin{aligned}
\therefore y(x) &= y_h(x) + y_p(x) \\
&= c_1 e^{-x} + c_2 xe^{-x} - e^{-x}(\frac{x^2}{2}\ln x - \frac{x^2}{4}) + xe^{-x}(x\ln x - x) \\
&= e^{-x}(c_1 + c_2 x + \frac{1}{2}x^2 \ln x - \frac{3}{4}x^2)
\end{aligned}$$

※注意，本題中之 $W(y_1, y_2)$ 如下所示：

$$\begin{aligned}
W(y_1, y_2) &= \begin{vmatrix} y_1 & y_2 \\ y_1' & y_2' \end{vmatrix} = \begin{vmatrix} e^{-x} & xe^{-x} \\ -e^{-x} & e^{-x} - xe^{-x} \end{vmatrix} \\
&= e^{-x}(e^{-x} - xe^{-x}) - (-e^{-x})(xe^{-x}) \\
&= e^{-2x}[(1-x) - (-1)(x)] = e^{-2x}
\end{aligned}$$

(4) 反微分運算子法

- n 階常係數線性非齊性微分方程式

$$a_n y^{(n)} + a_{n-1} y^{(n-1)} + a_{n-2} y^{(n-2)} + \cdots\cdots + a_1 y' + a_0 y = f(x)，其中 f(x) \neq 0$$

將上式寫成微分算子之型式可得下式：

$$(a_n D^n + a_{n-1} D^{n-1} + a_{n-2} D^{n-2} + \cdots\cdots + a_1 D^1 + a_0) y_p = f(x)$$

$$y_p = \frac{1}{(a_n D^n + a_{n-1} D^{n-1} + a_{n-2} D^{n-2} + \cdots\cdots + a_1 D^1 + a_0)} f(x) = \frac{1}{P(D)} f(x)$$

反微分算子之法即藉此觀念配合下述公式解之。

・反微分算子之重要公式

1. 指數函數

    (a) $\dfrac{1}{P(D)} e^{ax} = \dfrac{1}{P(a)} e^{ax}$，$[P(a) \neq 0]$

    (b) $\dfrac{1}{(D-a)^n} e^{ax} = \dfrac{x^n}{n!} e^{ax}$

    (c) $\dfrac{1}{(D-a)^n P(D)} e^{ax} = \dfrac{x^n}{n!} \dfrac{1}{P(a)} e^{ax}$，$[P(a) \neq 0]$

2. 指數函數之位移

    (a) $\dfrac{1}{P(D)} e^{ax} f(x) = e^{ax} \dfrac{1}{P(D+a)} f(x)$

    (b) $\dfrac{1}{(D-a)^n} e^{ax} f(x) = e^{ax} \dfrac{1}{D^n} f(x)$

3. 三角函數

    (a) $\dfrac{1}{P(D^2)} \cos(ax+b) = \dfrac{1}{P(-a^2)} \cos(ax+b)$，$[P(-a^2) \neq 0]$

    (b) $\dfrac{1}{P(D^2)} \sin(ax+b) = \dfrac{1}{P(-a^2)} \sin(ax+b)$，$[P(-a^2) \neq 0]$

    (c) $\dfrac{1}{D^2 + a^2} \cos(ax+b) = \dfrac{1}{2a} x \sin(ax+b)$

    (d) $\dfrac{1}{D^2 + a^2} \sin(ax+b) = -\dfrac{1}{2a} x \cos(ax+b)$

    (e) $\dfrac{1}{P(D)} \cos(ax+b) = \dfrac{1}{P(D)} R_e[e^{i(ax+b)}] = R_e[\dfrac{1}{P(D)} e^{i(ax+b)}]$

    (f) $\dfrac{1}{P(D)} \sin(ax+b) = \dfrac{1}{P(D)} I_m[e^{i(ax+b)}] = I_m[\dfrac{1}{P(D)} e^{i(ax+b)}]$

4. 某函數乘以 x 項之位移

$$\frac{1}{P(D)}xQ(x) = x\frac{1}{P(D)}Q(x) + [\frac{1}{P(D)}]'Q(x)$$

$f(x) = x^n$ 時，採長除法處理

5. $\dfrac{1}{P(D)}(a_n x^n + a_{n-1}x^{n-1} + \cdots\cdots + a_1 x + a_0)$

$= (b_n D^n + b_{n-1}D^{n-1} + \cdots\cdots + b_1 D + b_0)(a_n x^n + a_{n-1}x^{n-1} + \cdots\cdots + a_1 x + a_0)$

例題 2-22

利用微分算子法求出 $y'' + 3y' + 2y = e^{3x}$ 之特解。

解

$$y_p(x) = \frac{1}{D^2 + 3D + 2}e^{3x} = \frac{1}{3^2 + 3\times 3 + 2}e^{3x} = \frac{1}{20}e^{3x}$$

例題 2-23

利用微分算子法求出 $y'' - 4y' + 4y = e^{2x}$ 之特解。

解

$$y_p(x) = \frac{1}{D^2 - 4D + 4}e^{2x} = \frac{1}{(D-2)^2}e^{2x} = \frac{x^2}{2!}e^{2x} = \frac{x^2}{2}e^{2x}$$

例題 2-24

利用微分算子法求出 $y'' + y' + y = e^x \sin x$ 之特解。

解

$$y_p(x) = \frac{1}{D^2+D+1}e^x \sin x = e^x \frac{1}{(D+1)^2+(D+1)+1}\sin x$$

$$= e^x \frac{1}{D^2+3D+3}\sin x$$

$$= e^x \frac{1}{-1^2+3D+3}\sin x = e^x \frac{1}{3D+2}\sin x$$

$$= e^x \frac{(3D-2)}{(3D+2)(3D-2)}\sin x$$

$$= e^x \frac{(3D-2)}{9D^2-4}\sin x = e^x \frac{(3D-2)}{9(-1^2)-4}\sin x$$

$$= -\frac{1}{13}e^x(3D-2)\sin x$$

$$= -\frac{1}{13}e^x(3D-2)\sin x = -\frac{1}{13}e^x(3D\sin x - 2\sin x)$$

$$= -\frac{1}{13}e^x(3\cos x - 2\sin x)$$

$$= -\frac{3}{13}e^x\cos x + \frac{2}{13}e^x\sin x$$

例題 2-25

利用微分算子法求出 $y'' - 4y' + 4y = e^{2x}\sin x$ 之特解。

解

$$y_p(x) = \frac{1}{D^2-4D+4}e^{2x}\sin x = \frac{1}{(D-2)^2}e^{2x}\sin x$$

$$= e^{2x}\frac{1}{D^2}\sin x = -e^{2x}\sin x$$

例題 2-26

利用微分算子法求出 $y''' - 3y'' + 4y = e^{2x}$ 之特解。

解

$$y_p(x) = \frac{1}{D^3 - 3D^2 + 4} e^{2x} = \frac{1}{(D-2)^2(D+1)} e^{2x}$$

$$= \frac{x^2}{2!} \times \frac{1}{(2+1)} e^{2x} = \frac{1}{6} x^2 e^{2x}$$

例題 2-27

利用微分算子法求出 $y'' + 2y = \cos(3x+4)$ 之特解。

解

$$y_p(x) = \frac{1}{D^2 + 2} \cos(3x+4) = \frac{1}{-3^2 + 2} \cos(3x+4) = \frac{1}{-7} \cos(3x+4)$$

例題 2-28

利用微分算子法求出 $y'' + y' + y = \sin(2x+1)$ 之特解。

解

$$y_p(x) = \frac{1}{D^2 + D + 1} \sin(2x+1) = \frac{1}{-2^2 + D + 1} \sin(2x+1)$$

$$= \frac{1}{D - 3} \sin(2x+1)$$

$$= \frac{(D+3)}{(D-3)(D+3)} \sin(2x+1) = \frac{(D+3)}{D^2 - 9} \sin(2x+1)$$

$$= \frac{(D+3)}{(-2^2) - 9} \sin(2x+1) = -\frac{1}{13}(D+3)\sin(2x+1)$$

$$= -\frac{1}{13}(D+3)\sin(2x+1) = -\frac{1}{13}[D\sin(2x+1) + 3\sin(2x+1)]$$

$$= -\frac{1}{13}[2\cos(2x+1) + 3\sin(2x+1)]$$

$$= -\frac{2}{13}\cos(2x+1) - \frac{3}{13}\sin(2x+1)$$

例題 2-29

利用微分算子法求出 $y'' + 4y = \cos(2x+1)$ 之特解。

解

$$y_p(x) = \frac{1}{D^2+4}\cos(2x+1) = \frac{1}{2\times 2}x\sin(2x+1) = \frac{1}{4}x\sin(2x+1)$$

例題 2-30

利用微分算子法求出 $y'' + 4y = \sin(2x+1)$ 之特解。

解

$$y_p(x) = \frac{1}{D^2+4}\sin(2x+1) = -\frac{1}{2\times 2}x\cos(2x+1) = -\frac{1}{4}x\cos(2x+1)$$

例題 2-31

利用微分算子法求出 $y'' + y' + y = x\sin x$ 之特解。

解

$$\begin{aligned}
y_p(x) &= \frac{1}{D^2+D+1}x\sin x = x\frac{1}{D^2+D+1}\sin x + [\frac{1}{D^2+D+1}]'\sin x \\
&= x\frac{1}{-1^2+D+1}\sin x + [\frac{0-(2D+1)}{(D^2+D+1)^2}]\sin x \\
&= x\frac{1}{D}\sin x + [\frac{0-(2D+1)}{(-1^2+D+1)^2}]\sin x \\
&= x\int \sin x\,dx - \frac{(2D+1)}{D^2}\sin x \\
&= -x\cos x + (2D+1)\sin x = -x\cos x + 2\cos x + \sin x
\end{aligned}$$

例題 2-32

利用微分算子法求出 $y'' + 3y' + 2y = x^2 + x + 1$ 之特解。

解

$$y_p(x) = \frac{1}{D^2 + 3D + 2}(x^2 + x + 1) = \frac{1}{2 + 3D + D^2}(x^2 + x + 1)$$

$$= (\frac{1}{2} - \frac{3}{4}D + \frac{7}{8}D^2 + \cdots\cdots)(x^2 + x + 1)$$

$$= \frac{1}{2}(x^2 + x + 1) - \frac{3}{4}D(x^2 + x + 1) + \frac{7}{8}D^2(x^2 + x + 1) + 0$$

$$= \frac{1}{2}(x^2 + x + 1) - \frac{3}{4}(2x + 1) + \frac{7}{8} \times 2 = \frac{1}{2}x^2 - x + \frac{3}{2}$$

例題 2-33

利用微分算子法求出 $y'' + 3y' + 2y = e^{-x}x\cos x$ 之特解。

解

$$y_p(x) = \frac{1}{D^2 + 3D + 2}e^{-x}x\cos x = e^{-x}\frac{1}{(D-1)^2 + 3(D-1) + 2}x\cos x$$

$$= e^{-x}\frac{1}{D^2 + D}x\cos x$$

$$= e^{-x}\{x\frac{1}{D^2 + D}\cos x + [\frac{1}{D^2 + D}]'\cos x\}$$

$$= e^{-x}\{x\frac{1}{-1 + D}\cos x + [\frac{1}{D^2 + D}]'\cos x\}$$

$$= e^{-x}\{x\frac{1}{(D-1)}\cos x + [\frac{0 - (2D+1)}{(D^2 + D)^2}]\cos x\}$$

$$= e^{-x}\{x\frac{(D+1)}{(D+1)(D-1)}\cos x + [\frac{0 - (2D+1)}{(D^2 + D)^2}]'\cos x\}$$

$$= e^{-x}\{x\frac{(D+1)}{D^2 - 1}\cos x + [\frac{0 - (2D+1)}{(-1 + D)^2}]\cos x\}$$

$$= e^{-x}\{-\frac{1}{2}x(D+1)\cos x + [\frac{0 - (2D+1)}{(D^2 - 2D + 1)}]\cos x\}$$

$$= e^{-x}\{-\frac{1}{2}x(-\sin x + \cos x) + [\frac{0-(2D+1)}{(-1-2D+1)}]\cos x\}$$

$$= e^{-x}\{\frac{1}{2}x(\sin x - \cos x) + \frac{(2D+1)}{2D}\cos x\}$$

$$= e^{-x}\{\frac{1}{2}x(\sin x - \cos x) + \cos x + \frac{1}{2}\times\frac{1}{D}\cos x\}$$

$$= e^{-x}[\frac{1}{2}x(\sin x - \cos x) + \cos x + \frac{1}{2}\sin x]$$

(5) 二階非齊性柯西（Cauchy）

二階非齊性柯西（Cauchy）方程式如下：

$$ax^2 y'' + bxy' + cy = f(x)，f(x) \neq 0$$

例題 2-34

解 $x^2 y'' - xy' + y = x^5$。

解

令 $x = e^z$，$z = \ln x$，$D \equiv \dfrac{d}{dx}$，$D_z \equiv \dfrac{d}{dz}$

$xy' = D_z y, x^2 y'' = D_z(D_z - 1)y$

$x^2 y'' - xy' + y = x^5$

$\Rightarrow D_z(D_z - 1)y - D_z y + y = e^{5z}$

$\Rightarrow (D_z^2 - 2D_z + 1)y = e^{5z}$

(1) 先求 $y_h(z)$

$\Rightarrow (\lambda^2 - 2\lambda - 1) = (\lambda - 1)^2 = 0$

$\Rightarrow \lambda = 1, 1$

$\therefore y_h(z) = (c_1 + c_2 z)e^z = c_1 e^z + c_2 z e^z$

$\Rightarrow y_h(x) = c_1 x + c_2 x \ln|x|$

(2) 依題型，可利用「反微分算子法」求特解

$$y_p(z) = \frac{1}{(D_z^2 - 2D_z + 1)}(e^{5z}) = \frac{1}{5^2 - 2(5) + 1}e^{5z} = \frac{1}{16}e^{5z}$$

$$\Rightarrow y_p(x) = \frac{1}{16}x^5$$

由(1)、(2)之結果，全解為

$$y(x) = y_h(x) + y_p(x) = c_1 x + c_2 x \ln|x| + \frac{1}{16}x^5$$

例題 2-35

解 $x^2 y'' - y = x^6 + x^5$。

解

$x = e^z$，$z = \ln x$，$D \equiv \dfrac{d}{dx}$，$D_z \equiv \dfrac{d}{dz}$

$xy' = D_z y$，$x^2 y'' = D_z(D_z - 1)y$

$x^2 y'' - y = x^6 + x^5$

$\Rightarrow D_z(D_z - 1)y - y = e^{6z} + e^{5z}$

$\Rightarrow (D_z^2 - D_z - 1)y = e^{6z} + e^{5z}$

(1) 先求 $y_h(z)$

$\Rightarrow (\lambda^2 - \lambda - 1) = 0$

$\Rightarrow \lambda = \dfrac{-1 \pm \sqrt{1^2 - 4 \times 1 \times (-1)}}{2} = \dfrac{-1 \pm \sqrt{5}}{2}$

$\therefore y_h(z) = c_1 e^{\frac{1+\sqrt{5}}{2}z} + c_2 e^{\frac{1-\sqrt{5}}{2}z}$

$\Rightarrow y_h(x) = c_1 x^{\frac{1+\sqrt{5}}{2}} + c_2 x^{\frac{1-\sqrt{5}}{2}}$

(2) 再依題型，可利用「反微分算子法」求特解

$$y_p(z) = \frac{1}{(D_z^2 - D_z - 1)}\left(e^{6z} + e^{5z}\right)$$
$$= \frac{1}{6^2 - 6 - 1}e^{6z} + \frac{1}{5^2 - 5 - 1}e^{5z}$$
$$= \frac{1}{29}e^{6z} + \frac{1}{19}e^{5z}$$
$$\Rightarrow y_p(x) = \frac{1}{29}x^6 + \frac{1}{19}x^5$$

由(1)、(2)之結果，全解為
$$y(x) = y_h(x) + y_p(x) = c_1 x^{\frac{1+\sqrt{5}}{2}} + c_2 x^{\frac{1-\sqrt{5}}{2}} + \frac{1}{29}x^6 + \frac{1}{19}x^5$$

例題 2-36

解 $x^2 y'' - xy' = 2x^3 e^x$。

解

(1) 首先求其齊性解 y_h：

令 $y = x^m$

$y' = mx^{m-1}$，$y'' = m(m-1)x^{m-2}$

$\Rightarrow xy' = mx^m$，$x^2 y'' = m(m-1)x^m$

$x^2 y'' - xy' = 2x^3 e^x$

$x^2 y'' - xy' = 0$

$\Rightarrow m(m-1)x^m - mx^m = 0$

$[m(m-1) - m]x^m = 0$

$(m^2 - 2m)x^m = 0$

$m^2 - 2m = 0$

$m(m-2) = 0$，$m = 0, 2$

$\Rightarrow y_h = c_1 x^0 + c_2 x^2$

(2) 其次再求其特解，依題型，建議使用「參數變換法」

$$y_h = c_1 x^0 + c_2 x^2 = c_1 + c_2 x^2 = c_1 y_1 + c_2 y_2$$
$$\Rightarrow y_1 = 1 \text{ , } y_2 = x^2$$

$$x^2 y'' - xy' = 2x^3 e^x$$
$$\Rightarrow y'' - \frac{1}{x} y' = 2xe^x$$

$$\begin{aligned}
y_p(x) &= u_1(x) y_1 + u_2(x) y_2 \\
&= -y_1 \int \frac{y_2 f(x)}{W(y_1, y_2)} dx + y_2 \int \frac{y_1 f(x)}{W(y_1, y_2)} dx \\
&= -\int \frac{x^2 \times 2xe^x}{2x} dx + x^2 \int \frac{1 \times 2xe^x}{2x} dx \\
&= -\int x^2 e^x dx + x^2 \int e^x dx \\
&= -(x^2 e^x - 2xe^x + 2e^x) + x^2 e^x \\
&= 2(x-1)e^x
\end{aligned}$$

$$\therefore y = y_h(x) + y_p(x) = c_1 + c_2 x^2 + [2(x-1)e^x]$$
$$= c_1 + c_2 x^2 + 2(x-1)e^x$$

※ 注意，本題中之 $W(y_1, y_2)$ 如下所示：

$$W(y_1 y_2) = \begin{vmatrix} y_1 & y_2 \\ y_1' & y_2' \end{vmatrix} = \begin{vmatrix} 1 & x^2 \\ 0 & 2x \end{vmatrix} = 2x$$

例題 2-37

解 $x^2 y'' - 2xy' + 2y = x^3 \cos x$。

解

(1) 首先求其齊性解 y_h：

令 $y = x^m$

$y' = mx^{m-1}$，$y'' = m(m-1)x^{m-2}$

$\Rightarrow xy' = mx^m$，$x^2 y'' = m(m-1)x^m$

$x^2 y'' - 2xy' + 2y = 2x^3 e^x$

$x^2 y'' - 2xy' + 2y = 0$

$\Rightarrow m(m-1)x^m - 2mx^m + 2x^m = 0$

$[m(m-1) - 2m + 2]x^m = 0$

$(m^2 - 3m + 2)x^m = 0$

$m^2 - 3m + 2 = 0$

$(m-1)(m-2) = 0$，$m = 1, 2$

$\Rightarrow y_h(x) = c_1 x^1 + c_2 x^2$

(2) 其次再求其特解，依題型，仍建議使用「參數變換法」

$y_h(x) = c_1 x^1 + c_2 x^2 = c_1 x + c_2 x^2 = c_1 y_1 + c_2 y_2$

$\Rightarrow y_1 = x$，$y_2 = x^2$

$x^2 y'' - 2xy' + 2y = x^3 \cos x$

$\Rightarrow y'' - \dfrac{2}{x} y' + \dfrac{2}{x^2} = x \cos x$

$y_p(x) = u_1(x) y_1 + u_2(x) y_2$

$\qquad = -y_1 \int \dfrac{y_2 f(x)}{W(y_1, y_2)} dx + y_2 \int \dfrac{y_1 f(x)}{W(y_1, y_2)} dx$

$\qquad = -x \int \dfrac{x^2 \times x \cos x}{x^2} dx + x^2 \int \dfrac{x \times x \cos x}{x^2} dx$

$\qquad = -x \int x \cos x \, dx + x^2 \int \cos x \, dx$

$\qquad = -x(x \sin x + \cos x) + x^2 \sin x$

$\qquad = -x \cos x$

$\therefore y(x) = y_h(x) + y_p(x) = c_1 x + c_2 x^2 - x \cos x$

※注意，本題中之 $W(y_1, y_2)$ 如下所示：

$W(y_1, y_2) = \begin{vmatrix} y_1 & y_2 \\ y_1' & y_2' \end{vmatrix} = \begin{vmatrix} x & x^2 \\ 1 & 2x \end{vmatrix} = 2x^2 - x^2 = x^2$

例題 2-38

解 $x^2 y'' - 2xy' + 2y = x \ln x$。

解

令 $x = e^z$，$z = \ln x$，$D = \dfrac{d}{dx}$，$D_z = \dfrac{d}{dz}$

$xy = D_z y$，$x^2 y'' = D_z(D_z - 1)y$

$x^2 y'' - 2xy + 2y = x \ln x$

$\Rightarrow D_z(D_z - 1)y - 2D_z y + 2y = z e^z$

$\Rightarrow (D_z^2 - 3D_z + 2)y = z e^z$

(1) 首先求其齊性解 y_h：

$(D_z^2 - 3D_z + 2)y = 0$

$\lambda^2 - 3\lambda + 2 = 0$

$(\lambda - 1)(\lambda - 2) = 0 \Rightarrow \lambda = 1, 2$

$\Rightarrow y_h(z) = c_1 e^z + c_2 e^{2z}$

(2) 其次再求其特解，依題型，建議使用「反微分算子法」

$(D_z^2 - 3D_z + 2)y = z e^z$

$y_p(z) = \dfrac{1}{(D_z^2 - 3D_z + 2)} z e^z$

$= e^z \dfrac{1}{(D_z + 1)^2 - 3(D_z + 1) + 2} z$

$= e^z \dfrac{1}{D_z^2 - D_z} z$

$= e^z \dfrac{1}{-D_z + D_z^2} z$

$= e^z \dfrac{1}{D_z}(-1 - D_z)z$

$= e^z \dfrac{1}{D_z}(-z - 1)$

$= e^z (-\dfrac{1}{2} z^2 - z)$

$$= -(\frac{1}{2}z^2 + z)e^z$$

$$\therefore y(z) = y_h(z) + y_p(z)$$

$$= c_1 e^z + c_2 e^{2z} + [-(\frac{1}{2}z^2 + z)e^z] = c_1 e^z + c_2 e^{2z} - (\frac{1}{2}z^2 + z)e^z$$

$$\Rightarrow y(x) = c_1 x + c_2 x^2 - [\frac{1}{2}(\ln x)^2 + \ln x]x$$

$$= c_1 x + c_2 x^2 - \frac{1}{2}x \ln^2 x - x \ln x$$

(6) 二階非齊性雷建德（Legendre）方程式

二階非齊性**雷建德**（Legendre）方程式如下：

$$A(ax+b)^2 y'' + B(ax+b)y' + Cy = f(x)，f(x) \neq 0$$

解此類之問題通常係藉助於變數代換而得，茲敘述如下：

令 $ax+b = e^z$，$D \equiv \dfrac{d}{dx}$，$D_z \equiv \dfrac{d}{dz}$

$$z = \ln(ax+b), D = \frac{d}{dx} = \frac{d}{dz}\frac{dz}{dx} = \frac{d}{dz}\left(\frac{1}{ax+b}\right)(a) = \frac{a}{ax+b}D_z$$

$$(ax+b)D = aD_z \Rightarrow (ax+b)Dy = (ax+b)y' = aD_z y$$

$$z = \ln(ax+b), D^2 = \frac{d^2}{dx^2} = \frac{d}{dx}\frac{d}{dx} = \frac{d}{dx}(\frac{a}{ax+b}D_z) = \frac{d}{dz}(\frac{a}{ax+b}D_z)\frac{dz}{dx}$$

$$= \left(\frac{a}{ax+b}D_z^2 - \frac{a}{ax+b}D_z\right)\frac{a}{(ax+b)} = \frac{a^2}{(ax+b)^2}\left(D_z^2 - D_z\right)$$

$$= \frac{a^2}{(ax+b)^2}(D_z)(D_z - 1), \quad ax+b = e^z$$

$$(ax+b)^2 D^2 = a^2 (D_z)(D_z - 1)$$

$$\Rightarrow (ax+b)^2 D^2 y = (ax+b)^2 y'' = a^2 (D_z)(D_z - 1) y$$

例題 2-39

解 $(x+2)^2 y'' + 4(x+2)y' + 2y = x$。

解

令 $x+2 = e^z$，$D \equiv \dfrac{d}{dx}$，$D_z \equiv \dfrac{d}{dz}$

$(x+2)y' = D_z y$

$(x+2)^2 y'' = (D_z)(D_z - 1)y$

$\Rightarrow D_z(D_z - 1)y + 4D_z y + 2y = e^z - 2$

$\Rightarrow (D_z^2 + 3D_z + 2)y = e^z - 2$

(1) 首先求其齊性解 y_h：

$(D_z^2 + 3D_z + 2)y = 0$

$(\lambda^2 + 3\lambda + 2) = 0$

$(\lambda + 1)(\lambda + 2) = 0$

$\Rightarrow y_h(z) = c_1 e^{-z} + c_2 e^{-2z}$

(2) 其次再求其特解，依題型，建議使用「反微分算子法」

$(D_z^2 - 3D_z + 2)y = e^z - 2$

$y_p(z) = \dfrac{1}{(D_z^2 + 3D_z + 2)}(e^z - 2)$

$= \dfrac{1}{(D_z^2 + 3D_z + 2)} e^z + \dfrac{1}{(D_z^2 - 3D_z + 2)}(-2e^{0z})$

$= \dfrac{1}{(1^2 + 3 \times 1 + 2)} e^z - 2 \dfrac{1}{(0^2 + 3 \times 0 + 2)} e^{0z}$

$= \dfrac{1}{6} e^z - 1$

$\therefore y(z) = y_h(z) + y_p(z)$

$= c_1 e^{-z} + c_2 e^{-2z} + \dfrac{1}{6} e^z - 1, \quad e^z = x+2$

$\Rightarrow y(x) = c_1 (x+2)^{-1} + c_2 (x+2)^{-2} + \dfrac{1}{6}(x+2) - 1$

$$y(x) = c_1(x+2)^{-1} + c_2(x+2)^{-2} + \frac{1}{6}x - \frac{2}{3}$$

例題 2-40

解 $(2x+3)^2 y'' - 4(2x+3)y' + 8y = 4\ln(2x+3)$。

解

令 $2x+3 = e^z$，$D \equiv \dfrac{d}{dx}$，$D_z \equiv \dfrac{d}{dz}$

$(2x+3)y' = 2D_z y$

$(2x+3)^2 y'' = 2^2 (D_z)(D_z - 1)y$

$\Rightarrow 4D_z(D_z - 1)y - 4(2)D_z y + 8y = 4z$

$\Rightarrow (D_z^2 - 3D_z + 2)y = z$

(1) 首先求其齊性解 y_h：

　　$(D_z^2 - 3D_z + 2)y = 0$，$(\lambda^2 - 3\lambda + 2) = 0$

　　$(\lambda - 1)(\lambda - 2) = 0 \Rightarrow y_h(z) = c_1 e^z + c_2 e^{2z}$

(2) 其次再求其特解，依題型，建議使用「反微分算子法」

　　$(D_z^2 - 3D_z + 2)y = z$

　　$y_p(z) = \dfrac{1}{(D_z^2 - 3D_z + 2)}(z) = \dfrac{1}{(2 - 3D_z + D_z^2)}(z) = \left(\dfrac{1}{2} + \dfrac{3}{4}D_z + \cdots\right)z$

　　$= \dfrac{1}{2}z + \dfrac{3}{4}$

$\therefore y(z) = y_h(z) + y_p(z) = c_1 e^z + c_2 e^{2z} + \dfrac{1}{2}z + \dfrac{3}{4}$，$e^z = 2x+3$

$\Rightarrow y(x) = c_1(2x+3)^1 + c_2(2x+3)^2 + \dfrac{1}{2}\ln(2x+3) + \dfrac{3}{4}$

2-7 線性常微分方程式之應用

例題 2-41

如圖 2.7 所示之電路,開關 K 原來在開著時已達穩態,然後在 $t=0$ 時,將開關 K 合攏,圖中之 $v(t) = V\sin\omega t$,求出 $t \geq 0^+$ 時之電流 $i(t)$。

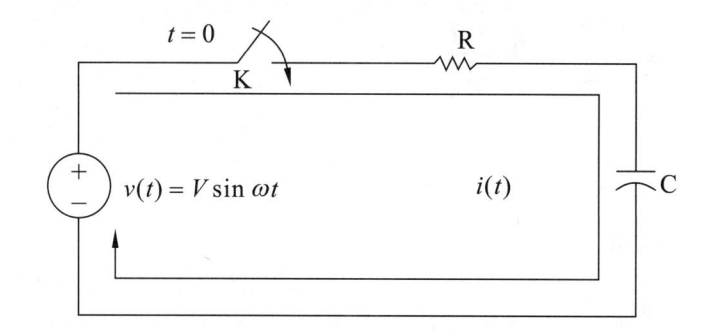

▲ 圖 2.7 例題 2-41 之電路

解

$t \geq 0^+$

$$Ri(t) + \frac{1}{C}\int_0^t i(t)dt = V\sin\omega t$$

$$\frac{di(t)}{dt} + \frac{1}{RC}i(t) = \frac{V}{R}\omega\cos\omega t$$

$$\lambda + \frac{1}{RC} = 0$$

$$\lambda = -\frac{1}{RC}$$

$$i_h(t) = i(t) = Ke^{-\frac{1}{RC}t}$$

$$\frac{di(t)}{dt} + \frac{1}{RC}i(t) = \frac{V}{R}\omega\cos\omega t$$

$$i_p(t) = \frac{1}{D+\frac{1}{RC}}\frac{V}{R}\omega\cos\omega t = \frac{(D-\frac{1}{RC})}{(D+\frac{1}{RC})(D-\frac{1}{RC})}\frac{V}{R}\omega\cos\omega t$$

$$= \frac{(D-\frac{1}{RC})}{D^2-(\frac{1}{RC})^2}\frac{V}{R}\omega\cos\omega t = \frac{(D-\frac{1}{RC})}{-\omega^2-(\frac{1}{RC})^2}\frac{V}{R}\omega\cos\omega t$$

$$= \frac{\frac{V\omega}{R}}{-\omega^2-(\frac{1}{RC})^2}(D-\frac{1}{RC})\cos\omega t$$

$$= \frac{V\omega RC^2}{\omega^2 R^2 C^2+1}(D-\frac{1}{RC})\cos\omega t$$

$$= -\frac{V\omega RC^2}{\omega^2 R^2 C^2+1}(-\omega\sin\omega t - \frac{1}{RC}\cos\omega t)$$

$$= \frac{V\omega^2 RC^2}{\omega^2 R^2 C^2+1}\sin\omega t + \frac{V\omega C}{\omega^2 R^2 C^2+1}\cos\omega t$$

$$= \frac{V}{R^2+\frac{1}{\omega^2 C^2}}R\sin\omega t + \frac{V}{R^2+\frac{1}{\omega^2 C^2}}\frac{1}{\omega C}\cos\omega t$$

$$= \frac{V}{R^2+\frac{1}{\omega^2 C^2}}(R\sin\omega t + \frac{1}{\omega c}\cos\omega t)$$

$$\therefore i(t) = i_h(t) + i_p(t)$$

$$= Ke^{-\frac{1}{RC}t} + \frac{V}{R^2+\frac{1}{\omega^2 C^2}}(R\sin\omega t + \frac{1}{\omega c}\cos\omega t)$$

例題 2-42

如圖 2.8 所示之電路，開關 K 原來在開著時已達穩態，然後在 $t = 0$ 時，將開關 K 合攏，圖中之 $v(t) = V\sin(\omega t+\theta)$，求出 $t \geq 0^+$ 時之電流 $i(t)$。

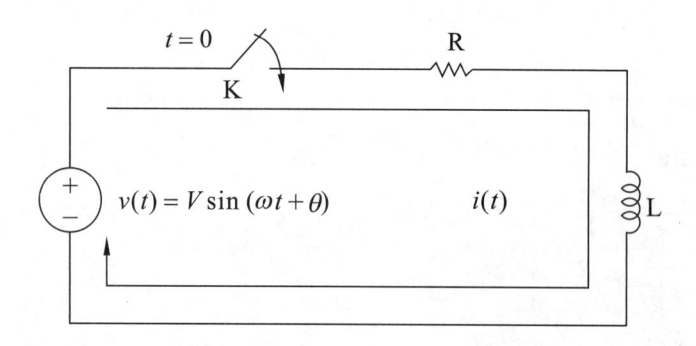

圖 2.8　例題 2-42 之電路

解

$t \geq 0^+$

$$Ri(t) + L\frac{di(t)}{dt} = v(t) = V\sin(\omega t + \theta)$$

$$\frac{di(t)}{dt} + \frac{R}{L}i(t) = \frac{V}{L}\sin(\omega t + \theta)$$

$$\lambda + \frac{R}{L} = 0$$

$$\lambda = -\frac{R}{L}$$

$$i_h(t) = i(t) = Ke^{-\frac{R}{L}t}$$

$$\frac{di(t)}{dt} + \frac{R}{L}i(t) = \frac{V}{L}\sin(\omega t + \theta)$$

$$i_p(t) = \frac{1}{D + \frac{R}{L}}\frac{V}{L}\sin(\omega t + \theta) = \frac{(D - \frac{R}{L})}{(D + \frac{R}{L})(D - \frac{R}{L})}\frac{V}{L}\sin(\omega t + \theta)$$

$$= \frac{(D - \frac{R}{L})}{D^2 - (\frac{R}{L})^2}\frac{V}{L}\sin(\omega t + \theta)t = \frac{(D - \frac{R}{L})}{-\omega^2 - (\frac{R}{L})^2}\frac{V}{L}\sin(\omega t + \theta)$$

$$= \frac{\frac{V}{L}}{-\omega^2 - (\frac{R}{L})^2}(D - \frac{R}{L})\sin(\omega t + \theta)$$

$$= -\frac{VL}{\omega^2 L^2 + R^2}(D - \frac{R}{L})\sin(\omega t + \theta)$$

$$= -\frac{VL}{\omega^2 L^2 + R^2}[\omega\cos(\omega t + \theta) - \frac{R}{L}\sin(\omega t + \theta)]$$

$$= \frac{V}{R^2 + \omega^2 L^2}R\sin(\omega t + \theta) - \frac{V}{R^2 + \omega^2 L^2}\omega L\cos(\omega t + \theta)$$

$$= \frac{V}{R^2 + \omega^2 L^2}[R\sin(\omega t + \theta) - \omega L\cos(\omega t + \theta)]$$

$$\therefore i(t) = i_h(t) + i_p(t)$$

$$= Ke^{-\frac{R}{L}t} + \frac{V}{R^2 + \omega^2 L^2}[R\sin(\omega t + \theta) - \omega L\cos(\omega t + \theta)]$$

精選習題

2.1 判斷下列各組函數為線性獨立或線性相依。

(a) $1-x$, $1+x$, $1-3x$, $-\infty < x < \infty$

(b) $|x^5|$, x^5, $-1 < x < 1$

(c) $\sin 2x$, $\sin^2 x$, $0 < x < 2\pi$

(d) $\sin^2 x$, $\cos^2 x$, $0 < x < 2\pi$

解答 (a) 線性相依。

(b) 線性獨立。

(c) 線性獨立。

(d) 線性獨立。

2.2 求出下列方程式之齊性解：

(a) $y'' - 3y' + 2y = 0$

(b) $y'' + 4y' + 4y = 0$

(c) $y'' + 2y' + 4y = 0$

(d) $y'' + 2y' + 4y = \sin 2x$

解答 (a) $y_h(x) = c_1 e^x + c_2 e^{2x}$

(b) $y_h(x) = (c_1 + c_2 x)e^{-2x}$

(c) $y_h(x) = e^{-x}(c_1 \cos \sqrt{3}x + c_2 \sin \sqrt{3}x)$

(d) $y_h(x) = e^{-x}(c_1 \cos \sqrt{3}x + c_2 \sin \sqrt{3}x)$

2.3 如圖 P2.3 所示之電路，開關 K 原來在閉合時已達穩態，然後在 $t = 0$ 時，將開關 K 打開，求出 $t \geq 0^+$ 時之電流 $i(t)$。

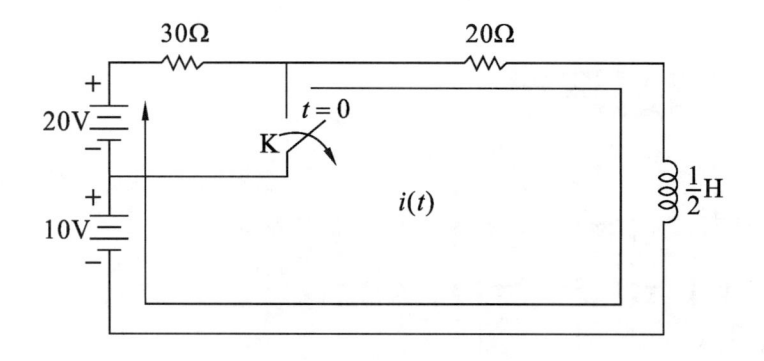

▲ 圖 P2.3　習題 2.3 之電路

解答 $i(t) = 0.6 - 0.1e^{-100t}$ A

2.4 如圖 P2.4 所示之電路，開關 K 原來在開著時已達穩態，然後在 $t = 0$ 時，將開關 K 合攏，求出 $t \geq 0^+$ 時之電流 $i(t)$。

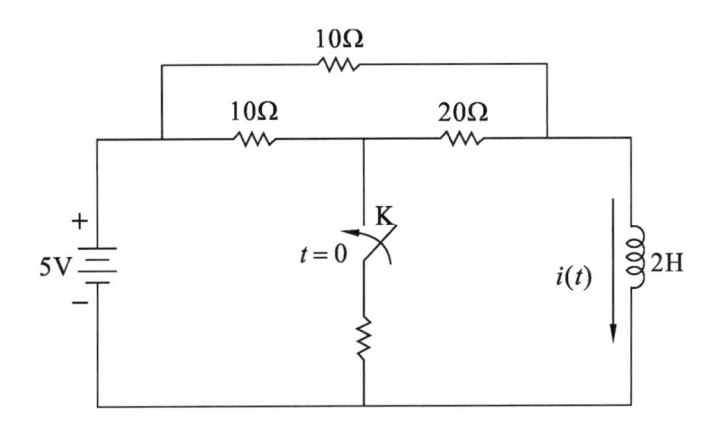

▲ 圖 P2.4　習題 2.4 之電路

[解答] $i(t) = 0.6 + 0.067e^{-3.57t}$ A

2.5 解下列齊性柯西（Cauchy）方程式。

(a) $x^2 y'' - xy' = 0$

(b) $x^2 y'' - xy' + y = 0$

(c) $x^2 y'' - 2xy' + 2y = 0$

(d) $x^2 y'' + xy' + y = 0$

[解答] (a) $y_h(x) = c_1 + c_2 x^2$

(b) $y_h(x) = (c_1 + c_2 \ln|x|)x$

(c) $y_h(x) = c_1 x + c_2 x^2$

(d) $y_h(x) = c_1 \cos\ln|x| + c_2 \sin\ln|x|$

2.6 求出下列方程式之齊性解：

(a) $y'''(x) - y''(x) - 8y'(x) + 12y(x) = 0$

(b) $y'''(x) - 2y''(x) - y'(x) + 2y(x) = 0$，$y(0) = 2$，$y'(0) = -3$，$y''(0) = -1$

[解答] (a) $y_h(x) = (c_1 + c_2 x)e^{2x} + c_3 e^{-3x}$

(b) $y(x) = e^x + 2e^{-x} - e^{2x}$

2.7 利用未定係數法求出下列方程式之全解。

(a) $y'' - 4y' + 4y = 9e^{-x}$

(b) $y'' + y' + y = 3 + 2x + x^3$

(c) $y'' + y = 2\cos x$

(d) $y'' - y = x\sin x$, $y(0) = y'(0) = 0$

解答 (a) $y(x) = (c_1 + c_2 x)e^{2x} + e^{-x}$

(b) $y(x) = e^{-\frac{1}{2}x}(c_1 \cos\frac{\sqrt{3}}{2}x + c_2 \sin\frac{\sqrt{3}}{2}x) + x^3 - 3x^2 + 2x + 7$

(c) $y(x) = c_1 \cos x + c_2 \sin x + x\sin x$

(d) $y(x) = \frac{1}{4}e^x + \frac{1}{4}e^{-x} - \frac{1}{2}\cos x - \frac{1}{2}x\sin x$

2.8 利用逐項積分法求出下列方程式之全解。

(a) $y'' - 3y' + 2y = e^{5x}$

(b) $y'' + 5y' + 4y = 3 - 2x$

(c) $y'' + 3y' + 2y = e^{e^x}$

(d) $y'' + 3y' + 2y = \sin(e^x)$

解答 (a) $y(x) = c_1 e^x + c_2 e^{2x} + \frac{1}{12}e^{5x}$

(b) $y(x) = c_1 e^{-x} + c_2 e^{-4x} - \frac{1}{2}x + \frac{11}{8}$

(c) $y(x) = c_1 e^{-x} + c_2 e^{-2x} + e^{-2x} e^{e^x}$

(d) $y(x) = c_1 e^{-x} + c_2 e^{-2x} - e^{-2x} \sin(e^x)$

2.9 利用參數變換法求出下列方程式之特解。

(a) $y'' - 3y' + 2y = -\dfrac{e^{2x}}{e^x + 1}$

(b) $y'' - 9y' + 18y = e^{e^{-3x}}$

(c) $y'' + y = \sec x$

(d) $y'' - 3y' + 2y = \sin(e^{-x})$

[解答] (a) $y_p = e^x \ln|e^x + 1| + e^{2x} \ln|1 + e^{-x}|$

(b) $y_p = \frac{1}{9} e^{6x} e^{e^{-3x}}$

(c) $y_p = \cos x \ln|\cos x| + x \sin x$

(d) $y_p = -e^{2x} \sin(e^{-x})$

2.10 利用參數變換法求出下列方程式之特解。

(a) $y'' - 2y' + y = \dfrac{e^x}{x}$

(b) $y'' + 4y = 4\sec^2 2x$

(c) $y'' + y = \tan x$

(d) $x^2 y'' + 7xy' + 8y = e^{x^2}$

[解答] (a) $y_p = -xe^x + xe^x \ln|x|$

(b) $y_p = -1 + \sin 2x \ln|\sec 2x + \tan 2x|$

(c) $y_p = -\cos x(\ln|\sec x + \tan x| - \sin x) - \sin x \cos x$

(d) $y_p = \dfrac{e^{x^2}}{4x^4}$

2.11 利用微分算子法求出下列方程式之特解。

(a) $y'' + 3y' + 2y = 10e^{3x}$

(b) $y'' + 3y' + 2y = 4x^2$

(c) $y'' + 4y = 4\cos 2x$

(d) $y'' + 3y' - 4y = \sin 3x$

[解答] (a) $y_p = \dfrac{1}{2} e^{3x}$

(b) $y_p = 2x^2 - 6x + 7$

(c) $y_p = x \sin 2x$

(d) $y_p = -\dfrac{1}{250}(9\cos 2x + 13\sin 2x)$

2.12 利用微分算子法求出下列方程式之特解。

(a) $y'' - 4y' + 4y = x^2 e^{-2x}$

(b) $y'' + 3y' + 2y = x \sin 2x$

(c) $y'' + 4y' + 5y = e^{-2x} \sin x$

(d) $y'' + 2y' + y = 4e^{-x} \ln x$

[解答] (a) $y_p = e^{-2x}(\dfrac{1}{16}x^2 + \dfrac{1}{16}x + \dfrac{3}{128})$

(b) $y_p = -\dfrac{x}{20}(3\cos 2x + \sin 2x) + \dfrac{1}{200}(7\cos 2x + 24\sin 2x)$

(c) $y_p = -\dfrac{1}{2}xe^{-2x}\cos x$

(d) $y_p = 2x^2 e^{-x} \ln x - 3x^2 e^{-x}$

2.13 解下列非齊性柯西（Cauchy）方程式。

(a) $x^2 y'' - 2xy' + 2y = x^3$

(b) $x^2 y'' - xy' = 2x^3 e^x$

(c) $x^2 y'' - xy' + y = x \ln x$, $y(1) = 0$, $y'(1) = 0$

(d) $x^2 y'' - 2xy' + 2y = x^3 \cos x$

(e) $x^2 y'' + xy' + y = \sin \ln|x|$

[解答] (a) $y(x) = c_1 x + c_2 x^2 + \dfrac{1}{2}x^3$

(b) $y(x) = c_1 + c_2 x^2 + 2(x-1)e^x$

(c) $y(x) = \dfrac{1}{6} x \ln^3 |x|$

(d) $y(x) = c_1 x + c_2 x^2 - x \cos x$

(e) $y(x) = c_1 \cos \ln|x| + c_2 \sin \ln|x| - \dfrac{1}{2} \ln x \cos \ln|x|$

2.14 解下列非齊性雷建德（Legendre）方程式。

(a) $(x+2)^2 y'' - (x+2) y' + y = 2x + 3$

(b) $(3x+2)^2 y'' - 3(3x+2) y' + 9y = 27x$

(c) $(x+1)^2 y'' - 4(x+1) y' + 6y = \ln|x+1|^3 + x + 5$

(d) $(3x+4)^2 y'' + 18(3x+4) y' + 54 y = 54 \ln(3x+4)$

解答 (a) $y(x) = c_1(x+2) + c_2(x+2)\ln(x+2) + (x+2)\left[\ln^2(x+2)\right] - 1$

(b) $y(x) = c_1(3x+2) + c_2(3x+2)\ln(3x+2) + \dfrac{1}{2}(3x+2)\left[\ln^2(3x+2)\right] - 2$

(c) $y(x) = c_1(x+1)^2 + c_2(x+1)^3 + \dfrac{1}{2}\ln|x+1| + \dfrac{1}{2}(x+1) + \dfrac{13}{12}$

(d) $y(x) = c_1(3x+4)^{-2} + c_2(3x+4)^{-3} + \ln(3x+4) - \dfrac{5}{6}$

2.15 如圖 P2.15 所示之電路，開關 K 原來在合攏時已達穩態，然後在 $t = 0$ 時，將開關 K 打開，求出 $t \geq 0^+$ 時電感器上之電流 $i(t)$。

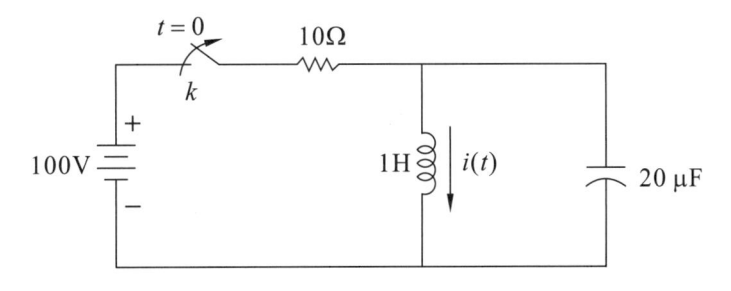

▲ 圖 P2.15　習題 2.15 之電路圖

解答 $i(t) = 10 \cos 223.6 t$ A

2.16 如圖 P2.16 所示之電路,開關 K 原來在開著時已達穩態,然後在 $t=0$ 時,將開關 K 合攏,求出 $t \geq 0^+$ 時之電流 $i(t)$。

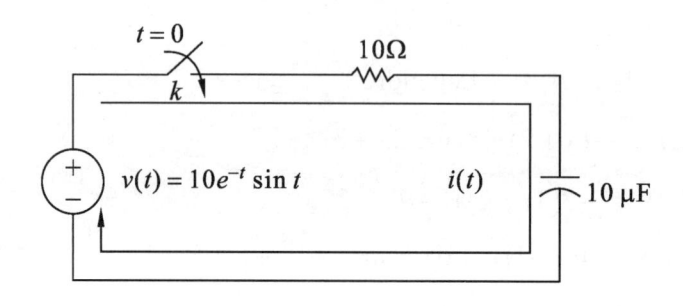

圖 P2.16　習題 2.16 之電路圖

解答 $i(t) = 10e^{-4}e^{-t}(\cos t - \sin t) - 10e^{-4}e^{-10^4 t}$ A

chapter 3 拉卜拉斯變換
Laplace Transform

本章大綱

- 3-1　基本觀念、基本定義
- 3-2　導函數及積分式之拉氏變換
- 3-3　s 軸及 t 軸之移位定理
- 3-4　拉氏變換之微分及積分
- 3-5　部份分式法
- 3-6　週期性函數之拉氏變換
- 3-7　拉氏變換之應用

3-1 基本觀念、基本定義

拉卜拉斯變換法解微分方程式和古典解法比較之優缺點：

(1) 微分方程式可循一定之法則求得，步驟亦是有系統的。

(2) 拉卜拉斯變換法在一次運算下就能產生全部之解答（包括一般解及特解）。

(3) 在解微分方程式之第一步驟即將初值條件代入，而非如古典之解法，在最後才將初值條件代入。

拉卜拉斯變換之定義

拉卜拉斯變換之定義如下：

$$F(s) = \mathscr{L}[f(t)] = \int_{0^-}^{\infty} f(t)e^{-st}dt$$

※ 上式之所以會採用 0^- 為積分下限，係由於便於將電路中之衝量函數包括在裡面。

一般而言，若無上述函數，吾人係採 0 為積分下限，也就是：

$$F(s) = \mathscr{L}[f(t)] = \int_{0}^{\infty} f(t)e^{-st}dt$$

並不是所有函數都存在拉氏變換，任一函數存在拉卜拉斯變換須滿足下式：

$$\int_{o}^{\infty} |f(t)| e^{-\sigma t} dt < \infty, \ s = \sigma + j\omega$$

而函數 $f(t)$ 稱為冪次函數。用極限值之觀點而言，對任一函數 $f(t)$，若有：

$$\lim_{t \to \infty}[e^{-\sigma t}|f(t)|] = 0$$

則函數 $f(t)$ 稱為冪次函數。反之則非為冪次函數。

對於函數 $f(t)$ 在某一區間 $\alpha \leq t \leq \beta$ 中，而此區間可分為若干子區間，且在此子區間中，$f(t)$ 是連續的，而其左右極限均存在，則函數 $f(t)$ 稱為片斷連續函數。

綜合上述之討論，函數 $f(t)$ 存在拉卜拉斯變換之充分條件為：
(1) $f(t)$ 須為冪次函數。
(2) 函數 $f(t)$ 須為片斷連續函數，換言之，在區間 $\alpha \leq t \leq \beta$ 中，存在：
   (a) $f(t)$ 有界。
   (b) $f(t)$ 存在有限個數之極大值及極小值。
   (c) $f(t)$ 存在有限個數之不連續點。

例題 3-1

判斷下列各函數是否為冪次函數？
(a) $f(t) = t^2$
(b) $f(t) = e^{-2t}$
(c) $f(t) = \cosh 3t$
(d) $f(t) = e^{t^2}$
(e) $f(t) = \tan t$

解

(a) $f(t)=t^2, \Rightarrow \lim_{t\to\infty}[e^{-\sigma t}|f(t)|] = \lim_{t\to\infty}[e^{-\sigma t}t^2] = \lim_{t\to\infty}[\frac{t^2}{e^{\sigma t}}] == \lim_{t\to\infty}[\frac{2t}{\sigma e^{\sigma t}}] = \lim_{t\to\infty}[\frac{2}{\sigma^2 e^{\sigma t}}] = 0$

(b) $f(t)=e^{-2t}$,

$\Rightarrow \lim_{t\to\infty}[e^{-\sigma t}|f(t)|] = \lim_{t\to\infty}[e^{-\sigma t}e^{-2t}] = \lim_{t\to\infty}[\frac{1}{e^{(\sigma+2)t}}] = 0$

(c) $f(t)=\cosh 3t, \Rightarrow \lim_{t\to\infty}[e^{-\sigma t}|f(t)|] = \lim_{t\to\infty}[e^{-\sigma t}\cosh 3t] = \lim_{t\to\infty}[e^{-\sigma t}(\frac{e^{3t}+e^{-3t}}{2})] = 0$

(d) $f(t)=e^{t^2}, \Rightarrow \lim_{t\to\infty}[e^{-\sigma t}|f(t)|] = \lim_{t\to\infty}[e^{-\sigma t}e^{t^2}] = \infty$

(e) $f(t)=\tan t, \Rightarrow \lim_{t\to\infty}[e^{-\sigma t}|f(t)|] = \lim_{t\to\infty}[e^{-\sigma t}\tan t] = \infty$

由此可知 $t^2, e^{-2t}, \cosh 3t$ 為冪次函數，而 $e^{t^2}, \tan t$ 則為非冪次函數。

基本函數之拉氏變換

《類型一》《單位步級函數 $u(t)$》：

定義：$u(t) = \begin{cases} 1 &, t \geq 0 \\ 0 &, t \leq 0 \end{cases}$

其圖形如圖 3.1 所示：

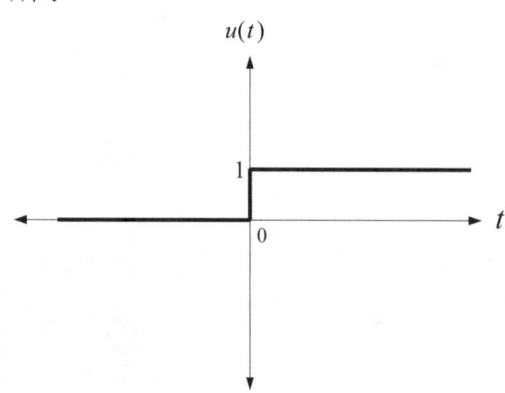

◎ 圖 3.1　單位步級函數 $u(t)$

例題 3-2

利用拉卜拉斯變換之定義，求出函數 $f(t)=u(t)$ 之拉氏變換。

解

$$\mathscr{L}[u(t)] = \int_0^\infty 1 \cdot e^{-st} dt = \frac{1}{-s} e^{-st} \Big|_0^\infty = \frac{1}{-s}(0-1) = \frac{1}{s}$$

《類型二》《指數函數 e^{at}、e^{-at}》：

例題 3-3

利用拉卜拉斯變換之定義，求出函數 $f(t)=e^{at}$ 之拉氏變換。

解

$$\mathscr{L}[e^{at}] = \int_0^\infty e^{at} \cdot e^{-st} dt = \int_0^\infty e^{-(s-a)t} dt$$
$$= \frac{1}{-(s-a)} e^{-(s-a)t} \Big|_0^\infty = \frac{1}{-(s-a)}(0-1) = \frac{1}{s-a}$$

例題 3-4

利用拉卜拉斯變換之定義，求出函數 $f(t)=e^{-at}$ 之拉氏變換。

解

$$\mathscr{L}[e^{-at}] = \int_0^\infty e^{-at} \cdot e^{-st} dt = \int_0^\infty e^{-(s+a)t} dt$$
$$= \frac{1}{-(s+a)} e^{-(s+a)t} \Big|_0^\infty = \frac{1}{-(s+a)}(0-1) = \frac{1}{s+a}$$

《類型三》《餘弦函數 $\cos\omega t$、正弦函數 $\sin\omega t$》：

定義：$\begin{cases} \cos\omega t = \dfrac{e^{i\omega t} + e^{-i\omega t}}{2} \\ \sin\omega t = \dfrac{e^{i\omega t} - e^{-i\omega t}}{2i} \end{cases}$

上述定義可由尤拉公式導出：

$e^{i\omega t} = \cos\omega t + i\sin\omega t$ ……………………………………(1)

$e^{-i\omega t} = \cos\omega t - i\sin\omega t$ …………………………………(2)

$(1)+(2) \Rightarrow e^{i\omega t} + e^{-i\omega t} = 2\cos\omega t \Rightarrow \cos\omega t = \dfrac{e^{i\omega t} + e^{-i\omega t}}{2}$

$(1)-(2) \Rightarrow e^{i\omega t} + e^{-i\omega t} = 2i\sin\omega t \Rightarrow \sin\omega t = \dfrac{e^{i\omega t} - e^{-i\omega t}}{2i}$

例題 3-5

利用拉卜拉斯變換之定義，求出函數 $f(t) = \cos\omega t$，$f(t) = \sin\omega t$ 之拉氏變換。

解一

$\mathscr{L}[\cos\omega t] = \mathscr{L}[\dfrac{e^{i\omega t} + e^{-i\omega t}}{2}] = \dfrac{1}{2}[\dfrac{1}{s-i\omega} + \dfrac{1}{s+i\omega}]$

$\quad = \dfrac{1}{2}[\dfrac{(s+i\omega)+(s-i\omega)}{s^2+\omega^2}] = \dfrac{s}{s^2+\omega^2}$

$\mathscr{L}[\sin\omega t] = \mathscr{L}[\dfrac{e^{i\omega t} - e^{-i\omega t}}{2i}] = \dfrac{1}{2i}[\dfrac{1}{s-i\omega} - \dfrac{1}{s+i\omega}]$

$\quad = \dfrac{1}{2i}[\dfrac{(s+i\omega)-(s-i\omega)}{s^2+\omega^2}] = \dfrac{\omega}{s^2+\omega^2}$

解二

$\mathscr{L}[e^{i\omega t}] = \dfrac{1}{s-i\omega} = \dfrac{(s+i\omega)}{(s-i\omega)(s+i\omega)} = \dfrac{(s+i\omega)}{s^2+\omega^2}$

$$= \frac{s}{s^2+\omega^2} + i\frac{\omega}{s^2+\omega^2}$$

$$e^{i\omega t} = \cos\omega t + i\sin\omega t$$

$$\mathscr{L}[e^{i\omega t}] = \mathscr{L}[\cos\omega t] + i\mathscr{L}[\sin\omega t]$$

$$\Rightarrow \mathscr{L}[\cos\omega t] = \frac{s}{s^2+\omega^2}$$

$$\mathscr{L}[\sin\omega t] = \frac{\omega}{s^2+\omega^2}$$

《類型四》《雙曲線函數 $\cosh\omega t$、$\sinh\omega t$》：

定義：$\begin{cases} \cosh\omega t = \dfrac{e^{\omega t}+e^{-\omega t}}{2} \\ \sinh\omega t = \dfrac{e^{\omega t}-e^{-\omega t}}{2} \end{cases}$

例題 3-6

利用拉卜拉斯變換之定義，求出函數 $f(t)=\cosh\omega t$，$f(t)=\sinh\omega t$ 之拉氏變換。

解

$$\mathscr{L}[\cosh\omega t] = \mathscr{L}[\frac{e^{\omega t}+e^{-\omega t}}{2}] = \frac{1}{2}[\frac{1}{s-\omega}+\frac{1}{s+\omega}]$$

$$= \frac{1}{2}[\frac{(s+\omega)+(s-\omega)}{s^2-\omega^2}] = \frac{s}{s^2-\omega^2}$$

$$\mathscr{L}[\sinh\omega t] = \mathscr{L}[\frac{e^{\omega t}-e^{-\omega t}}{2}] = \frac{1}{2}[\frac{1}{s-\omega}-\frac{1}{s+\omega}]$$

$$= \frac{1}{2}[\frac{(s+\omega)-(s-\omega)}{s^2-\omega^2}] = \frac{\omega}{s^2-\omega^2}$$

《類型五》《多項式函數 t^n》：

例題 3-7

利用拉卜拉斯變換之定義，求出函數 $f(t)=t$ 之拉氏變換。

解

$$\mathscr{L}[t] = \int_0^\infty t \cdot e^{-st} dt = \frac{1}{-s}\int_0^\infty t de^{-st}$$
$$= \frac{1}{-s}(te^{-st}\Big|_0^\infty - \int_0^\infty e^{-st} dt) = \frac{1}{-s}[0 - (\frac{1}{-s}e^{-st}\Big|_0^\infty)] = \frac{1}{s^2}$$

《類型六》《單位衝量函數 $\delta(t)$、雙衝函數 $\delta'(t)$》：

單位衝量函數 $\delta(t)$：

定義：$\delta(t) = \begin{cases} \infty, & t=0 \\ 0, & t \neq 0 \end{cases}$

其圖形如圖 3.2 所示：

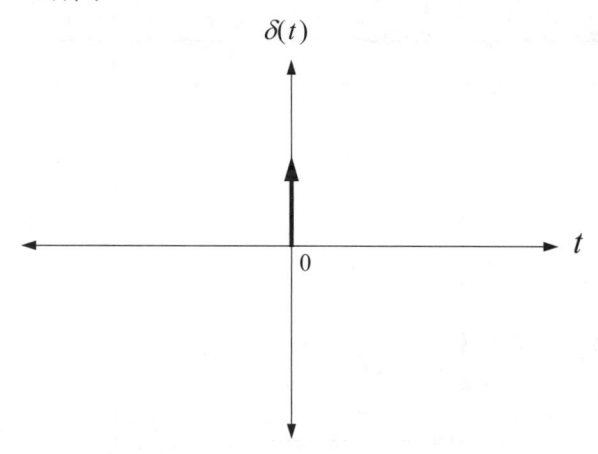

◎ 圖 3.2　單位衝量函數 $\delta(t)$

單位雙衝函數 $\delta'(t)$：

定義：$\delta'(t) = \begin{cases} \pm\infty, & t=0 \\ 0, & t \neq 0 \end{cases}$

其圖形如圖 3.3 所示：

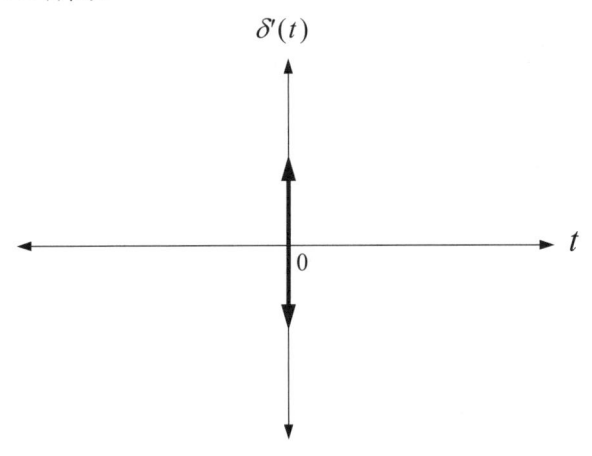

◎ 圖 3.3　單位雙衝函數 $\delta'(t)$

例題 3-8

求出函數 $f(t) = 1 + \delta(t) + \delta'(t) + \delta''(t)$ 之拉氏變換。

解

$$\mathscr{L}[1 + \delta(t) + \delta'(t) + \delta''(t)] = \frac{1}{s} + 1 + s + s^2$$

由以上所導出之基本函數之拉氏變換，吾人可將其結果歸納如下：

表 3.1　拉氏變換法之基本函數對換表

編號	$f(t)$	$F(s)$
1	$\delta''(t)$	s^2
2	$\delta'(t)$	s
3	$\delta(t)$	1
4	$u(t)=\begin{cases}1, & t\geq 0\\ 0, & t\leq 0\end{cases}$	$\dfrac{1}{s}$
5	t	$\dfrac{1}{s^2}$
6	t^2	$\dfrac{2!}{s^3}$
7	t^3	$\dfrac{3!}{s^4}$
8	t^n	$\dfrac{n!}{s^{n+1}}$
9	e^{at}	$\dfrac{1}{s-a}$
10	e^{-at}	$\dfrac{1}{s+a}$
11	$\sin \omega t$	$\dfrac{\omega}{s^2+\omega^2}$
12	$\cos \omega t$	$\dfrac{s}{s^2+\omega^2}$
13	$\sinh \omega t$	$\dfrac{\omega}{s^2-\omega^2}$
14	$\cosh \omega t$	$\dfrac{s}{s^2-\omega^2}$

　　要瞭解拉卜拉斯變換法除了熟練上述之基本定義之外，更須要配合其基本定理，為了使讀者對拉卜拉斯變換法有整體之觀念及便於學習後之查詢，作者先將拉卜拉斯變換法之定理詳列如下：

表 3.2 拉卜拉斯變換法之各項定理

定理	定理名稱	定理內容
定理一	線性定理	$\mathscr{L}[c_1 f_1(t) + c_2 f_2(t)] = c_1 \mathscr{L}[f_1(t)] + c_2 \mathscr{L}[f_2(t)]$ $= c_1 F_1(s) + c_2 F_2(s)$
定理二	第一移位定理	$\mathscr{L}[e^{at} f(t)] = F(s-a)$
定理三	第二移位定理	若 $\mathscr{L}[f_1(t)] = F_1(s), f(t) = \begin{cases} f_1(t-a), t > a \\ 0, t < a \end{cases}$ 則 $\mathscr{L}[f(t)] = e^{-as} F(s)$
定理四	標度因數（乘一常數）	若 $\mathscr{L}[f(t)] = F(s)$，則 $\mathscr{L}[f(at)] = \frac{1}{a} F(\frac{s}{a})$
定理五	標度因數（除一常數）	若 $\mathscr{L}[f(t)] = F(s)$，則 $\mathscr{L}[f(\frac{t}{a})] = aF(as)$
定理六	乘 t^n 後之拉氏變換	若 $\mathscr{L}[f(t)] = F(s)$，則 $\mathscr{L}[t^n f(t)] = (-1)^n \frac{d^n}{ds^n} F(s)$
定理七	除 t 後之拉氏變換	若 $\mathscr{L}[f(t)] = F(s)$，則 $\mathscr{L}[\frac{f(t)}{t}] = \int_s^\infty F(s) ds$，但是 $\lim_{t \to \infty} \frac{f(t)}{t}$ 必須存在
定理八	積分之拉氏變換	$\mathscr{L}[\int_0^t f(t) dt] = \frac{1}{s} F(s)$
定理九	微分之拉氏變換	(1) $\mathscr{L}[f'(t)] = sF(s) - f(0)$ (2) $\mathscr{L}[f''(t)] = s^2 F(s) - sf(0) - f'(0)$ (3) $\mathscr{L}[f'''(t)] = s^3 F(s) - s^2 f(0) - sf'(0) - f''(0)$ 其通式為： $\mathscr{L}[f^n(t)] = s^n F(s) - s^{n-1} f(0) - s^{n-2} f'(0) - \cdots - f^{n-1}(0)$
定理十	週期性函數之拉氏變換	若 $f(t)$ 為週期性函數，也就是 $f(t+T) = f(t)$ 則 $\mathscr{L}[f(t)] = \frac{1}{1-e^{-sT}} \int_0^T f(t) e^{-st} dt = \frac{1}{1-e^{-sT}} F_1(s)$

▼ 表 3.2　拉卜拉斯變換法之各項定理(續)

定理	定理名稱	定理內容
定理十一	初值定理	$\lim\limits_{t \to 0} f(t) = \lim\limits_{s \to \infty} sF(s)$
定理十二	終值定理	$\lim\limits_{t \to \infty} f(t) = \lim\limits_{s \to 0} sF(s)$
定理十三	赫維賽德展式定理	單根時 $K_j = [(s-s_j)F(s)]\big|_{s=s_j} = [(s-s_j)\dfrac{P(s)}{Q(s)}]\big|_{s=s_j}$ 重根時 $K_{jn} = \dfrac{1}{(r-n)!}\dfrac{d^{r-n}}{ds^{r-n}}[(s-s_j)\dfrac{P(s)}{Q(s)}]\big|_{s=s_j}$
定理十四	迴旋積分（摺合積分）	$f_1(t) * f_2(t) = \mathscr{L}^{-1}[F_1(s)F_2(s)]$ $= \int_0^t f_1(\tau)f_2(t-\tau)d\tau = \int_0^t f_1(t-\tau)f_2(\tau)d\tau$

※ 表 3.2 之各項定理將於下述各章節中予以一一說明。

線性定理

$$\mathscr{L}[c_1 f_1(t) + c_2 f_2(t)] = c_1 \mathscr{L}[f_1(t)] + c_2 \mathscr{L}[f_2(t)] = c_1 F_1(s) + c_2 F_2(s)$$

例題 3-9

求出函數 $f(t) = 1 + t + \delta(t) + e^{-2t} + \sin 3t + \cosh 4t$ 之拉氏變換。

解

$\mathscr{L}[1 + t + \delta(t) + e^{-2t} + \sin 3t + \cosh 4t]$
$= \dfrac{1}{s} + \dfrac{1}{s^2} + 1 + \dfrac{1}{s+2} + \dfrac{3}{s^2+3^2} + \dfrac{s}{s^2-4^2}$

3-2 導函數及積分式之拉氏變換

微分式之拉氏變換

(1) $\mathscr{L}[f'(t)] = sF(s) - f(0)$

(2) $\mathscr{L}[f''(t)] = s^2 F(s) - sf(0) - f'(0)$

(3) $\mathscr{L}[f'''(t)] = s^3 F(s) - s^2 f(0) - sf'(0) - f''(0)$

通式：$\mathscr{L}[f^n(t)] = s^n F(s) - s^{n-1} f(0) - s^{n-2} f'(0) - \cdots - f^{n-1}(0)$

例題 3-10

證明下列公式（微分式之拉氏變換）：

(1) $\mathscr{L}[f'(t)] = sF(s) - f(0)$

(2) $\mathscr{L}[f''(t)] = s^2 F(s) - sf(0) - f'(0)$

(3) $\mathscr{L}[f'''(t)] = s^3 F(s) - s^2 f(0) - sf'(0) - f''(0)$

【證】：

(1) $\mathscr{L}[f'(t)] = \mathscr{L}[\dfrac{d}{dt} f(t)] = \int_0^\infty \dfrac{d}{dt} f(t) e^{-st} dt = \int e^{-st} df(t)$

$\quad = e^{-st} f(t) \Big|_0^\infty - (-s) \int_0^\infty f(t) e^{-st} dt$

$\quad = 0 - f(0) + s \int_0^\infty f(t) e^{-st} dt$

$\quad = sF(s) - f(0) = sL[f(t)] - f(0)$

(2) $\mathscr{L}[f''(t)] = \mathscr{L}[\dfrac{d}{dt} f'(t)] = s\mathscr{L}[f'(t)] - f'(0)$

$\quad = s[sF(s) - f(0)] - f'(0)$

$\quad = s^2 F(s) - sf(0) - f'(0)$

(3) $\mathscr{L}[f'''(t)] = \mathscr{L}[\dfrac{d}{dt} f''(t)] = s\mathscr{L}[f''(t)] - f''(0)$

$$= s[s^2 F(s) - sf(0) - f'(0)] - f''(0)$$

$$= s^3 F(s) - s^2 f(0) - sf'(0) - f''(0)$$

由以上證明，吾人可以引申至微分 n 次之拉氏變換式，也就是：

$$\mathscr{L}[f^n(t)] = s^n F(s) - s^{n-1} f(0) - s^{n-2} f'(0) - \cdots - f^{n-1}(0)$$

積分式之拉氏變換

$$\mathscr{L}[\int_0^t f(t)dt] = \frac{1}{s} F(s)$$

例題 3-11

證明下列公式（積分式之拉氏變換）：

$$\mathscr{L}[\int_0^t f(t)dt] = \frac{1}{s} F(s)$$

【證】：

$$\mathscr{L}[\int_0^t f(t)dt] = \int_0^\infty [\int_0^t f(t)dt] e^{-st} dt = -\frac{1}{s} \int_0^\infty [\int_0^t f(t)dt] de^{-st}$$

$$= -\frac{1}{s} [e^{-st} \int_0^t f(t)dt \Big|_0^\infty - \int_0^\infty f(t) e^{-st} dt] = \frac{1}{s} \int_0^\infty f(t) e^{-st} dt$$

$$= \frac{1}{s} F(s)$$

例題 3-12

利用拉卜拉斯微分式之變換觀念，求出函數 $f(t) = \cos^2 \omega t$ 之拉氏變換。

解

$f(t) = \cos^2 \omega t$

$$f'(t) = 2\cos\omega t(-\omega\sin\omega t) = -2\omega\cos\omega t\sin\omega t = -\omega\sin 2\omega t$$

$$\mathscr{L}[f'(t)] = L[-\omega\sin 2\omega t] = \frac{(-\omega)(2\omega)}{s^2 + (2\omega^2)} = \frac{-2\omega}{s^2 + 4\omega^2}$$

$$= s\mathscr{L}[f(t)] - f(0), f(0) = 1$$

$$s\mathscr{L}[f(t)] = \mathscr{L}[f'(t)] + 1 = \frac{-2\omega}{s^2 + 4\omega^2} + 1 = \frac{-2\omega + s^2 + 4\omega^2}{s^2 + 4\omega^2}$$

$$= \frac{s^2 + 2\omega^2}{s^2 + 4\omega^2}$$

$$\Rightarrow \mathscr{L}[f(t)] = \frac{s^2 + 2\omega^2}{s(s^2 + 4\omega^2)}$$

例題 3-13

利用拉卜拉斯微分式之變換觀念，求出函數 $f(t) = \sin\omega t$ 之拉氏變換。

解

$f(t) = \sin\omega t \Rightarrow f(0) = 0$

$f'(t) = \omega\cos\omega t \Rightarrow f'(0) = \omega$

$f''(t) = -\omega^2\sin\omega t$

$\mathscr{L}[f''(t)] = s^2 L[f(t)] - sf(0) - f'(0)$

$\mathscr{L}[-\omega^2\sin\omega t] = s^2\mathscr{L}[\sin\omega t] - sf(0) - f'(0)$

$-\omega^2\mathscr{L}[\sin\omega t] = s^2\mathscr{L}[\sin\omega t] - s\times 0 - \omega, \Rightarrow (s^2 + \omega^2)\mathscr{L}[\sin\omega t] = \omega$

$\Rightarrow \mathscr{L}[\sin\omega t] = \dfrac{\omega}{s^2 + \omega^2}$

例題 3-14

利用拉卜拉斯積分式之變換觀念，求出函數 $f(t) = \int_0^t \dfrac{\sin u}{u} du$ 之拉氏變換。

解

$$\mathscr{L}[\frac{\sin t}{t}] = \int_s^\infty \frac{1}{s^2+1} ds = \tan^{-1} s \Big|_s^\infty = \frac{\pi}{2} - \tan^{-1} s = \tan^{-1} \frac{1}{s}$$

$$\Rightarrow \mathscr{L}[\int_0^t \frac{\sin u}{u} du] = \frac{1}{s} \tan^{-1} \frac{1}{s}$$

例題 3-15

利用拉卜拉斯積分式之變換觀念，求出函數 $f(t) = \int_0^t x^2 e^{3x} dx$ 之拉氏變換。

解

$$\mathscr{L}[t^2 e^{-3t}] = \frac{2}{(s-3)^2}$$

$$\Rightarrow \mathscr{L}[\int_0^t x^2 e^{3x} dx] = \frac{1}{s} \times \frac{2}{(s-3)^3} = \frac{2}{s(s-3)^3}$$

例題 3-16

利用拉卜拉斯積分式之變換觀念，求出函數 $f(t) = \int_0^t e^{-3y} \cosh 4y \, dy$ 之拉氏變換。

解

$$\mathscr{L}[e^{-3t} \cosh 4t] = \frac{(s+3)}{(s+3)^2 - 4^2}$$

$$\Rightarrow \mathscr{L}[\int_0^t e^{-3y} \cosh 4y \, dy] = \frac{1}{s} \times \frac{(s+3)}{(s+3)^2 - 4^2} = \frac{(s+3)}{s\left[(s+3)^2 - 4^2\right]}$$

3-3 s 軸及 t 軸之移位定理

第一移位定理

若 $\mathscr{L}[f(t)] = F(s)$，則 $\mathscr{L}[e^{at}f(t)] = F(s-a)$

例題 3-17

證明第一移位定理，也就是證明：

若 $\mathscr{L}[f(t)] = F(s)$，則 $\mathscr{L}[e^{at}f(t)] = F(s-a)$

【證】：
$$\mathscr{L}[e^{at}f(t)] = \int_0^\infty e^{at}f(t)e^{-st}dt = \int_0^\infty f(t)e^{-(s-a)t}dt = F(s-a)$$

第二移位定理

若 $\mathscr{L}[f_1(t)] = F_1(s)$，$f(t) = \begin{cases} f_1(t-a), t > a \\ 0, \quad\quad t < a \end{cases}$

則 $\mathscr{L}[f(t)] = e^{-as}F_1(s)$

例題 3-18

證明第二移位定理，也就是證明：

若 $\mathscr{L}[f_1(t)] = F_1(s)$，$f(t) = \begin{cases} f_1(t-a), t > a \\ 0, \quad\quad t < a \end{cases} = f_1(t-a)u(t-a)$，則

$\mathscr{L}[f(t)] = e^{-as}F_1(s)$

【證】：
$$\mathscr{L}[f(t)] = \int_0^\infty f(t)e^{-st}dt = \int_0^a f(t)e^{-st}dt + \int_a^\infty f(t)e^{-st}dt$$
$$= \int_0^a 0 e^{-st}dt + \int_a^\infty f(t-a)e^{-st}dt$$
$$= \int_0^\infty f_1(t')e^{-s(t'+a)}dt', (t'=t-a, dt'=dt, t=t'+a)$$
$$= e^{-as}\int_0^\infty f_1(t')e^{-st'}dt' = e^{-as}\int_0^\infty f_1(t)e^{-st}dt = e^{-as}F_1(s)$$

註：$t: a \to \infty, t' = t - a : 0 \to \infty$

標度變化公式

(1) 若 $\mathscr{L}[f(t)] = F(s)$，則 $\mathscr{L}[f(at)] = \dfrac{1}{a}F(\dfrac{s}{a})$

(2) 若 $\mathscr{L}[f(t)] = F(s)$，則 $\mathscr{L}[f(\dfrac{t}{a})] = aF(as)$

例題 3-19

證明標度變化公式，也就是證明：

(1) 若 $\mathscr{L}[f(t)] = F(s)$，則 $\mathscr{L}[f(at)] = \dfrac{1}{a}F(\dfrac{s}{a})$

(2) 若 $\mathscr{L}[f(t)] = F(s)$，則 $\mathscr{L}[f(\dfrac{t}{a})] = aF(as)$

【證】：

(1) $\mathscr{L}[f(at)] = \int_0^\infty f(at)e^{-st}dt = \int_0^\infty f(at)e^{-st}dt$
$$= \int_0^\infty f(t')e^{-s\frac{t'}{a}}\dfrac{dt'}{a}, (t'=at, t=\dfrac{t'}{a}, dt=\dfrac{dt'}{a})$$
$$= \dfrac{1}{a}\int_0^\infty f(t')e^{-(\frac{s}{a})t'}dt' = \dfrac{1}{a}\int_0^\infty f(t)e^{-(\frac{s}{a})t}dt = \dfrac{1}{a}F(\dfrac{s}{a})$$

(2) $\mathscr{L}[f(\dfrac{t}{a})] = \int_0^\infty f(\dfrac{t}{a})e^{-st}dt = \int_0^\infty f(\dfrac{t}{a})e^{-st}dt$

$$= \int_0^\infty f(t')e^{-sat'}(adt'), (t'=\frac{t}{a}, t=at', dt=adt')$$
$$= a\int_0^\infty f(t')e^{-(as)t'}dx = a\int_0^\infty f(t)e^{-(as)t}dt = aF(as)$$

例題 3-20

利用第一移位定理之觀念，求出函數 $f(t) = e^{-t}\cos 2t$ 之拉氏變換。

解

$$\mathscr{L}[e^{-t}\cos 2t] = \frac{(s+1)}{(s+1)^2 + 2^2}$$

例題 3-21

利用第一移位定理之觀念，求出函數 $f(t) = e^{-3t}t^2$ 之拉氏變換。

解

$$\mathscr{L}[f(t)] = L[e^{-3t}t^2] = \frac{2!}{(s+3)^{2+1}} = \frac{2}{(s+3)^3}$$

例題 3-22

利用第一移位定理之觀念，求出函數 $f(t) = e^{-3t}\delta''(t)$ 之拉氏變換。

解

$$\mathscr{L}[e^{-3t}\delta''(t)] = (s+3)^2$$

例題 3-23

利用第二移位定理之觀念，求出下列函數之拉氏變換。

$$f(t) = \begin{cases} \cos(t - \frac{4\pi}{3}), & t > \frac{4\pi}{3} \\ 0, & t < \frac{4\pi}{3} \end{cases}$$

解

$f_1(t) = \cos t$

$$f(t) = \begin{cases} \cos(t - \frac{4\pi}{3}), & t > \frac{4\pi}{3} \\ 0, & t < \frac{4\pi}{3} \end{cases}$$

$$= \begin{cases} f_1(t - \frac{4\pi}{3}), & t > \frac{4\pi}{3} \\ 0, & t < \frac{4\pi}{3} \end{cases} = f_1(t - \frac{4\pi}{3}) u(t - \frac{4\pi}{3})$$

$$\mathscr{L}[f_1(t)] = \mathscr{L}[\cos t] = \frac{s}{s^2 + 1}$$

$$\Rightarrow L[f(t)] = e^{-\frac{4\pi}{3}s} \cdot \frac{s}{s^2 + 1}$$

例題 3-24

利用第二移位定理之觀念，求出下列函數之拉氏變換。

$$f(t) = \begin{cases} e^{-2(t-3)} \cdot (t-3), & t > 3 \\ 0, & t < 3 \end{cases}$$

解

$f_1(t) = e^{-2t} t$

$$f(t) = \begin{cases} e^{-2(t-3)} \cdot (t-3), & t > 3 \\ 0, & t < 3 \end{cases} = \begin{cases} f_1(t-3), & t > 3 \\ 0, & t < 3 \end{cases} = f_1(t-3) u(t-3)$$

$$\mathscr{L}[f_1(t)] = \mathscr{L}[e^{-2t}t] = \frac{1}{(s+2)^2}$$

$$\Rightarrow \mathscr{L}[f(t)] = e^{-3s} \cdot \frac{1}{(s+2)^2}$$

例題 3-25

利用標度因數之觀念，求出函數 $f(t) = \dfrac{\sin 3t}{t}$ 之拉氏變換。

解

$$\mathscr{L}[\frac{\sin 3t}{t}] = 3\mathscr{L}[\frac{\sin 3t}{3t}] = 3 \times \frac{1}{3}\tan^{-1}\frac{1}{\frac{s}{3}} = \tan^{-1}\frac{3}{s}$$

例題 3-26

利用標度因數之觀念，求出函數 $f(t) = e^{3t}t^2$ 之拉氏變換。

解

$f(t) = e^{3t}t^2$

$f_1(t) = e^t t^2 \Rightarrow \mathscr{L}[f_1(t)] = F_1(s) = \mathscr{L}[e^t t^2] = \dfrac{2!}{(s-1)^3} = \dfrac{2}{(s-1)^3}$

$\mathscr{L}[f(t)] = \mathscr{L}[e^{3t}t^2] = \dfrac{1}{9}\mathscr{L}[e^{3t}(3t)^2] = \dfrac{1}{9}[\dfrac{1}{3}F_1(\dfrac{s}{3})] = \dfrac{1}{27}\dfrac{2}{(\dfrac{s}{3}-1)^3}$

$\qquad = \dfrac{2}{(s-3)^3}$

例題 3-27

利用標度因數之觀念，求出函數 $f(t) = e^{-\frac{1}{2}t}\cos\frac{1}{2}t$ 之拉氏變換。

解

$$f(t) = e^{-\frac{1}{2}t}\cos\frac{1}{2}t$$

$$f_1(t) = e^{-t}\cos t \Rightarrow \mathscr{L}[f_1(t)] = \mathscr{L}[e^{-t}\cos t] = \frac{(s+1)}{(s+1)^2+1}$$

$$\mathscr{L}[f(t)] = \mathscr{L}[e^{-\frac{1}{2}t}\cos\frac{1}{2}t] = 2\mathscr{L}[f_1(t)]_{s\to 2s} = 2F_1(2s)$$

$$= 2\times\frac{(2s+1)}{(2s+1)^2+1} = \frac{2(2s+1)}{(2s+1)^2+1}$$

3-4 拉氏變換之微分及積分

乘以 t^n 後之拉氏變換

若 $\mathscr{L}[f(t)] = F(s)$，則 $\mathscr{L}[t^n f(t)] = (-1)^n \dfrac{d^n}{ds^n} F(s)$

除以 t^n 後之拉氏變換

若 $\mathscr{L}[f(t)] = F(s)$，則 $\mathscr{L}[\dfrac{f(t)}{t}] = \int_s^\infty F(s)ds$，但是 $\lim\limits_{t\to\infty}\dfrac{f(t)}{t}$ 必須存在。

例題 3-28

證明轉換式之一階導數與積分公式，也就是證明：

(1) 若 $\mathscr{L}[f(t)] = F(s)$，則 $\mathscr{L}[tf(t)] = -\dfrac{d}{ds}F(s)$

(2) 若 $\mathscr{L}[f(t)] = F(s)$，則 $\mathscr{L}[\dfrac{f(t)}{t}] = \int_s^\infty F(s)ds$

【證】：

(1) $F(s) = \mathscr{L}[f(t)] = \int_0^\infty f(t)e^{-st}dt$

$\dfrac{d}{ds}F(s) = \dfrac{d}{ds}[\int_0^\infty f(t)e^{-st}dt]$

$= \int_0^\infty f(t)[\dfrac{d}{ds}e^{-st}]dt = \int_0^\infty f(t)[-te^{-st}]dt$

$= -\int_0^\infty [tf(t)]e^{-st}dt$

$\Rightarrow \mathscr{L}[tf(t)] = -\dfrac{d}{ds}F(s)$

(2) $F(s) = \mathscr{L}[f(t)] = \int_0^\infty f(t)e^{-st}dt$

$\int_s^\infty F(s)ds = \int_s^\infty [\int_0^\infty f(t)e^{-st}dt]ds = \int_0^\infty f(t)[\int_s^\infty e^{-st}ds]dt$

$= \int_0^\infty f(t)[-\dfrac{1}{t}e^{-st}]\Big|_s^\infty dt$

$= -\int_0^\infty [0 - \dfrac{f(t)}{t}e^{-st}]dt = \int_0^\infty [\dfrac{f(t)}{t}]e^{-st}dt$

$\Rightarrow \mathscr{L}[\dfrac{f(t)}{t}] = \int_s^\infty F(s)ds$

例題 3-29

求出函數 $f(t) = t\cos 2t$ 之拉氏變換。

解

$\mathscr{L}[t\cos 2t] = -\dfrac{d}{ds}\dfrac{s}{s^2 + 2^2} = -\dfrac{1 \times (s^2 + 2^2) - (2s) \times s}{(s^2 + 2^2)^2}$

$= -\dfrac{2^2 - s^2}{(s^2 + 2^2)^2} = \dfrac{s^2 - 2^2}{(s^2 + 2^2)^2}$

例題 3-30

求出函數 $f(t) = t\delta''(t)$ 之拉氏變換。

解

$$\mathscr{L}[t\delta''(t)] = -\frac{d}{ds}s^2 = -2s$$

例題 3-31

求出函數 $f(t) = te^{-2t}\delta''(t)$ 之拉氏變換。

解

$$\mathscr{L}[te^{-2t}\delta''(t)] = -\frac{d}{ds}(s+2)^2 = -2(s+2)$$

例題 3-32

求出函數 $f(t) = te^{-t}\sin 2t$ 之拉氏變換。

解

$$\begin{aligned}\mathscr{L}[te^{-t}\sin 2t] &= -\frac{d}{ds}\frac{2}{(s+1)^2 + 2^2} \\ &= -\frac{0\times[(s+1)^2+2^2] - 2(s+1)\times 2}{[(s+1)^2+2^2]^2} = \frac{4(s+1)}{[(s+1)^2+2^2]^2}\end{aligned}$$

例題 3-33

求出函數 $f(t) = t\sinh 2t$ 之拉氏變換。

解

$$\mathscr{L}[t\sinh 2t] = -\frac{d}{ds}\frac{2}{s^2-2^2} = -\frac{0\times(s^2-2^2)-(2s)\times 2}{(s^2-2^2)^2}$$

$$= -\frac{-4s}{(s^2-2^2)^2} = \frac{4s}{(s^2-2^2)^2}$$

例題 3-34

求出函數 $f(t) = te^{-t}\cosh t$ 之拉氏變換。

解

$$\mathscr{L}[te^{-t}\cosh t] = -\frac{d}{ds}\frac{(s+1)}{(s+1)^2-1^2}$$

$$= -\frac{1\times[(s+1)^2-1^2]-2(s+1)\times(s+1)}{[(s+1)^2-1^2]^2}$$

$$= \frac{1+(s+1)^2}{[(s+1)^2-1^2]^2} = \frac{s^2+2s+2}{[(s+1)^2-1^2]^2}$$

例題 3-35

求出函數 $f(t) = \dfrac{\sin t}{t}$ 之拉氏變換。

解

$$\mathscr{L}[\frac{\sin t}{t}] = \int_s^\infty \frac{1}{s^2+1}\,ds = \tan^{-1}s\Big|_s^\infty = \frac{\pi}{2}-\tan^{-1}s = \tan^{-1}\frac{1}{s}$$

三角函數之基本公式

(1) 二倍角公式：

  (a) $\sin 2\theta = 2\sin\theta\cos\theta$

(b) $\cos 2\theta = 2\cos^2\theta - 1 = 1 - 2\sin^2\theta = \cos^2\theta - \sin^2\theta$

(2) 三倍角公式:

(a) $\sin 3\theta = 3\sin\theta - 4\sin^3\theta$

(b) $\cos 3\theta = 4\cos^3\theta - 3\cos\theta$

(3) 複角公式:

(a) $\sin(\alpha + \beta) = \sin\alpha\cos\beta + \cos\alpha\sin\beta$

$\sin(\alpha - \beta) = \sin\alpha\cos\beta - \cos\alpha\sin\beta$

(b) $\cos(\alpha + \beta) = \cos\alpha\cos\beta - \sin\alpha\sin\beta$

$\cos(\alpha - \beta) = \cos\alpha\cos\beta + \sin\alpha\sin\beta$

例題 3-36

求出函數 $f(t) = \sin t \cos t$ 之拉氏變換。

解

$$\mathscr{L}[\sin t \cos t] = \frac{1}{2}\mathscr{L}[2\sin t \cos t] = \frac{1}{2}\mathscr{L}[\sin 2t] = \frac{1}{2}\frac{2}{s^2 + 2^2} = \frac{1}{s^2 + 2^2}$$

例題 3-37

求出函數 $f(t) = \cos^2 t$ 之拉氏變換。

解

$$\cos 2t = 2\cos^2 t - 1 \Rightarrow \cos^2 t = \frac{1 + \cos 2t}{2}$$

$$\mathscr{L}[\cos^2 t] = \mathscr{L}[\frac{1 + \cos 2t}{2}] = \frac{1}{2}\mathscr{L}[1 + \cos 2t] = \frac{1}{2}(\frac{1}{s} + \frac{s}{s^2 + 2^2})$$

例題 3-38

求出函數 $f(t) = 2\sin^2 t$ 之拉氏變換。

解

$\cos 2t = 1 - 2\sin^2 t \Rightarrow 2\sin^2 t = 1 - \cos 2t$

$\mathscr{L}[2\sin^2 t] = \mathscr{L}[1 - \cos 2t] = \dfrac{1}{s} - \dfrac{s}{s^2 + 2^2}$

例題 3-39

求出函數 $f(t) = e^{-3t}\cos^2 t$ 之拉氏變換。

解

$\cos 2t = 2\cos^2 t - 1 \Rightarrow \cos^2 t = \dfrac{1 + \cos 2t}{2}$

$\Rightarrow \mathscr{L}[e^{-3t}\cos^2 t] = \dfrac{1}{2}[\dfrac{1}{(s+3)} + \dfrac{(s+3)}{(s+3)^2 + 2^2}]$

$\mathscr{L}[\cos^2 t] = \mathscr{L}[\dfrac{1+\cos 2t}{2}] = \dfrac{1}{2}\mathscr{L}[1+\cos 2t] = \dfrac{1}{2}(\dfrac{1}{s} + \dfrac{s}{s^2+2^2})$

例題 3-40

求出函數 $f(t) = 2t\sin^2 t$ 之拉氏變換。

解

$\cos 2t = 1 - 2\sin^2 t \Rightarrow 2\sin^2 t = 1 - \cos 2t$

$\mathscr{L}[2\sin^2 t] = \mathscr{L}[1 - \cos 2t] = \dfrac{1}{s} - \dfrac{s}{s^2 + 2^2}$

$\mathscr{L}[2t\sin^2 t] = \mathscr{L}[t(2\sin^2 t)] = -\dfrac{d}{ds}\mathscr{L}[2\sin^2 t]$

$= -\dfrac{d}{ds}[\dfrac{1}{s} - \dfrac{s}{s^2+2^2}] = -[\dfrac{-1}{s^2} - \dfrac{1\times(s^2+2^2) - 2s\times s}{(s^2+2^2)^2}]$

$$= \frac{1}{s^2} - \frac{s^2-4}{(s^2+2^2)^2}$$

3-5 部份分式法

赫維賽德展式定理

某一函數之分式型態如下：

$$F(s) = \frac{P(s)}{Q(s)}$$

(1) 如果 $Q(s)$ 中僅含單根之情況。令：

$$F(s) = \frac{P(s)}{Q(s)} = \frac{K_1}{s-s_1} + \frac{K_2}{s-s_2} + \frac{K_3}{s-s_3} + \cdots\cdots + \frac{K_n}{s-s_n}$$

上式中之係數 $K_1, K_2, K_3, \cdots\cdots, K_n$ 可藉由將全式乘以此係數之分母後，再令 s 等於此分母中根之值而求得。換言之，要求係數 K_j 時，令：

$$K_j = [(s-s_j)F(s)]\big|_{s=s_j} = [(s-s_j)\frac{P(s)}{Q(s)}]\big|_{s=s_j}$$

(2) 如果 $Q(s)$ 中含 r 個重根之情況。令：

$$F(s) = \frac{P(s)}{Q(s)} = \frac{R(s)}{(s-s_j)^r}$$

$$= \frac{K_{j1}}{(s-s_j)^1} + \frac{K_{j2}}{(s-s_j)^2} + \frac{K_{j3}}{(s-s_j)^3} + \cdots$$

$$\frac{K_{jn}}{(s-s_j)^n} \cdots + \frac{K_{jr}}{(s-s_j)^r}$$

欲求出一般性之 K_{jn} 時，可將 $R(s) = (s-s_j)^r F(s) = (s-s_j)^r \dfrac{P(s)}{Q(s)}$ 對 s 微分 $(r-n)$ 次，再令 $s = s_j$ 而求得，也就是：

$$K_{jn} = \frac{1}{(r-n)!} \frac{d^{r-n} R(s)}{ds^{r-n}} \bigg|_{s=s_j}$$

或者是：

$$K_{jn} = \frac{1}{(r-n)!} \frac{d^{r-n}}{ds^{r-n}} \left[(s-s_j) \frac{P(s)}{Q(s)}\right]\bigg|_{s=s_j}$$

(3) 如果 $Q(s)$ 中含 r 個虛根之情況，除配方法(單複數)外，亦可代下列公式解之：

(a) $F(s) = \dfrac{|K|\angle\theta^o}{s+\alpha-j\beta} + \dfrac{|K|\angle-\theta^o}{s+\alpha+j\beta} \Rightarrow f(t) = 2|K|e^{-\alpha t}\cos(\beta t + \theta^o)$

(a) $F(s) = \dfrac{|K|\angle\theta^o}{(s+\alpha-j\beta)^2} + \dfrac{|K|\angle-\theta^o}{(s+\alpha+j\beta)^2} \Rightarrow f(t) = 2|K|te^{-\alpha t}\cos(\beta t + \theta^o)$

(c) $F(s) = \dfrac{|K|\angle\theta^o}{(s+\alpha-j\beta)^r} + \dfrac{|K|\angle-\theta^o}{(s+\alpha+j\beta)^r} \Rightarrow f(t) = \dfrac{2|K|t^{r-1}}{(r-1)!}e^{-\alpha t}\cos(\beta t + \theta^o)$

例題 3-41

求出函數 $F(s) = \dfrac{2s+3}{s^2+3s+2}$ 之拉氏反變換。

解

$$F(s) = \frac{2s+3}{s^2+3s+2} = \frac{2s+3}{(s+1)(s+2)} = \frac{1}{(s+1)} + \frac{1}{(s+2)}$$

$\Rightarrow f(t) = e^{-t} + e^{-2t}$

※注意：$f(t) = \mathscr{L}^{-1} F(s)$

例題 3-42

求出函數 $F(s) = \dfrac{s+2}{(s+1)^2}$ 之拉氏反變換。

解

$F(s) = \dfrac{s+2}{(s+1)^2} = \dfrac{(s+1)+1}{(s+1)^2} = \dfrac{1}{(s+1)} + \dfrac{1}{(s+1)^2}$

$\Rightarrow f(t) = e^{-t} + te^{-t}$

例題 3-43

求出函數 $F(s) = \dfrac{2s^2 + 3s + 2}{(s+1)^3}$ 之拉氏反變換。

解

$F(s) = \dfrac{2s^2 + 3s + 2}{(s+1)^3} = \dfrac{A}{(s+1)} + \dfrac{B}{(s+1)^2} + \dfrac{1}{(s+1)^3}$

$B = \dfrac{1}{1!} \dfrac{d}{ds}(2s^2 + 3s + 2)\big|_{s=-1} = -1$

$A = \dfrac{1}{2!} \dfrac{d^2}{ds^2}(2s^2 + 3s + 2)\big|_{s=-1} = 2$

$\Rightarrow F(s) = \dfrac{2}{(s+1)} + \dfrac{-1}{(s+1)^2} + \dfrac{1}{(s+1)^3}$

$\Rightarrow f(t) = 2e^{-t} - te^{-t} + e^{-t}\dfrac{t^2}{2!} = (2 - t + \dfrac{t^2}{2})e^{-t}$

例題 3-44

求出函數 $F(s) = \dfrac{s+2}{(s+1)^2(s+3)}$ 之拉氏反變換。

解

$F(s) = \dfrac{s+2}{(s+1)^2(s+3)} = \dfrac{A}{(s+1)} + \dfrac{\frac{1}{2}}{(s+1)^2} + \dfrac{-\frac{1}{4}}{(s+3)}$

$A = \dfrac{1}{1!} \dfrac{d}{ds} \dfrac{s+2}{(s+3)} \Big|_{s=-1} = \dfrac{1}{4}$

$\Rightarrow F(s) = \dfrac{\frac{1}{4}}{(s+1)} + \dfrac{\frac{1}{2}}{(s+1)^2} + \dfrac{-\frac{1}{4}}{(s+3)}$

$\Rightarrow f(t) = \dfrac{1}{4} e^{-t} + \dfrac{1}{2} t e^{-t} - \dfrac{1}{4} e^{-3t}$

例題 3-45

求出函數 $F(s) = \dfrac{3}{s^2 + 2s + 5}$ 之拉氏反變換。

解

$F(s) = \dfrac{3}{s^2 + 2s + 5} = \dfrac{3}{(s+1)^2 + 2^2} = \dfrac{3}{2} \dfrac{2}{(s+1)^2 + 2^2}$

$\Rightarrow f(t) = \dfrac{3}{2} e^{-t} \sin 2t$

例題 3-46

求出函數 $F(s) = \dfrac{s^2 + 3s + 3}{s+1}$ 之拉氏反變換。

解

$$F(s) = \frac{s^2+3s+3}{s+1} = \frac{s^2+s+2s+3}{s+1} = \frac{(s^2+s)+(2s+2)+1}{s+1}$$
$$= \frac{s(s+1)+2(s+1)+1}{s+1} = (s+2) + \frac{1}{(s+1)}$$
$$\Rightarrow f(t) = \delta'(t) + 2\delta(t) + e^{-t}$$

※本題亦可應用長除法來做。

例題 3-47

求出函數 $F(s) = \dfrac{s^3+2s^2+3s+4}{s}$ 之拉氏反變換。

解

$$F(s) = \frac{s^3+2s^2+3s+4}{s} = s^2 + 2s + 3 + \frac{4}{s}$$
$$\Rightarrow f(t) = \delta''(t) + 2\delta'(t) + 3\delta(t) + 4$$

例題 3-48

求出函數 $F(s) = \dfrac{4}{(s+1)(s^2+2s+5)}$ 之拉氏反變換。

解

$$F(s) = F(s) = \frac{4}{(s+1)(s^2+2s+5)}$$
$$= \frac{4}{(s+1)[(s+1)^2+2^2]} = \frac{1}{(s+1)} + \frac{As+B}{(s+1)^2+2^2}$$

$4 = 1 \times (s^2+2s+5) + (As+B)(s+1)$

$$\begin{cases} s^2 : 0 = 1+A \Rightarrow A = -1 \\ s^1 : 0 = 2+A+B \Rightarrow B = -1 \\ s^0 : 4 = 5+B = 4 \end{cases}$$

$$\therefore F(s) = \frac{1}{(s+1)} + \frac{-s-1}{(s+1)^2 + 2^2} = \frac{1}{(s+1)} + \frac{-(s+1)}{(s+1)^2 + 2^2}$$

$$\Rightarrow f(t) = e^{-t} - e^{-t}\cos 2t$$

例題 3-49

求出函數 $F(s) = \dfrac{(2s+3)e^{-3s}}{s^2 + 3s + 2}$ 之拉氏反變換。

解

$$F_1(s) = \frac{2s+3}{s^2+3s+2} = \frac{2s+3}{(s+1)(s+2)} = \frac{1}{(s+1)} + \frac{1}{(s+2)}$$

$$\Rightarrow f_1(t) = e^{-t} + e^{-2t}$$

$$\therefore f(t) = \begin{cases} e^{-(t-3)} + e^{-2(t-3)}, t > 3 \\ 0, t < 3 \end{cases} = [e^{-(t-3)} + e^{-2(t-3)}]u(t-3)$$

例題 3-50

求出函數 $F(s) = \dfrac{100(s+3)}{(s+6)(s^2 + 6s + 25)}$ 之拉氏反變換。

解

$$F(s) = \frac{100(s+3)}{(s+6)(s^2+6s+25)}, s = \frac{-6 \pm \sqrt{36-100}}{2} = -3 \pm j4$$

$$= \frac{K_1}{s+6} + \frac{K_2}{s+3-j4} + \frac{K_3}{s+3+j4}$$

$$K_1 = \frac{100(s+3)}{(s^2+6s+25)}\Big|_{s=-6} = \frac{100(-3)}{(36-36+25)}\Big|_{s=0} = -12$$

$$K_2 = \frac{100(s+3)}{(s+6)(s+3+j4)}\Big|_{s=-3+j4} = \frac{100(-3+j4+3)}{(-3+j4+6)(-3+j4+3+j4)}$$

$$= \frac{100(j4)}{(3+j4)(j8)} = \frac{50}{(3+j4)} = \frac{50}{25}(3-j4) = 6 - j8 = 10\angle -53.13°$$

$$K_3 = \frac{100(s+3)}{(s+6)(s+3-j4)}\Big|_{s=-3-j4} = \frac{100(-3-j4+3)}{(-3-j4+6)(-3-j4+3-j4)}$$

$$= \frac{100(-j4)}{(3-j4)(-j8)} = \frac{50}{(3-j4)} = \frac{50}{25}(3+j4) = 6+j8 = 10\angle 53.13°$$

$$F(s) = \frac{-12}{s+6} + \frac{10\angle -53.13°}{s+3-j4} + \frac{10\angle 53.13°}{s+3+j4} \Rightarrow f(t) = -12e^{-6t} + 20e^{-3t}\cos(4t-53.13°)$$

※ $F(s) = \dfrac{|K|\angle \theta°}{s+\alpha-j\beta} + \dfrac{|K|\angle -\theta°}{s+\alpha+j\beta} \Rightarrow f(t) = 2|K|e^{-\alpha t}\cos(\beta t + \theta°)$

例題 3-51

求出函數 $F(s) = \dfrac{768}{(s^2+6s+25)^2}$ 之拉氏反變換。

解

$$F(s) = \frac{768}{(s^2+6s+25)^2}, s = \frac{-6\pm\sqrt{36-100}}{2} = -3\pm j4$$

$$= \frac{768}{(s+3-j4)^2(s+3+j4)^2}$$

$$= \frac{K_1}{(s+3-j4)^2} + \frac{K_2}{(s+3-j4)^1} + \frac{K_1^*}{(s+3+j4)^2} + \frac{K_2^*}{(s+3+j4)^1}$$

$$K_1 = \frac{768}{(s+3+j4)^2}\Big|_{s=-3+j4} = \frac{768}{(-3+j4+3+j4)^2} = \frac{768}{(j8)^2} = -12 = 12\angle 180°$$

$$K_2 = \frac{d}{ds}\frac{768}{(s+3+j4)^2}\Big|_{s=-3+j4} = \frac{0-768\times 2(s+3+j4)}{(s+3+j4)^4}\Big|_{s=-3+j4}$$

$$= \frac{768\times 2}{(-3+j4+3+j4)^3}\Big|_{s=-3+j4} = \frac{768\times 2}{(j8)^3} = -j3 = 3\angle -90°$$

$$F(s) = \frac{-12}{(s+3-j4)^2} + \frac{3\angle -90°}{(s+3-j4)^1} + \frac{-12}{(s+3+j4)^2} + \frac{3\angle 90°}{(s+3+j4)^1}$$

$$\Rightarrow f(t) = -24te^{-3t}\cos(4t) + 6e^{-3t}\cos(4t-90°)$$

※ $F(s) = \dfrac{|K|\angle \theta°}{(s+\alpha-j\beta)^2} + \dfrac{|K|\angle -\theta°}{(s+\alpha+j\beta)^2} \Rightarrow f(t) = 2|K|te^{-\alpha t}\cos(\beta t + \theta°)$

初值定理

$$\lim_{t\to 0} f(t) = \lim_{s\to\infty} sF(s)$$

終值定理

$$\lim_{t\to\infty} f(t) = \lim_{s\to 0} sF(s)$$

例題 3-52

證明：
(a) 初值定理 $\lim_{t\to 0} f(t) = \lim_{s\to\infty} sF(s)$；
(b) 終值定理 $\lim_{t\to\infty} f(t) = \lim_{s\to 0} sF(s)$。

【證】：

(a) $\mathscr{L}[f'(t)] = \int_0^\infty f'(t)e^{-st}dt = sF(s) - f(0)$

$\lim_{s\to\infty} \int_0^\infty f'(t)e^{-st}dt = \lim_{s\to\infty}[sF(s) - f(0)]$

$0 = \lim_{s\to\infty} sF(s) - f(0)$

$\Rightarrow f(0) = \lim_{s\to\infty} sF(s) \Rightarrow \lim_{t\to 0} f(t) = \lim_{s\to\infty} sF(s)$

(b) $\mathscr{L}[f'(t)] = \int_0^\infty f'(t)e^{-st}dt = sF(s) - f(0)$

$\lim_{s\to 0} \int_0^\infty f'(t)e^{-st}dt = \lim_{s\to 0}[sF(s) - f(0)]$

$\lim_{s\to 0} \int_0^\infty f'(t)dt = \lim_{s\to 0}[sF(s) - f(0)]$

$f(t)\Big|_0^\infty = \lim_{s\to 0}[sF(s) - f(0)]$

$f(\infty) - f(0) = \lim_{s\to 0} sF(s) - f(0)$

$\Rightarrow f(\infty) = \lim_{s\to 0} sF(s) \Rightarrow \lim_{t\to\infty} f(t) = \lim_{s\to 0} sF(s)$

例題 3-53

以函數 $f(t) = e^{-\frac{1}{2}t}\cos\frac{1}{2}t$ 為例，證明初值定理。

【證】：

$$f(t) = e^{-\frac{1}{2}t}\cos\frac{1}{2}t$$

$$f_1(t) = e^{-t}\cos t \Rightarrow \mathscr{L}[f_1(t)] = \mathscr{L}[e^{-t}\cos t] = \frac{(s+1)}{(s+1)^2+1}$$

$$F(s) = \mathscr{L}[f(t)] = \mathscr{L}[e^{-\frac{1}{2}t}\cos\frac{1}{2}t] = 2\mathscr{L}[f_1(t)]_{s\to 2s} = 2F_1(2s)$$

$$= 2\times\frac{(2s+1)}{(2s+1)^2+1} = \frac{2(2s+1)}{(2s+1)^2+1}$$

$$\lim_{t\to 0}f(t) = \lim_{t\to 0}e^{-\frac{1}{2}t}\cos\frac{1}{2}t = 1$$

$$\lim_{s\to\infty}sF(s) = \lim_{s\to\infty}s\times\frac{2(2s+1)}{(2s+1)^2+1} = \lim_{s\to\infty}\frac{4s^2+2s}{4s^2+4s+2} = 1$$

$$\therefore \lim_{t\to 0}f(t) = \lim_{s\to\infty}sF(s)$$

例題 3-54

以函數 $F(s) = \dfrac{2s+3}{s^2+3s+2}$ 為例，證明終值定理。

【證】：

$$F(s) = \frac{2s+3}{s^2+3s+2} = \frac{2s+3}{(s+1)(s+2)} = \frac{1}{(s+1)} + \frac{1}{(s+2)}$$

$$\Rightarrow f(t) = e^{-t} + e^{-2t}$$

$$\lim_{t\to\infty}f(t) = \lim_{t\to\infty}(e^{-t} + e^{-2t}) = 0 + 0 = 0$$

$$\lim_{s\to 0}sF(s) = \lim_{s\to 0}s\times\frac{2s+3}{s^2+3s+2} = \lim_{s\to 0}\frac{2s^2+3s}{s^2+3s+2} = 0$$

$$\therefore \lim_{t\to\infty}f(t) = \lim_{s\to 0}sF(s)$$

迴旋定理

在求拉氏反變換中,若原函數 $F(s)$ 可分解為二子函數之乘積 $F(s)$,則此類之問題可以迴旋積分法解之。而其公式如下:

$$f_1(t) * f_2(t) = \mathscr{L}^{-1}[F_1(s)F_2(s)] = \int_0^t f_1(\tau) f_2(t-\tau) d\tau = \int_0^t f_1(t-\tau) f_2(\tau) d\tau$$

例題 3-55

利用迴旋積分法,求出函數 $F(s) = \dfrac{1}{s^2(s+1)^2}$ 之拉氏反變換。

解

$$F(s) = \frac{1}{s^2(s+1)^2} = \frac{1}{s^2} \cdot \frac{1}{(s+1)^2} = F_1(s) \cdot F_2(s)$$

$$F_1(s) = \frac{1}{s^2} \Rightarrow f_1(t) = t$$

$$F_2(s) = \frac{1}{(s+1)^2} \Rightarrow f_2(t) = te^{-t}$$

$$\begin{aligned}
f(t) &= \mathscr{L}^{-1}[F_1(s) \cdot F_2(s)] = \int_0^t f_1(t-\tau) \cdot f_2(t) d\tau \\
&= \int_0^t (t-\tau) \cdot \tau e^{-\tau} d\tau = \int_0^t (t\tau - \tau^2) \cdot e^{-\tau} d\tau \\
&= [(t\tau - \tau^2)(-e^{-\tau}) - (t-2\tau)(e^{-\tau}) + (-2)(-e^{-\tau})]_0^t \\
&= te^{-t} + 2e^{-t} + t - 2
\end{aligned}$$

例題 3-56

利用迴旋積分法,求出函數 $F(s) = \dfrac{s^2 + 4s + 4}{(s^2 + 4s + 13)^2}$ 之拉氏反變換。

解

$$f(t) = \mathscr{L}^{-1}F(s) = \frac{s^2+4s+4}{(s^2+4s+13)^2} = \mathscr{L}^{-1}\frac{(s+2)^2}{[(s+2)^2+3^2]^2}$$

$$= e^{-2t}\mathscr{L}^{-1}[\frac{s^2}{(s^2+3^2)^2}]$$

$$= e^{-2t}\mathscr{L}^{-1}\left[F_1(s)\cdot F_2(s)\right]$$

$$F_1(s) = \frac{s}{(s^2+3^2)} \Rightarrow f_1(t) = \cos 3t, F_2(s) = \frac{s}{(s^2+3^2)} \Rightarrow f_2(t) = \cos 3t$$

$$\mathscr{L}^{-1}[F_1(s)\cdot F_2(s)] = \int_0^t f_1(t-\tau)\cdot f_2(t)d\tau$$

$$= \int_0^t \cos 3(t-\tau)\cdot \cos 3\tau d\tau = \int_0^t \cos(3t-3\tau)\cdot \cos 3\tau d\tau$$

$$= \frac{1}{2}\int_0^t \{\cos[(3t-3\tau)+3\tau]+\cos[(3t-3\tau)-3\tau]\}d\tau$$

$$= \frac{1}{2}\int_0^t [\cos 3t + \cos(3t-6\tau)]d\tau$$

$$= \frac{1}{2}[\tau\cos 3t - \frac{1}{6}\sin(3t-6\tau)]\Big|_0^t$$

$$= \frac{1}{2}[(t\cos 3t - 0) - \frac{1}{6}[\sin(-3t)-\sin(3t)]$$

$$= \frac{1}{2}(t\cos 3t + \frac{1}{3}\sin 3t)$$

$$= \frac{1}{6}(3t\cos 3t + \sin 3t)$$

$$f(t) = \mathscr{L}^{-1}F(s) = e^{-2t}\mathscr{L}^{-1}\left[F_1(s)\cdot F_2(s)\right]$$

$$= e^{-2t}\times\frac{1}{6}(3t\cos 3t + \sin 3t) = \frac{1}{6}e^{-2t}(3t\cos 3t + \sin 3t)$$

例題 3-57

如圖 3.4(a)所示的電壓 v_i 來激勵圖 3.4(b)所示電路。

(a) 利用迴旋積分法，求出輸出電壓 v_o。

(b) 畫出 v_o 在 $0 \le t \le 15$ s 時段的圖形。

第三章 拉卜拉斯變換 161

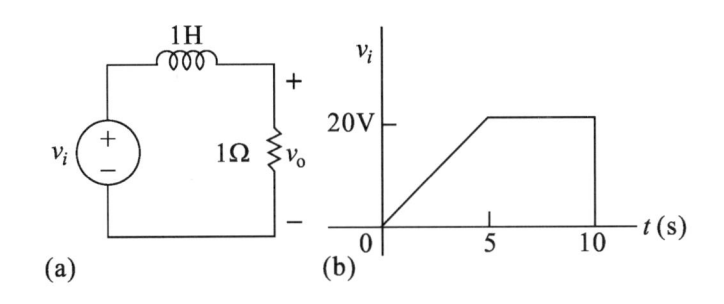

▲ 圖 3.4 例題 3-57 的電路及激勵電壓：(a)電路，(b)激勵電壓

解

$\because V_o(s) = \dfrac{1}{s+1} V_i(s) = H(s)V_i(s), H(s) = \dfrac{1}{s+1} \Rightarrow h(t) = \mathscr{L}^{-1} H(s) = e^{-t}\mu(t)$

$\therefore h(\lambda) = e^{-\lambda}\mu(\lambda)$

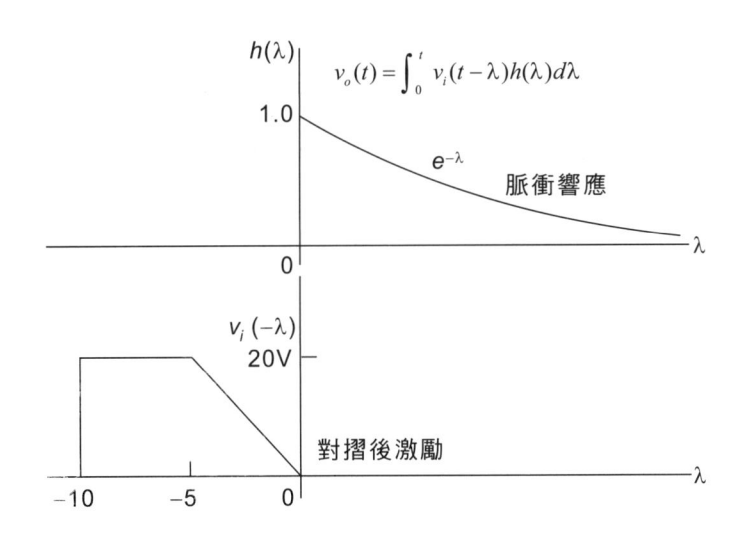

▲ 圖 3.5 例題 3-57 的脈衝響應及對摺後激勵函數

(a) $v_o(t)$ 在各時段的積分式為：

① $0 \leq t \leq 5$ s 時：

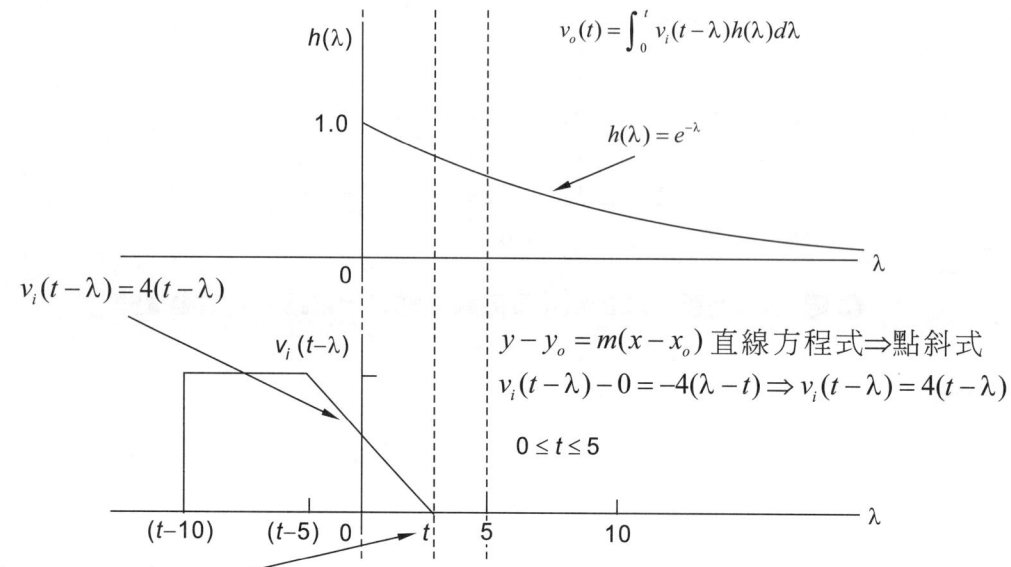

$$v_o(t) = \int_0^t v_i(t-\lambda)h(\lambda)d\lambda$$
$$= \int_0^t 4(t-\lambda)e^{-\lambda}d\lambda = 4(e^{-t}+t-1) \text{ V}$$

※ ① $0 \leq t \leq 5$ s 時：

$$v_o(t) = \int_0^t v_i(t-\lambda)h(\lambda)d\lambda$$
$$= \int_0^t 4(t-\lambda)e^{-\lambda}d\lambda = 4(e^{-t}+t-1) \text{ V}$$
$$= 4\int_0^t (t-\lambda)e^{-\lambda}d\lambda = 4[-(t-\lambda)+1]e^{-\lambda}\Big|_0^t$$
$$= 4[e^{-t}-((-t)+1))] = 4(e^{-t}+t-1) \text{ V}$$

$\int_0^t (t-\lambda)e^{-\lambda}d\lambda$ （快速積分）

$$\begin{array}{cc} t-\lambda & e^{-\lambda} \\ -1 & -e^{-\lambda} \\ 0 & e^{-\lambda} \end{array}$$

② $5 \leq t \leq 10$ s 時：

$$v_o(t) = \int_0^t v_i(t-\lambda)h(\lambda)d\lambda \quad \boxed{v_o(t) = \int_0^t v_i(t-\lambda)h(\lambda)d\lambda}$$
$$= \int_0^{t-5} 20e^{-\lambda}d\lambda + \int_{t-5}^t 4(t-\lambda)e^{-\lambda}d\lambda = 4(5+e^{-t}-e^{-(t-5)}) \text{ V}$$

[$h(\lambda)$ graph with value 1.0 at origin, decaying curve along λ axis]

[$v_i(t-\lambda)$ graph: rectangle at height 20 from $(t-10)$ to $(t-5)$, ramping down to 0 at t; $5 \leq t \leq 10$]

③ $10 \leq t \leq \infty$ s 時：

$$v_o(t) = \int_0^t v_i(t-\lambda)h(\lambda)d\lambda \qquad \boxed{v_o(t) = \int_0^t v_i(t-\lambda)h(\lambda)d\lambda}$$

$$= \int_{t-10}^{t-5} 20e^{-\lambda}d\lambda + \int_{t-5}^t 4(t-\lambda)e^{-\lambda}d\lambda = 4(e^{-t} - e^{-(t-5)} + 5e^{-(t-10)}) \text{ V}$$

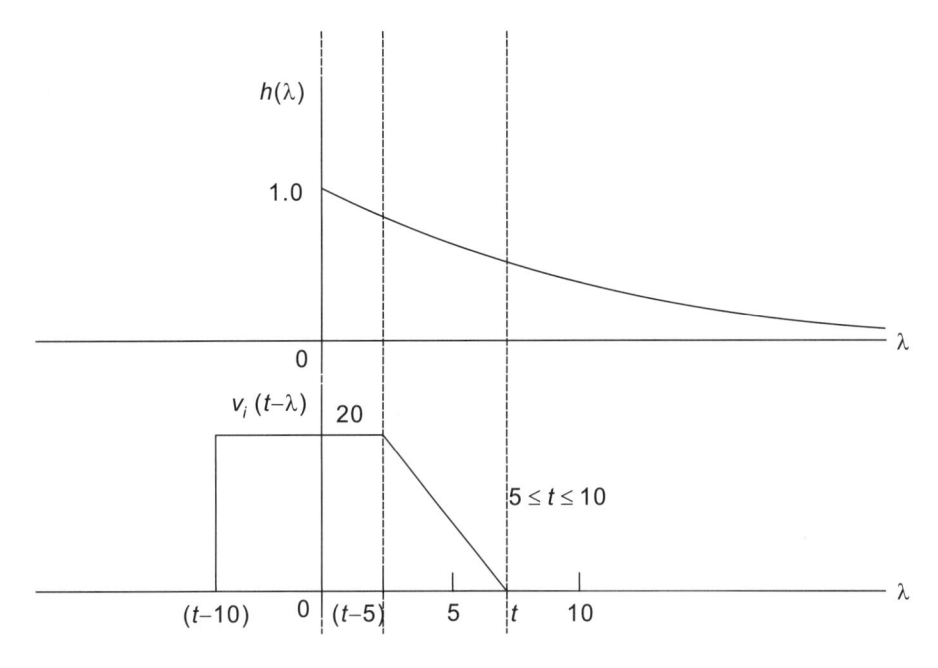

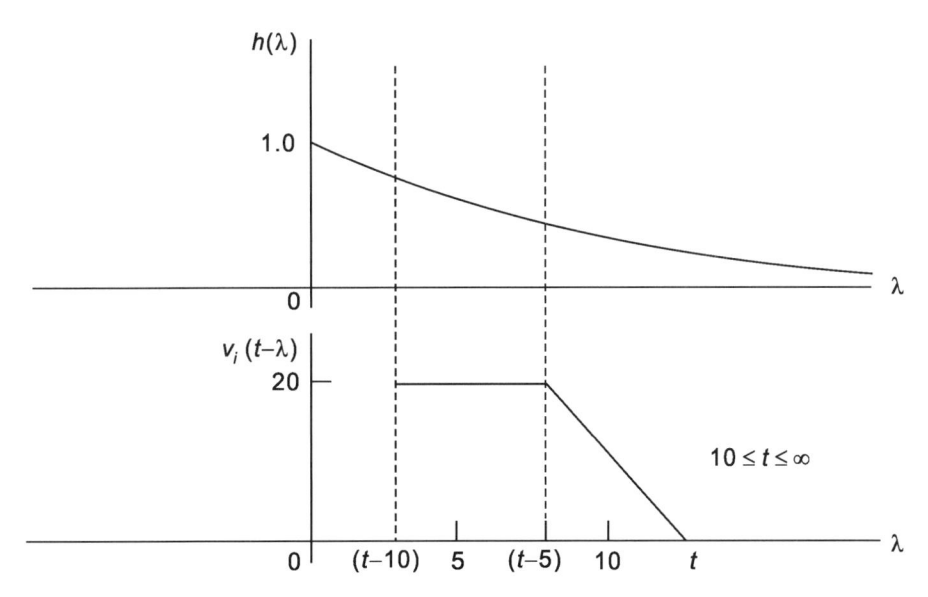

[$h(\lambda)$ graph with value 1.0 at origin, decaying curve along λ axis]

[$v_i(t-\lambda)$ graph: rectangle at height 20 from $(t-10)$ to $(t-5)$, ramping down to 0 at t; $10 \leq t \leq \infty$]

(b) 帶入適當數值(如每隔 1 秒)算出 v_o 的結果如表 3.3 所列，畫出圖形如圖 3.6 所示。

◎ 表 3.3

t	v_o	t	v_o	t	v_o
1s	1.47 V	6s	18.54 V	11s	7.35 V
2s	4.54 V	7s	19.56 V	12s	2.70 V
3s	8.20 V	8s	19.80 V	13s	0.99 V
4s	12.07 V	9s	19.93 V	14s	0.37 V
5s	16.03 V	10s	19.97 V	15s	0.13 V

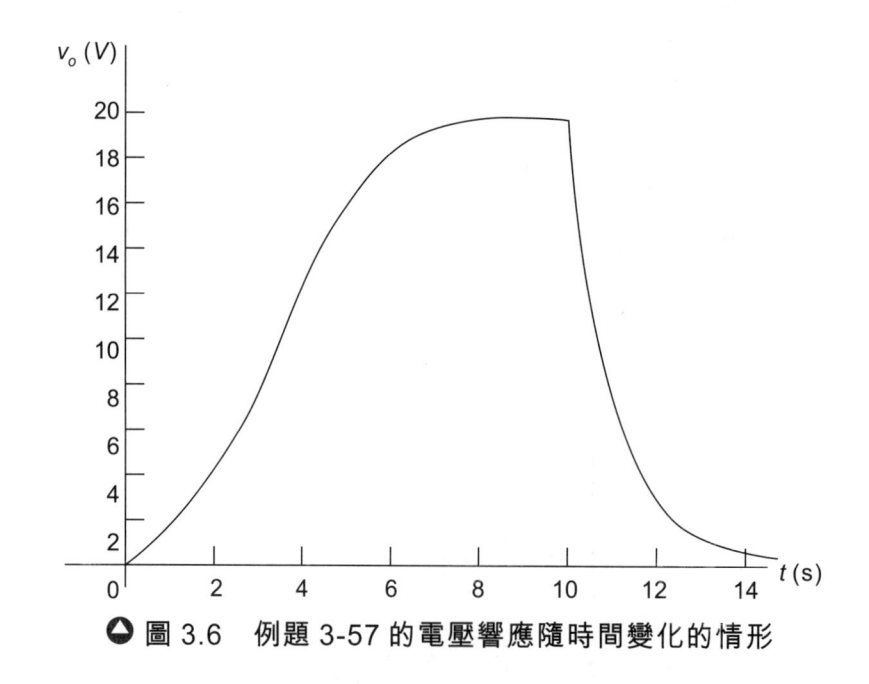

▲ 圖 3.6　例題 3-57 的電壓響應隨時間變化的情形

積分方程式

積分方程式在某些應用上是蠻重要的，一般而言，要解此類方程式是相

當困難的，但若其積分式具有「迴旋積分」之型式，則可以「迴旋積分」之觀念解之。舉例之前先複習一下「迴旋積分」的公式如下：

$$f_1(t)*f_2(t) = \mathscr{L}^{-1}[F_1(s)F_2(s)] = \int_0^t f_1(\tau)f_2(t-\tau)d\tau = \int_0^t f_1(t-\tau)f_2(\tau)d\tau$$

例題 3-58

利用迴旋積分法，求解下列積分方程式
$y(t) = t^3 + \int_0^t y(\tau)\sin(t-\tau)d\tau$

解

$y(t) = t^3 + y(t)*\sin t$ ←為迴旋積分之型式

$Y(s) = \dfrac{3!}{s^4} + Y(s)\dfrac{1}{s^2+1}$ ←取拉氏轉換

$\left(1 - \dfrac{1}{s^2+1}\right)Y(s) = \dfrac{6}{s^4}$ ←合併 $Y(s)$ 之係數

$\left(\dfrac{s^2}{s^2+1}\right)Y(s) = \dfrac{6}{s^4}$ ←通分

$Y(s) = 6\left(\dfrac{s^2+1}{s^6}\right) = 6\left(\dfrac{1}{s^4} + \dfrac{1}{s^6}\right)$ ←上式左右 $\times \left(\dfrac{s^2+1}{s^2}\right)$ & 化簡

$\Rightarrow y(t) = 6\left(\dfrac{t^3}{3!} + \dfrac{t^5}{5!}\right) = 6\left(\dfrac{t^3}{6} + \dfrac{t^5}{120}\right) = t^3 + \dfrac{t^5}{20}$ ←取拉氏反轉換解出 $y(t)$

例題 3-59

利用迴旋積分法，求解下列積微分方程式
$y'(t) + 5\int_0^t y(\tau)\cos 2(t-\tau)d\tau = 10, \quad y(0) = 2$

解

$y'(t) + 5y(t)*\cos 2t = 10$ ←為迴旋積分之型式

$$sY(s) - y(0) + 5Y(s)\frac{s}{s^2+4} = \frac{10}{s} \quad \leftarrow \text{取拉氏轉換}$$

$$\left(s + \frac{5s}{s^2+4}\right)Y(s) = \frac{10}{s} + 2 = \frac{2s+10}{s} \quad \leftarrow \text{合併 } Y(s) \text{ 之係數}$$

$$\left(1 + \frac{5}{s^2+4}\right)Y(s) = \frac{2s+10}{s^2} \quad \leftarrow \text{上式左右除 } s$$

$$\left(\frac{s^2+9}{s^2+4}\right)Y(s) = \frac{2s+10}{s^2} \quad \leftarrow \text{通分}$$

$$Y(s) = \left(\frac{2s+10}{s^2}\right)\left(\frac{s^2+4}{s^2+9}\right) = \frac{2s^3+10s^2+8s+40}{s^2(s^2+9)} \quad \leftarrow \text{化簡}$$

$$= (2s^3+10s^2+8s+40)\left[\frac{1}{s^2(s^2+9)}\right]$$

$$= (2s^3+10s^2+8s+40)\left[\frac{\frac{1}{9}}{s^2} - \frac{\frac{1}{9}}{(s^2+9)}\right]$$

$$= \frac{1}{9}\left[\frac{2s^3+10s^2+8s+40}{s^2} - \frac{2s^3+10s^2+8s+40}{(s^2+9)}\right]$$

$$= \frac{1}{9}\left[\left(2s+10+\frac{8}{s}+\frac{40}{s^2}\right) - \left(2s+10+\frac{-10s-50}{(s^2+9)}\right)\right]$$

$$= \frac{1}{9}\left[\frac{8}{s}+\frac{40}{s^2}+10\frac{s}{(s^2+9)}+\frac{50}{3}\frac{3}{(s^2+9)}\right]$$

$$\Rightarrow y(t) = \frac{1}{9}\left(8+40t+10\cos 3t+\frac{50}{3}\sin 3t\right) \quad \leftarrow \text{取拉氏反轉換解出 } y(t)$$

3-6 週期性函數之拉氏變換

週期性函數之拉氏變換週期性函數之拉氏變換

若 $f(t)$ 為週期性函數,也就是 $f(t+T) = f(t)$

則 $\mathscr{L}[f(t)] = \dfrac{1}{1-e^{-sT}} \int_0^T f(t)e^{-st}dt = \dfrac{1}{1-e^{-sT}} F_1(s)$

例題 3-60

若 $f(t)$ 為週期性函數，也就是 $f(t+nT) = f(t)$，證明：
$$\mathscr{L}[f(t)] = \dfrac{1}{1-e^{-sT}} \int_0^T f(t)e^{-st}dt = \dfrac{1}{1-e^{-sT}} F_1(s)$$

【證】：

$f(t+nT) = f(t), n = 0,1,2,3,\cdots\cdots$

$\mathscr{L}[f(t)] = \int_0^\infty f(t)e^{-st}dt$

$\quad = \int_0^T f(t)e^{-st}dt + \int_T^{2T} f(t)e^{-st}dt + \int_{2T}^{3T} f(t)e^{-st}dt + \cdots$

$\quad = \int_0^T f(t)e^{-st}dt + e^{-sT}\int_0^T f(t)e^{-st}dt + e^{-s2T}\int_0^T f(t)e^{-st}dt + \cdots$

$\quad = (1 + e^{-sT} + e^{-s2T} + \cdots\cdots)\int_0^T f(t)e^{-st}dt$

$\quad = \dfrac{1}{1-e^{-sT}} \int_0^T f(t)e^{-st}dt = \dfrac{1}{1-e^{-sT}} F_1(s)$

例題 3-61

利用週期性函數之觀念，求出下列函數之拉氏變換。

$f(t) = \begin{cases} \sin t \;,\; 0 \le t < \pi \\ 0 \;,\; \pi \le t < 2\pi \end{cases} \quad T = 2\pi$

解

$\mathscr{L}[f(t)] = \dfrac{1}{1-e^{-sT}} \int_0^T f(t)e^{-st}dt$

$\mathscr{L}[f(t)] = \dfrac{1}{1-e^{-2\pi s}} \int_0^{2\pi} f(t)e^{-st}dt = \dfrac{1}{1-e^{-2\pi s}} \int_0^\pi f(t)e^{-st}dt$

$\quad = \dfrac{1}{1-e^{-2\pi s}}[\dfrac{e^{-st}(-s\sin t - \cos t)}{s^2+1}]\Big|_0^\pi = \dfrac{1}{1-e^{-2\pi s}}(\dfrac{1+e^{-\pi s}}{s^2+1})$

$$= \frac{(1+e^{-\pi s})}{(1+e^{-\pi s})(1-e^{-\pi s})(s^2+1)} = \frac{1}{(1-e^{-\pi s})(s^2+1)}$$

例題 3-62

求出圖 3.7 所示週期性方波函數之拉氏變換。

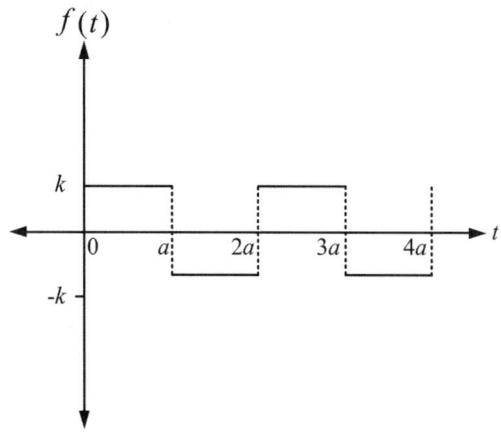

圖 3.7　週期性方波

解

$$f(t) = \begin{cases} k, & 0 < t < a \\ -k, & a < t < 2a \end{cases} \quad T = 2a$$

$$\mathscr{L}[f(t)] = \frac{1}{1-e^{-sT}} \int_0^T f(t)e^{-st} dt$$

$$\mathscr{L}[f(t)] = \frac{1}{1-e^{-2as}} \int_0^{2a} f(t)e^{-st} dt = \frac{1}{1-e^{-2\pi s}} (\int_0^a ke^{-st} dt - \int_a^{2a} ke^{-st} dt)$$

$$= \frac{k}{1-e^{-2\pi s}} (\frac{e^{-st}}{-s}\Big|_0^a - \frac{e^{-st}}{-s}\Big|_a^{2a})$$

$$= \frac{k}{1-e^{-2as}} [\frac{1}{-s}(e^{-as} - 1 - e^{-2as} + e^{-as})]$$

$$= \frac{k(e^{-2as} - 2e^{-as} + 1)}{s(1-e^{-2as})} = \frac{k(e^{-as}-1)^2}{s(1-e^{-2as})}$$

$$= \frac{k(1-e^{-as})^2}{s(1-e^{-2as})} = \frac{k(1-e^{-as})^2}{s(1-e^{-as})(1+e^{-as})}$$

$$= \frac{k(1-e^{-as})}{s(1+e^{-as})} = \frac{k}{s} \times \frac{(e^{\frac{as}{2}} - e^{\frac{-as}{2}})}{(e^{\frac{as}{2}} + e^{\frac{-as}{2}})} = \frac{k}{s} \times \frac{\frac{(e^{\frac{as}{2}} - e^{\frac{-as}{2}})}{2}}{\frac{(e^{\frac{as}{2}} + e^{\frac{-as}{2}})}{2}}$$

$$= \frac{k}{s} \times \frac{\sinh(\frac{as}{2})}{\cos(\frac{as}{2})} = \frac{k}{s}\tanh(\frac{as}{2})$$

例題 3-63

求出圖 3.8 所示週期性鋸齒波函數之拉氏變換。

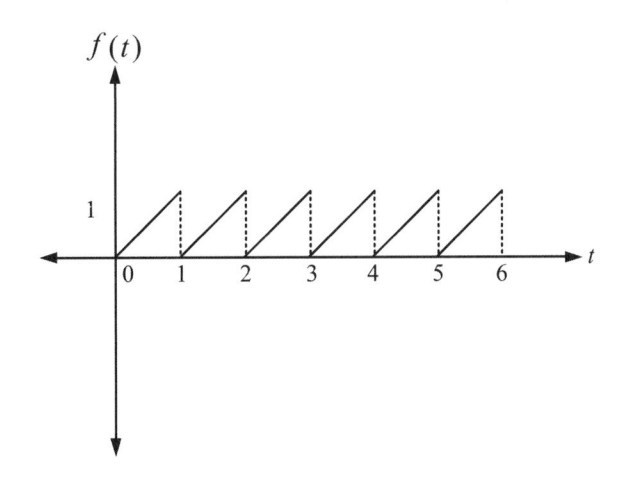

◯ 圖 3.8 週期性鋸齒波

解

$f(t) = f(t+T),\ T = 1$

$\mathscr{L}[f(t)] = \dfrac{1}{1-e^{-s}} \displaystyle\int_0^1 f(t)e^{-st}dt$

$\mathscr{L}[f(t)] = \dfrac{1}{1-e^{-s}} \displaystyle\int_0^1 te^{-st}dt = \dfrac{1}{1-e^{-s}}(\dfrac{-t}{s}e^{-st}\Big|_0^1 + \dfrac{-1}{s^2}e^{-st}\Big|_0^1)$

$$= \frac{1}{1-e^{-s}}(\frac{-1}{s}e^{-s} - \frac{1}{s^2}e^{-s} + \frac{1}{s^2})$$

$$= \frac{1}{1-e^{-s}}[\frac{-1}{s}e^{-s} + \frac{1}{s^2}(1-e^{-s})]$$

$$= \frac{1}{s^2} - \frac{e^{-s}}{s(1-e^{-s})}$$

3-7 拉氏變換之應用

拉氏變換應用之一 ⇒ 解微分、積分方程式

例題 3-64

應用拉卜拉斯變換法解下列微分方程式：

$$\frac{d^2 i(t)}{dt^2} + 4\frac{di(t)}{dt} + 5i(t) = 5u(t)，i(0)=1，i'(0)=2$$

解

$$\frac{d^2 i(t)}{dt^2} + 4\frac{di(t)}{dt} + 5i(t) = 5u(t)，i(0)=1，i'(0)=2$$

$$[s^2 I(s) - si(0) - i'(0)] + 4[sI(s) - i(0)] + 5I(s) = \frac{5}{s}，i(0)=1，i'(0)=2$$

$$(s^2 + 4s + 5)I(s) = \frac{5}{s} + 6 + s = \frac{s^2 + 6s + 5}{s}$$

$$I(s) = \frac{s^2 + 6s + 5}{s(s^2 + 4s + 5)} = \frac{1}{s} + \frac{As + B}{(s^2 + 4s + 5)}$$

$$s^2 + 6s + 5 = (s^2 + 4s + 5) + (As + B)s$$

$$\begin{cases} s^2 : 1 = 1 + A \Rightarrow A = 0 \\ s^1 : 6 = 4 + B \Rightarrow B = 2 \\ s^0 : 5 = 5 \end{cases}$$

$$I(s) = \frac{1}{s} + \frac{2}{(s^2+4s+5)} = \frac{1}{s} + 2\frac{1}{(s+2)^2+1}$$

$$i(t) = (1+2e^{-2t}\sin t)u(t) = 1+2e^{-2t}\sin t \text{ , } t \geq 0$$

例題 3-65

應用拉卜拉斯變換法解下列微分方程式：

$$\frac{d^2y(t)}{dt^2} - 3\frac{dy(t)}{dt} + 2y(t) = 4e^{2t} \text{ , } y(0) = -3 \text{ , } y'(0) = 5$$

解

$$\frac{d^2y(t)}{dt^2} - 3\frac{dy(t)}{dt} + 2y(t) = 4e^{2t} \text{ , } y(0) = -3 \text{ , } y'(0) = 5$$

$$[s^2Y(s) - sy(0) - y'(0)] - 3[sY(s) - y(0)] + 2Y(s) = \frac{4}{(s-2)}$$

$$[s^2Y(s) - s(-3) - 5] - 3[sY(s) - (-3)] + 2Y(s) = \frac{4}{(s-2)}$$

$$(s^2 - 3s + 2)Y(s) + 3s - 14 = \frac{4}{(s-2)}$$

$$(s^2 - 3s + 2)Y(s) = \frac{4}{(s-2)} - (3s-14)$$

$$= \frac{4-(3s-14)(s-2)}{(s-2)} = \frac{-3s^2+20s-24}{(s-2)}$$

$$Y(s) = \frac{-3s^2+20s-24}{(s^2-3s+2)(s-2)} = \frac{-3s^2+20s-24}{(s-1)(s-2)(s-2)}$$

$$= \frac{-3s^2+20s-24}{(s-1)(s-2)^2} = \frac{-7}{(s-1)} + \frac{A}{(s-2)} + \frac{4}{(s-2)^2}$$

$$A = \frac{1}{1!}\frac{d}{ds}\frac{-3s^2+20s-24}{(s-1)}\Big|_{s=2}$$

$$= \frac{(-6s+20)(s-1)^2 - 2(s-1)(-3s^2+20s-24)}{(s-1)^2}\Big|_{s=2} = 4$$

$$\Rightarrow Y(s) = \frac{-7}{(s-1)} + \frac{4}{(s-2)} + \frac{4}{(s-2)^2}$$

$$\therefore y(t) = \mathscr{L}^{-1}[Y(s)] = -7e^t + 4e^{2t} + 4te^{2t}$$

例題 3-66

應用拉卜拉斯變換法解下列積分方程式：
$$y(t) + 2\int_0^t y(x)\cos(t-x)dx = 9e^{2t}$$

解

$$\mathscr{L}[y(t) + 2\int_0^t y(x)\cos(t-x)dx] = \mathscr{L}[9e^{2t}]$$

$$Y(s) + 2Y(s)\cdot\mathscr{L}[\cos t] = \frac{9}{s-2}$$

$$Y(s)(1+\frac{2s}{s^2+1}) = \frac{9}{s-2} \Rightarrow Y(s)(\frac{s^2+1+2s}{s^2+1}) = \frac{9}{s-2}$$

$$\Rightarrow Y(s)[\frac{(s+1)^2}{s^2+1}] = \frac{9}{s-2}$$

$$\Rightarrow Y(s) = \frac{9(s^2+1)}{(s+1)^2(s-2)} = \frac{A}{(s+1)} + \frac{-6}{(s+1)^2} + \frac{5}{(s-2)}$$

$$A = \frac{1}{1!}\frac{d}{ds}\frac{9(s^2+1)}{(s-2)}\Big|_{s=-1} = \frac{9\times 2s\times(s-2) - 1\times 9(s^2+1)}{(s-2)^2}\Big|_{s=-1} = 4$$

$$\Rightarrow Y(s) = \frac{4}{(s+1)} + \frac{-6}{(s+1)^2} + \frac{5}{(s-2)}$$

$$\therefore y(t) = \mathscr{L}^{-1}[Y(s)] = 4e^{-t} - 6te^{-t} + 5e^{2t}$$

例題 3-67

應用拉卜拉斯變換法解下列微分方程式：
$$\frac{d^2y(t)}{dt^2} + 2\frac{dy(t)}{dt} + 5y(t) = e^{-t}\sin t \text{，} y(0)=0 \text{，} y'(0)=1$$

解

$$\frac{d^2y(t)}{dt^2}+2\frac{dy(t)}{dt}+5y(t)=e^{-t}\sin t \text{，} y(0)=0 \text{，} y'(0)=1$$

$$[s^2Y(s)-sy(0)-y'(0)]+2[sY(s)-y(0)]+5Y(s)=\frac{1}{(s+1)^2+1}$$

$$[s^2Y(s)-s\times 0-1]+2[sY(s)-0]+5Y(s)=\frac{4}{(s-2)}$$

$$(s^2+2s+5)Y(s)-1=\frac{1}{(s+1)^2+1}$$

$$(s^2+2s+5)Y(s)=\frac{1}{(s+1)^2+1}+1=\frac{s^2+2s+3}{(s+1)^2+1}$$

$$Y(s)=\frac{s^2+2s+3}{(s^2+2s+5)[(s+1)^2+1]}=\frac{s^2+2s+3}{[(s+1)^2+2^2][(s+1)^2+1]}$$

$$=\frac{1}{3}[\frac{2}{(s+1)^2+2^2}+\frac{1}{(s+1)^2+1}]$$

$$\therefore y(t)=\mathscr{L}^{-1}[Y(s)]=\frac{1}{3}(e^{-t}\sin 2t+e^{-t}\sin t)=\frac{1}{3}e^{-t}(\sin 2t+\sin t)$$

拉氏變換應用之二⇒解聯立微分、積分方程式

例題 3-68

應用拉卜拉斯變換法解下列聯立微分方程式：

$$\begin{cases}\dfrac{dx(t)}{dt}=2x(t)-3y(t)\\[4pt]\dfrac{dy(t)}{dt}=y(t)-2x(t)\end{cases}$$

$x(0)=8$，$y(0)=3$

解

$$\begin{cases} \dfrac{dx(t)}{dt} = 2x(t) - 3y(t) \\ \dfrac{dy(t)}{dt} = y(t) - 2x(t) \end{cases}$$

$x(0) = 8$，$y(0) = 3$

$$\begin{cases} sX(s) - x(0) = 2X(s) - 3Y(s) \\ sY(s) - y(0) = Y(s) - 2X(s) \end{cases} \Rightarrow \begin{cases} sX(s) - 8 = 2X(s) - 3Y(s) \\ sY(s) - 3 = Y(s) - 2X(s) \end{cases}$$

$$\Rightarrow \begin{cases} (s-2)X(s) + 3Y(s) = 8 \\ 2X(s) + (s-1)Y(s) = 3 \end{cases}$$

$$X(s) = \frac{\begin{vmatrix} 8 & 3 \\ 3 & (s-1) \end{vmatrix}}{\begin{vmatrix} (s-2) & 3 \\ 2 & (s-1) \end{vmatrix}} = \frac{8s - 17}{s^2 - 3s - 4} = \frac{8s - 17}{(s+1)(s-4)}$$

$$= \frac{5}{(s+1)} + \frac{3}{(s-4)}$$

$\Rightarrow x(t) = \mathscr{L}^{-1}[X(s)] = 5e^{-t} + 3e^{4t}$

$$Y(s) = \frac{\begin{vmatrix} (s-2) & 8 \\ 2 & 3 \end{vmatrix}}{\begin{vmatrix} (s-2) & 3 \\ 2 & (s-1) \end{vmatrix}} = \frac{3s - 22}{s^2 - 3s - 4} = \frac{3s - 22}{(s+1)(s-4)}$$

$$= \frac{5}{(s+1)} + \frac{-2}{(s-4)}$$

$\Rightarrow y(t) = \mathscr{L}^{-1}[Y(s)] = 5e^{-t} - 2e^{4t}$

拉氏變換應用之三⇒求定積分值

例題 3-69

應用拉卜拉斯變換法之基本定義求出下列定積分值。

$\int_0^\infty e^{-2t} \cos 3t\, dt = ?$

解

$$\int_0^\infty e^{-2t}\cos 3t\,dt = \int_0^\infty e^{-st}\cos 3t\,dt\Big|_{s=2} = \mathscr{L}[\cos 3t]\Big|_{s=2} = \frac{s}{s^2+3^2}\Big|_{s=2} = \frac{2}{13}$$

例題 3-70

應用拉卜拉斯變換法之基本定義求出下列定積分值。

$\int_0^\infty t\cos 2t\,dt = ?$

解

$$\int_0^\infty t\cos 2t\,dt = \int_0^\infty e^{-st}t\cos 2t\,dt\Big|_{s=0} = \mathscr{L}[t\cos 2t]\Big|_{s=0} = -\frac{d}{ds}\frac{s}{s^2+2^2}\Big|_{s=0}$$

$$= -\frac{1\times(s^2+2^2)-2s\times s}{(s^2+2^2)^2}\Big|_{s=0} = -\frac{4}{16} = -\frac{1}{4}$$

例題 3-71

應用拉卜拉斯變換法之基本定義求出下列定積分值。

$\int_0^\infty \dfrac{e^{-2t}\sin t}{t}\,dt = ?$

解

$$\int_0^\infty \frac{e^{-2t}\sin t}{t}\,dt = \int_0^\infty e^{-st}\frac{\sin t}{t}\,dt\Big|_{s=2} = \mathscr{L}\left[\frac{\sin t}{t}\right]\Big|_{s=2}$$

$$= \tan^{-1}\frac{1}{s}\Big|_{s=2} = \tan^{-1}\frac{1}{2}$$

例題 3-72

應用拉卜拉斯變換法之基本定義求出下列定積分值。

$\int_0^\infty e^{-2t}\delta''(t) = ?$

解一

$\int_0^\infty e^{-2t}\delta''(t)dt = \int_0^\infty e^{-st}\delta''(t)dt\Big|_{s=2} = \mathscr{L}[\delta''(t)]\Big|_{s=2} = s^2\Big|_{s=2} = 4$

解二

$\int_0^\infty e^{-2t}\delta''(t)dt = \int_0^\infty e^{-st}e^{-2t}\delta''(t)dt\Big|_{s=0} = \mathscr{L}[e^{-2t}\delta''(t)]\Big|_{s=2}$

$\qquad = (s+2)^2\Big|_{s=0} = 4$

例題 3-73

應用拉卜拉斯變換法之基本定義求出下列定積分值。

$\int_0^\infty \dfrac{e^{-t}-e^{-2t}}{t}dt = ?$

解

$\int_0^\infty \dfrac{e^{-t}-e^{-2t}}{t}dt = ? = \int_0^\infty e^{-st}\dfrac{e^{-t}-e^{-2t}}{t}\Big|_{s=0} = \mathscr{L}[\dfrac{e^{-t}-e^{-2t}}{t}]\Big|_{s=0}$

$\qquad = [\int_s^\infty \dfrac{1}{(s+1)}ds - \int_s^\infty \dfrac{1}{(s+2)}ds]\Big|_{s=0}$

$\qquad = [\ln(s+1) - \ln(s+2)]\Big|_s^\infty \Big|_{s=0} = [\ln\dfrac{(s+1)}{(s+2)}]\Big|_s^\infty \Big|_{s=0}$

$\qquad = [\ln 1 - \ln\dfrac{(s+1)}{(s+2)}]\Big|_{s=0} = [0 - \ln\dfrac{(s+1)}{(s+2)}]\Big|_{s=0}$

$\qquad = -\ln\dfrac{1}{2} = -\ln 2^{-1} = \ln 2$

拉氏變換應用之四⇒解實際電路方程式

例題 3-74

應用拉卜拉斯變換法，求出 $t \geq 0^+$ 時，圖 3.9 中之電流 $i(t)$。

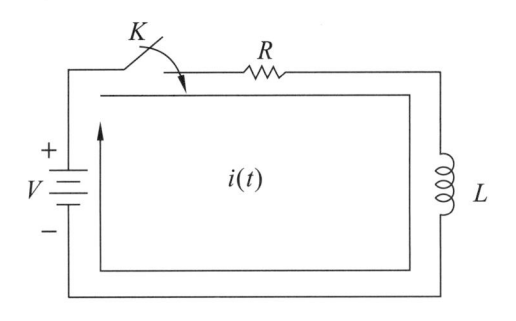

▲ 圖 3.9　例題 3-74 之電路圖

解

$t \geq 0^+$

$Ri(t) + L\dfrac{di(t)}{dt} = V$

$RI(s) + L[sI(s) - i(0)] = 0$

$i(0) = i(0^+) = i_L(0^+) = i_L(0^-) = 0$

$(R + sL)I(s) = \dfrac{V}{s}$

$I(s) = \dfrac{V}{s(R+sL)} = \dfrac{V}{L}\dfrac{1}{s(s+\dfrac{R}{L})} = \dfrac{V}{L}[\dfrac{\dfrac{1}{R}}{\dfrac{L}{s}} + \dfrac{-\dfrac{1}{R}}{\dfrac{L}{(s+\dfrac{R}{L})}}]$

$= \dfrac{V}{R}[\dfrac{1}{s} - \dfrac{1}{(s+\dfrac{L}{R})}]$

$\Rightarrow i(t) = \dfrac{V}{R}(1 - e^{-\dfrac{R}{L}t}) \cdot u(t)$

$$\therefore i(t) = \begin{cases} \dfrac{V}{R}(1-e^{-\frac{R}{L}t}), t \geq 0 \\ 0, t \leq 0 \end{cases}$$

例題 3-75

應用拉卜拉斯變換法，求出 $t \geq 0^+$ 時，圖 3.10 中之電流。

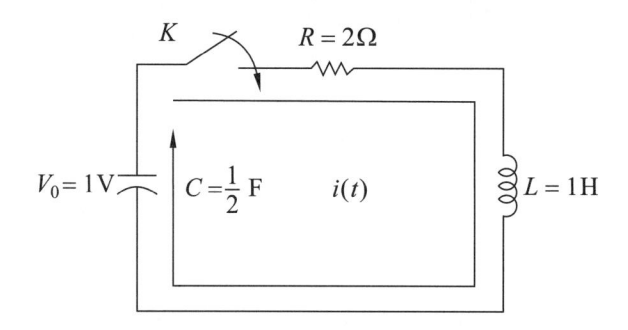

◎ 圖 3.10　例題 3-75 之電路圖

解

$t \geq 0^+$

$$Ri(t) + L\frac{di(t)}{dt} + \frac{1}{C}\int_{-\infty}^{t} i(t)dt = 0$$

$$Ri(t) + L\frac{di(t)}{dt} + \frac{1}{C}\int_{-\infty}^{0} i(t)dt + \frac{1}{C}\int_{0}^{t} i(t)dt = 0$$

$$\Rightarrow Ri(t) + L\frac{di(t)}{dt} + v_c(0^-) + \frac{1}{C}\int_{0}^{t} i(t)dt = 0$$

$$RI(s) + L[sI(s) - i(0)] + \frac{v_c(0^-)}{s} + \frac{I(s)}{sC} = 0$$

$$i(0) = i(0^+) = i_L(0^+) = i_L(0^-) = 0$$

$$v_c(0^-) = -V_0 = -1, R = 2\Omega, L = 1H, C = \frac{1}{2}F$$

$$(2 + s + \frac{2}{s})I(s) = \frac{1}{s}$$

$$I(s) = \frac{1}{s(2+s+\frac{2}{s})} = \frac{1}{s^2+2s+2} = \frac{1}{(s+1)^2+1}$$

$$\Rightarrow i(t) = (e^{-t}\sin t)u(t)$$

$$\Rightarrow i(t) = \begin{cases} e^{-t}\sin t, t \geq 0 \\ 0, t \leq 0 \end{cases}$$

例題 3-76

應用拉卜拉斯變換法解圖 3.11 中之電流 $i_1(t), i_2(t)$。

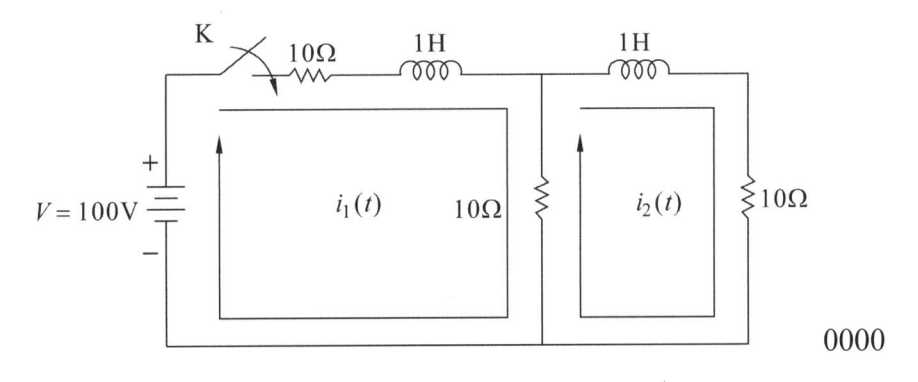

▲ 圖 3.11　例題 3-76 之電路圖

解

$t \geq 0^+$

$$\begin{cases} 10i_1(t) + 1\dfrac{di_1(t)}{dt} + 10[i_1(t) - i_2(t)] = 100 \\ 1\dfrac{di_2(t)}{dt} + 10i_2(t) + 10[i_2(t) - i_1(t)] = 0 \end{cases}$$

$$\begin{cases} 20I_1(s) + 1 \times [sI_1(s) - i_1(0)] - 10I_2(s) = \dfrac{100}{s} \\ 1 \times [sI_2(s) - i_2(0)] + 20I_2(s) - 10I_1(s) = 0 \end{cases}$$

$$\begin{cases} 20I_1(s) + 1\times[sI_1(s) - i_1(0)] - 10I_2(s) = \dfrac{100}{s} \\ 1\times[sI_2(s) - i_2(0)] + 20I_2(s) - 10I_1(s) = 0 \end{cases}$$

$$i_1(0) = i_{L_1}(0) = i_{L_1}(0^+) = i_{L_1}(0^-) = 0$$

$$i_2(0) = i_{L_2}(0) = i_{L_2}(0^+) = i_{L_2}(0^-) = 0$$

$$\begin{cases} (s+20)I_1(s) - 10I_2(s) = \dfrac{100}{s} \\ -10I_1(s) + (s+2)I_2(s) = 0 \end{cases}$$

$$I_1(s) = \dfrac{\begin{vmatrix} \dfrac{100}{s} & -10 \\ 0 & s+20 \end{vmatrix}}{\begin{vmatrix} s+20 & -10 \\ -10 & s+20 \end{vmatrix}} = \dfrac{100(s+20)}{s(s+10)(s+30)}$$

$$= \dfrac{6.67}{s} + \dfrac{-5}{s+10} + \dfrac{-1.67}{s+30}$$

$$\Rightarrow i_1(t) = 6.67 - 5e^{-10t} - 1.67e^{-30t}, t \geq 0$$

$$I_2(s) = \dfrac{\begin{vmatrix} s+20 & \dfrac{100}{s} \\ -10 & 0 \end{vmatrix}}{\begin{vmatrix} s+20 & -10 \\ -10 & s+20 \end{vmatrix}} = \dfrac{100}{s(s+10)(s+30)}$$

$$= \dfrac{3.33}{s} + \dfrac{-5}{s+10} + \dfrac{1.67}{s+30}$$

$$\Rightarrow i_2(t) = 3.33 - 5e^{-10t} + 1.67e^{-30t}, t \geq 0$$

實際上拉氏變換並不是只有上述之應用，舉凡偏微分方程式、差分方程、……等等問題均可以拉氏變換法解之，但由於篇幅有限，有興趣解此類問題之讀者，請參考相關書籍。

精選習題

3.1 判斷下列各函數是否為冪次函數？

(a) $f(t) = t^2 e^{-t}$

(b) $f(t) = e^{-2t} \sin t$

(c) $f(t) = t \cos^2 t$

(d) $f(t) = e^{t^3}$

(e) $f(t) = t \tan t$

[解答] $t^2 e^{-t}, e^{-2t} \sin t, t \cos^2 t$ 為冪次函數，而 $e^{t^3}, t \tan t$ 則為非冪次函數。

3.2 利用拉卜拉斯變換之定義，求出下列函數之拉氏變換：

(a) $f(t) = t^2$

(b) $f(t) = e^{-2t}$

(c) $f(t) = \cos 2t$

(d) $f(t) = \sin t \cos t$

[解答] (a) $f(t) = t^2 \Rightarrow F(s) = \dfrac{2}{s^3}$

(b) $f(t) = e^{-2t} \Rightarrow F(s) = \dfrac{1}{(s+2)}$

(c) $f(t) = \cos 2t \Rightarrow F(s) = \dfrac{s}{s^2 + 2^2}$

(d) $f(t) = \sin t \cos t \Rightarrow F(s) = \dfrac{1}{s^2 + 2^2}$

3.3 求出下列各函數之拉氏變換：

(a) $f(t) = t^3 e^{-3t}$

(b) $f(t) = e^{-t} \cos 2t$

(c) $f(t) = e^{2t}\cosh 4t$

(d) $f(t) = e^{-t}\delta''(t)$

[解答] (a) $f(t) = t^3 e^{-3t} \Rightarrow F(s) = \dfrac{6}{(s+3)^4}$

(b) $f(t) = e^{-t}\cos 2t \Rightarrow F(s) = \dfrac{(s+1)}{(s+1)^2 + 2^2}$

(c) $f(t) = e^{2t}\cosh 4t \Rightarrow F(s) = \dfrac{(s-2)}{(s-2)^2 - 4^2}$

(d) $f(t) = e^{-t}\delta''(t) \Rightarrow F(s) = (s+1)^2$

3.4 求出下列各函數之拉氏變換：

(a) $f(t) = t^2 e^{3t}$

(b) $f(t) = t^2 \sin t$

(c) $f(t) = t\cosh 3t$

(d) $f(t) = t\delta''(t)$

[解答] (a) $f(t) = t^2 e^{3t} \Rightarrow F(s) = \dfrac{2}{(s-3)^3}$

(b) $f(t) = t^2 \sin t \Rightarrow F(s) = \dfrac{6s^2 - 2}{(s^2+1)^3}$

(c) $f(t) = t\cosh 3t \Rightarrow F(s) = \dfrac{s^2 + 9}{(s^2-9)^2}$

(d) $f(t) = t\delta''(t) \Rightarrow F(s) = -2s$

3.5 求出下列各函數之拉氏變換：

(a) $f(t) = \dfrac{e^{-at} - e^{-bt}}{t}$

(b) $f(t) = \dfrac{\cos at - \cos bt}{t}$

(c) $f(t) = \dfrac{\sinh t}{t}$

(d) $f(t) = \dfrac{1-\cos t}{t}$

[解答] (a) $f(t) = \dfrac{e^{-at} - e^{-bt}}{t} \Rightarrow F(s) = \ln\dfrac{s+b}{s+a}$

(b) $f(t) = \dfrac{\cos at - \cos bt}{t} \Rightarrow F(s) = \dfrac{1}{2}\ln\dfrac{s^2+b^2}{s^2+a^2}$

(c) $f(t) = \dfrac{\sinh t}{t} \Rightarrow F(s) = \dfrac{1}{2}\ln\dfrac{s+1}{s-1}$

(d) $f(t) = \dfrac{1-\cos t}{t} \Rightarrow F(s) = \ln\dfrac{\sqrt{s^2+1}}{s}$

3.6 求出下列各函數之拉氏變換：

(a) $f(t) = t^3 e^{-3t}$

(b) $f(t) = e^{-t} \cos 2t$

(c) $f(t) = e^{2t} \cosh 4t$

(d) $f(t) = e^{-t} \delta''(t)$

[解答] (a) $f(t) = t^3 e^{-3t} \Rightarrow F(s) = \dfrac{6}{(s+3)^4}$

(b) $f(t) = e^{-t}\cos 2t \Rightarrow F(s) = \dfrac{(s+1)}{(s+1)^2 + 2^2}$

(c) $f(t) = e^{2t}\cosh 4t \Rightarrow F(s) = \dfrac{(s-2)}{(s-2)^2 - 4^2}$

(d) $f(t) = e^{-t}\delta''(t) \Rightarrow F(s) = (s+1)^2$

3.7 求出下列各函數之 $f(2t), f(\dfrac{t}{3})$ 之拉氏變換：

(a) $f(t) = t^2 e^{-t} \Rightarrow f(2t) = ?$

(b) $f(t) = e^{-t}\cosh 2t \Rightarrow f(2t) = ?$

(c) $f(t) = e^{-2t}\sin 4t \Rightarrow f(\dfrac{t}{3}) = ?$

(d) $f(t) = e^{-3t}\delta''(t) \Rightarrow f(\frac{t}{3}) = ?$

[解答] (a) $f(t) = t^2 e^{-t} \Rightarrow f(2t) = \frac{1}{2}\frac{2}{(\frac{s}{2}+1)^3}$

(b) $f(t) = e^{-t}\cosh 2t \Rightarrow f(2t) = \frac{1}{2}\frac{(\frac{s}{2}+1)}{(\frac{s}{2}+1)^2 - 2^2}$

(c) $f(t) = e^{-2t}\sin 4t \Rightarrow f(\frac{t}{3}) = 3\frac{4}{(3s+2)^2 + 4^2}$

(d) $f(t) = e^{-3t}\delta''(t) \Rightarrow f(\frac{t}{3}) = 3(3s+3)^2$

3.8 求出下列各函數之拉氏變換：

(a) $f(t) = \sin^3 t$

(b) $f(t) = \frac{\sin^2 t}{t}$

(c) $f(t) = \sinh^3 2t$

(d) $f(t) = \cosh 2t \cos 2t$

[解答] (a) $f(t) = \sin^3 t \Rightarrow F(s) = \frac{6}{(s^2+1)(s^2+9)}$

(b) $f(t) = \frac{\sin^2 t}{t} \Rightarrow F(s) = \frac{1}{4}\ln\frac{s^2+4}{s^2}$

(c) $f(t) = \sinh^3 2t \Rightarrow F(s) = \frac{48}{(s^2-4)(s^2-36)}$

(d) $f(t) = \cosh 2t \cos 2t \Rightarrow F(s) = \frac{s^3}{s^4+64}$

3.9 求出下列各函數之拉氏變換：

(a) $f(t) = te^{-3t}\sin t \cos t$

(b) $f(t) = te^{-t}\cos^2 t$

(c) $f(t) = te^t \sinh 3t$

(d) $f(t) = te^{-2t}\delta''(t)$

[解答] (a) $f(t) = te^{-3t}\sin t \cos t \Rightarrow F(s) = \dfrac{2(s+3)}{(s+3)^2 + 2^2}$

(b) $f(t) = te^{-t}\cos^2 t \Rightarrow F(s) = \dfrac{1}{2}[\dfrac{1}{(s+1)^2} + \dfrac{(s+1)^2 - 4}{[(s+1)^2 + 2^2]^2}]$

(c) $f(t) = te^t \sinh 3t \Rightarrow F(s) = \dfrac{6(s-1)}{[(s-1)^2 - 3^2]^2}$

(d) $f(t) = te^{-2t}\delta''(t) \Rightarrow F(s) = -2(s+2)$

3.10 利用拉卜拉斯積分式之變換觀念，求出下列各函數之拉氏變換：

(a) $\mathscr{L}\left[\int_0^t u^3 e^{-2u} du\right] = ?$

(b) $\mathscr{L}\left[\int_0^t e^{-x} \sin 2x\, dx\right] = ?$

(c) $\mathscr{L}\left[\int_0^t y\cos 2y\, dy\right] = ?$

(d) $\mathscr{L}\left[\int_0^t e^{-5t}\delta''(t)\, dt\right] = ?$

[解答] (a) $\mathscr{L}\left[\int_0^t u^3 e^{-2u} du\right] = \dfrac{6}{s(s+2)^4}$

(b) $\mathscr{L}\left[\int_0^t e^{-x}\sin 2x\, dx\right] = \dfrac{2}{s\left[(s+1)^2 + 2^2\right]}$

(c) $\mathscr{L}\left[\int_0^t y\cos 2y\, dy\right] = \dfrac{s^2 - 4}{s(s^2 + 4)^2}$

(d) $\mathscr{L}\left[\int_0^t e^{-5t}\delta''(t)\, dt\right] = \dfrac{(s+5)^2}{s}$

3.11 求出下列各函數之拉氏反變換：

(a) $F(s) = \dfrac{s^2 + 2}{s(s+1)(s+2)} \Rightarrow f(t) = ?$

(b) $F(s) = \dfrac{2s^2 - 4}{(s+1)(s-2)(s-3)} \Rightarrow f(t) = ?$

(c) $F(s) = \dfrac{3s+7}{s^2-2s-3} \Rightarrow f(t) = ?$

(d) $F(s) = \dfrac{12}{4-3s} \Rightarrow f(t) = ?$

[解答] (a) $F(s) = \dfrac{s^2+2}{s(s+1)(s+2)} \Rightarrow f(t) = 1 - 3e^{-t} + 3e^{-2t}$

(b) $F(s) = \dfrac{2s^2-4}{(s+1)(s-2)(s-3)} \Rightarrow f(t) = -\dfrac{1}{6}e^{-t} - \dfrac{4}{3}e^{2t} + \dfrac{7}{2}e^{3t}$

(c) $F(s) = \dfrac{3s+7}{s^2-2s-3} \Rightarrow f(t) = 4e^{3t} - e^{-t}$

(d) $F(s) = \dfrac{12}{4-3s} \Rightarrow f(t) = -4e^{\frac{4}{3}t}$

3.12 求出下列各函數之拉氏反變換：

(a) $F(s) = \dfrac{s^2-2s+3}{(s-1)^2(s+1)} \Rightarrow f(t) = ?$

(b) $F(s) = \dfrac{1}{s(s+1)^3} \Rightarrow f(t) = ?$

(c) $F(s) = \dfrac{5s^2-15s-11}{(s+1)(s-2)^3} \Rightarrow f(t) = ?$

(d) $F(s) = \dfrac{s+2}{s^2(s+3)} \Rightarrow f(t) = ?$

[解答] (a) $F(s) = \dfrac{s^2-2s+3}{(s-1)^2(s+1)} \Rightarrow f(t) = \dfrac{1}{2}(2t-1)e^t + \dfrac{3}{2}e^{-t}$

(b) $F(s) = \dfrac{1}{s(s+1)^3} \Rightarrow f(t) = 1 - (1 + t + \dfrac{1}{2})e^{-t}$

(c) $F(s) = \dfrac{5s^2-15s-11}{(s+1)(s-2)^3} \Rightarrow f(t) = -\dfrac{1}{3}e^{-t} - \dfrac{7}{2}t^2e^{2t} + 4te^{2t} + \dfrac{1}{3}e^{2t}$

(d) $F(s) = \dfrac{s+2}{s^2(s+3)} \Rightarrow f(t) = \dfrac{1}{9} + \dfrac{2}{3}t - \dfrac{1}{9}e^{-3t}$

3.13 求出下列各函數之拉氏反變換：

(a) $F(s) = \dfrac{(s^2+2)e^{-s}}{s(s+1)(s+2)} \Rightarrow f(t) = ?$

(b) $F(s) = \dfrac{(2s^2-4)e^{-2s}}{(s+1)(s-2)(s-3)} \Rightarrow f(t) = ?$

(c) $F(s) = \dfrac{(3s+7)e^s}{s^2-2s-3} \Rightarrow f(t) = ?$

(d) $F(s) = \dfrac{12 \cdot e^{2s}}{4-3s} \Rightarrow f(t) = ?$

[解答] (a) $F(s) = \dfrac{(s^2+2)e^{-s}}{s(s+1)(s+2)} \Rightarrow f(t) = [1 - 3e^{-(t-1)} + 3e^{-2(t-1)}] \cdot u(t-1)$

(b) $F(s) = \dfrac{(2s^2-4)e^{-2s}}{(s+1)(s-2)(s-3)}$
$\Rightarrow f(t) = [-\dfrac{1}{6}e^{-(t-2)} - \dfrac{4}{3}e^{2(t-2)} + \dfrac{7}{2}e^{3(t-2)}] \cdot u(t-2)$

(c) $F(s) = \dfrac{(3s+7)e^s}{s^2-2s-3} \Rightarrow f(t) = [4e^{3(t+1)} - e^{-(t+1)}] \cdot u(t+1)$

(d) $F(s) = \dfrac{12 \cdot e^{2s}}{4-3s} \Rightarrow f(t) = [-4e^{\frac{4}{3}(t+2)}] \cdot u(t+2)$

3.14 求出下列各函數之拉氏反變換：

(a) $F(s) = \dfrac{3s-8}{4s^2+25} \Rightarrow f(t) = ?$

(b) $F(s) = \dfrac{5s+10}{9s^2-16} \Rightarrow f(t) = ?$

(c) $F(s) = \dfrac{3s-14}{s^2-4s+8} \Rightarrow f(t) = ?$

(d) $F(s) = \dfrac{3s+7}{s^2-2s-3} \Rightarrow f(t) = ?$

[解答] (a) $F(s) = \dfrac{3s-8}{4s^2+25} \Rightarrow f(t) = \dfrac{3}{4}\cos\dfrac{5}{2}t - \dfrac{4}{5}\sin\dfrac{5}{2}t$

(b) $F(s) = \dfrac{5s+10}{9s^2-16} \Rightarrow f(t) = \dfrac{5}{9}\cosh\dfrac{4}{3}t + \dfrac{5}{6}\sinh\dfrac{4}{3}t$

(c) $F(s) = \dfrac{3s-14}{s^2-4s+8} \Rightarrow f(t) = e^{2t}(3\cos 2t - 4\sin 2t)$

(d) $F(s) = \dfrac{3s+7}{s^2-2s-3} \Rightarrow f(t) = 3e^t \cosh 2t + 5e^t \sinh 2t = 4e^{3t} - e^{-t}$

3.15 求出下列各函數之拉氏反變換：

(a) $F(s) = \dfrac{3s+1}{(s-1)(s^2+1)} \Rightarrow f(t) = ?$

(b) $F(s) = \dfrac{2s^3+10s^2+8s+40}{s^2(s^2+9)} \Rightarrow f(t) = ?$

(c) $F(s) = \dfrac{s^2-3}{(s+2)(s-3)(s^2+2s+5)} \Rightarrow f(t) = ?$

(d) $F(s) = \dfrac{s}{(s^2-2s+2)(-2s+2)} \Rightarrow f(t) = ?$

[解答] (a) $F(s) = \dfrac{3s+1}{(s-1)(s^2+1)} \Rightarrow f(t) = 2e^{-t} - 2\cos t + \sin t$

(b) $F(s) = \dfrac{2s^3+10s^2+8s+40}{s^2(s^2+9)}$

$\Rightarrow f(t) = \dfrac{1}{27}(24 + 120t + 30\cos 3t + 50\sin 3t)$

(c) $F(s) = \dfrac{s^2-3}{(s+2)(s-3)(s^2+2s+5)}$

$\Rightarrow f(t) = \dfrac{3}{50}e^{3t} - \dfrac{1}{25}e^{-2t} - \dfrac{1}{50}e^{-t}\cos 2t + \dfrac{9}{25}e^{-t}\sin 2t$

(d) $F(s) = \dfrac{s}{(s^2-2s+2)(-2s+2)}$

$\Rightarrow f(t) = -\dfrac{1}{2}e^t(1 - \cos t + \sin t)$

3.16 求出下列各函數之拉氏反變換：

(a) $F(s) = \dfrac{e^{-3s}}{s^2} \Rightarrow f(t) = ?$

(b) $F(s) = \dfrac{4e^{-2s}}{s^2+4} \Rightarrow f(t) = ?$

(c) $F(s) = \dfrac{se^{-3s}}{s^2+3s+2} \Rightarrow f(t) = ?$

(d) $F(s) = \dfrac{e^{-2s}}{s^2+2s+2} \Rightarrow f(t) = ?$

解答 (a) $F(s) = \dfrac{e^{-3s}}{s^2} \Rightarrow f(t) = (t-3)u(t-3)$

(b) $F(s) = \dfrac{4e^{-2s}}{s^2+4} \Rightarrow f(t) = 2\sin 2(t-2)u(t-2)$

(c) $F(s) = \dfrac{se^{-3s}}{s^2+3s+2} \Rightarrow f(t) = [2e^{-2(t-3)} - e^{-(t-3)}]u(t-3)$

(d) $F(s) = \dfrac{e^{-2s}}{s^2+2s+2} \Rightarrow f(t) = [e^{-(t-2)}\sin(t-2)]u(t-2)$

3.17 利用迴旋積分法，求解下列積分方程式：

(a) $y(t) = t^2 + \int_0^t y(\tau)\sin(t-\tau)d\tau$

(b) $y(t) = t^2 + \int_0^t (t-\tau)y(\tau)d\tau$

(c) $y(t) = 3e^{-2t} + \int_0^t \delta'(\tau)y(t-\tau)d\tau$

(d) $y(t) = \sin t + \int_0^t y(t-\tau)\sin(\tau)d\tau$

解答 (a) $y(t) = 2\dfrac{t^2}{2!} + 2\dfrac{t^4}{4!} = t + \dfrac{t^4}{12}$

(b) $y(t) = 2 - e^{-t} - e^{t}$

(c) $y(t) = -e^t + e^{-2t}$

(d) $y(t) = t$

3.18 解下列積微分方程式，求出 $Y(s) = ?$

$y''(t) + 4y(t) = e^{-3t}\int_0^t t\sin 2t\,dt, \quad y(0) = 0, \quad y'(0) = 1$

解答 $Y(s) = \dfrac{1}{s^2+4}\left\{\dfrac{4}{\left[(s+3)^2+4\right]^2}+1\right\}$

3.19 求出圖 P3.19 所示週期性方波函數之拉氏變換。

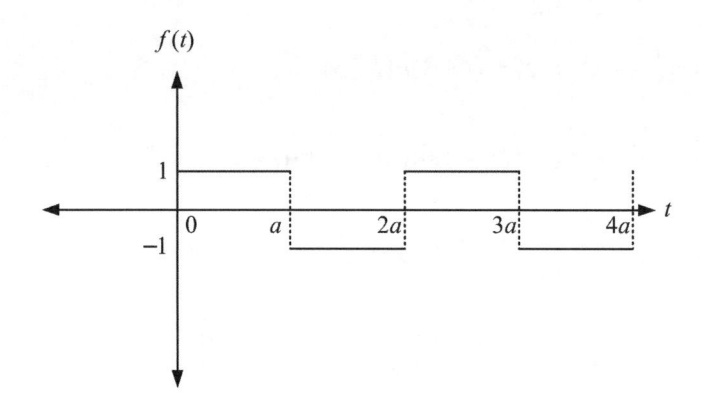

▲ 圖 P3.19　週期性方波

解答 $F(s) = \dfrac{1}{s}\tanh(\dfrac{as}{2})$

3.20 求出圖 P3.20 所示週期性弦波（全波）函數之拉氏變換。

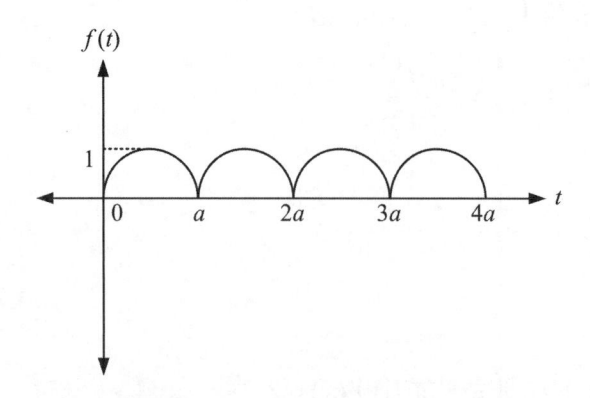

▲ 圖 P3.20　週期性弦波(全波)

解答 $F(s) = \dfrac{\pi a}{a^2 s^2 + \pi^2}\coth(\dfrac{as}{2})$

3.21 求出圖 P3.21 所示週期性三角波函數之拉氏變換。

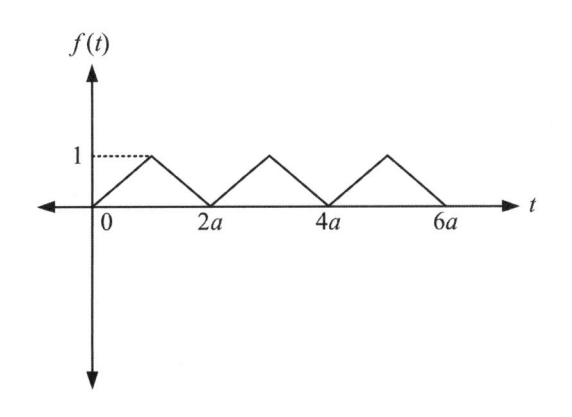

▲ 圖 P3.21　週期性三角波

解答 $F(s) = \dfrac{1}{s^2}\tanh(\dfrac{as}{2})$

3.22 求出圖 P3.22 所示週期性鋸齒波函數之拉氏變換。

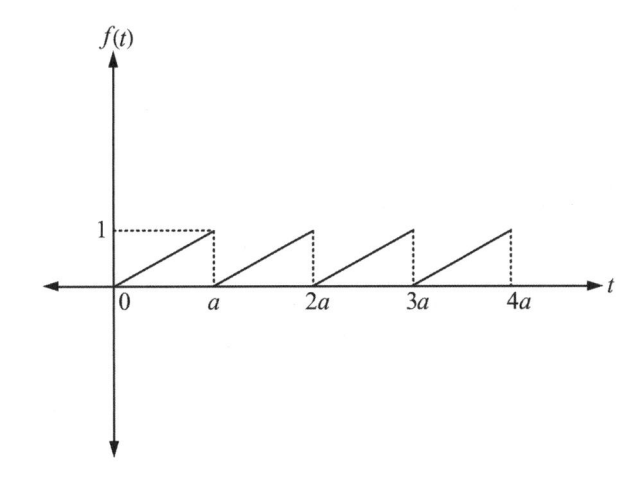

▲ 圖 P3.22　週期性鋸齒波

解答 $F(s) = \dfrac{1}{as^2} - \dfrac{e^{-as}}{s(1-e^{-as})}$

3.23 應用拉卜拉斯變換法解下列微分方程式：

(a) $\dfrac{d^2 y(t)}{dt^2} - 3\dfrac{dy(t)}{dt} + 2y(t) = 4t + 12e^{-t},\ y(0) = 6,\ y'(0) = -1$

(b) $\dfrac{d^2 y(t)}{dt^2} + 9y(t) = \cos 2t,\ y(0) = 1,\ y'(0) = 0$

(c) $\dfrac{d^2 y(t)}{dt^2} + 3\dfrac{dy(t)}{dt} + 2y(t) = u(t),\ y(0) = 0,\ y'(0) = 1$

(d) $\dfrac{d^3 y(t)}{dt^3} - y(t) = e^{-t},\ y(0) = 0,\ y'(0) = 0$

【解答】

(a) $f(t) = 3 + 2t + 2e^{-t} + 3e^{t} - 2e^{2t}$

(b) $f(t) = \dfrac{4}{5}\cos 3t + \dfrac{1}{5}\cos 2t$

(c) $f(t) = (\dfrac{1}{2} - \dfrac{1}{2}e^{-2t})u(t)$

(d) $f(t) = \dfrac{1}{6}e^{t} - \dfrac{1}{2}e^{-t} + \dfrac{1}{3}e^{-\frac{1}{2}t}(\cos\dfrac{\sqrt{3}}{2}t - \sqrt{3}\sin\dfrac{\sqrt{3}}{2}t)$

3.24 應用拉卜拉斯變換法解下列聯立微分方程式：

(a) $\begin{cases} \dfrac{dx}{dt} - 2x + 3y = 0 \\ 2x + \dfrac{dy}{dt} - y = 0 \end{cases},\ x(0) = 8,\ y(0) = 3$

(b) $\begin{cases} \dfrac{dx}{dt} - 2x - \dfrac{dy}{dt} + 2y = \sin t \\ \dfrac{d^2 x}{dt^2} + x + 2\dfrac{dy}{dt} = 0 \end{cases},\ x(0) = x'(0) = y(0) = 0$

【解答】

(a) $\begin{cases} x(t) = 5e^{-t} + 3e^{4t} \\ y(t) = 5e^{-t} - 2e^{4t} \end{cases}$

(b) $\begin{cases} x(t) = \dfrac{4}{45}e^{2t} + \dfrac{1}{9}e^{-t} + \dfrac{1}{3}te^{-t} - \dfrac{1}{5}\cos t - \dfrac{2}{5}\sin t \\ y(t) = -\dfrac{1}{9}e^{2t} + \dfrac{1}{9}e^{-t} + \dfrac{1}{3}te^{-t} \end{cases}$

3.25 如圖 P3.25 所示之電路，其初值儲能為零。應用拉卜拉斯變換法求出 $t \geq 0^+$ 時之電流 $i(t)$。

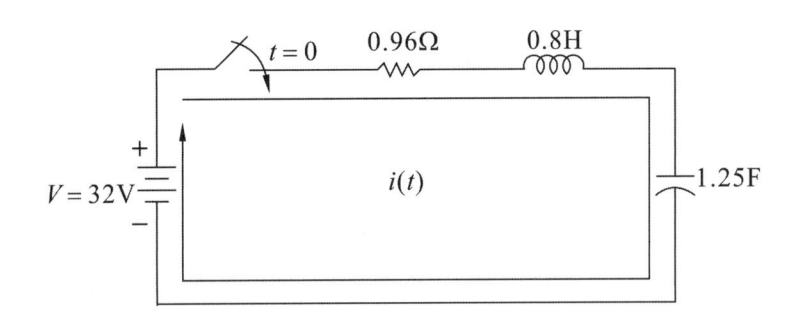

▲ 圖 P3.25　習題 3.25 之電路圖

解答 $i(t) = (50e^{-0.6t} \sin 0.8t)u(t)$ A。

3.26 如圖 P3.26 所示之電路，其初值儲能為零。應用拉卜拉斯變換法求出 $t \geq 0^+$ 時之電流 $i_1(t), i_2(t)$。

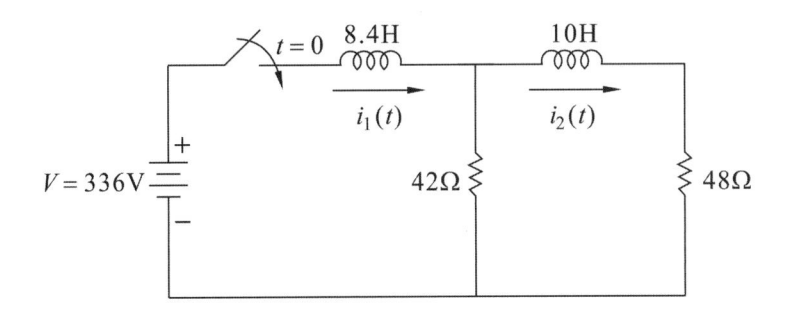

▲ 圖 P3.26　習題 3.26 之電路圖

解答 $i_1(t) = (15 - 14e^{-2t} - e^{-12t})u(t)$ A, $i_2(t) = (7 - 8.4e^{-2t} + 14e^{-12t})u(t)$ A

chapter 4 傅立葉分析
Fourier Analysis

本章大綱

4-1　傅立葉級數基本觀念及計算
4-2　週期為任意值之函數
4-3　奇函數及偶函數
4-4　半幅展開法
4-5　傅立葉積分法
4-6　傅立葉之應用

4-1 傅立葉級數基本觀念及計算

如果函數 $f(x)$ 對所有的實數 x，存在有一個正數 T，使得

$$f(x + nT) = f(x)$$

則函數 $f(x)$ 稱之為週期函數，而 T 則為其最小週期（也就是 $n = 1$）。

例題 4-1

利用週期函數之定義，求出函數 $\cos nx$ 之最小週期。

解

$f(x) = f(x + T)$

$\cos n(x + T) = \cos(nx + nT) = \cos(nx)$

因為 $\cos x$ 之最小週期為 2π

$nT = 2\pi \Rightarrow T = \dfrac{2\pi}{n}$

所以函數 $\cos nx$ 之最小週期為 $T = \dfrac{2\pi}{n}$

例題 4-2

利用週期函數之定義，求出函數 $\sin nx$ 之最小週期。

解

$f(x) = f(x + T)$

$\sin n(x + T) = \sin(nx + nT) = \sin(nx)$

因為 $\sin x$ 之最小週期為 2π

$$nT = 2\pi \Rightarrow T = \frac{2\pi}{n}$$

所以函數 $\sin nx$ 之最小週期為 $T = \frac{2\pi}{n}$

傅立葉級數

傅立葉級數之優點：

(1) 傅立葉級數是以三角函數之型式表示，而三角函數自有其特定性質。因此吾人可利用三角函數之特定性質，以便簡化傅立葉級數之計算。

(2) 傅立葉級數對於不連續之級數亦可展開，而其它函數（如泰勒級數、馬克勞林級數）則不能。

(3) 傅立葉級數可利用函數之性質（如奇函數、偶函數）而簡化其計算。

(4) 傅立葉級數對於解諧波線性方程式極其簡便。

※ 週期為 2π 之傅立葉級數：

$$f(x) = a_0 + \sum_{n=1}^{\infty}(a_n \cos nx + b_n \sin nx)$$

其中

① $a_0 = \frac{1}{2\pi}\int_{-\pi}^{\pi} f(x)dx$

② $a_n = \frac{1}{\pi}\int_{-\pi}^{\pi} f(x)\cos nx dx$

③ $b_n = \frac{1}{\pi}\int_{-\pi}^{\pi} f(x)\sin nx dx$

$n = 1, 2, 3, \cdots\cdots$

因此週期為 2π 之傅立葉級數可以下式表示：

$$f(x) = a_0 + a_1 \cos x + b_1 \sin x + \cdots\cdots$$
$$+ a_n \cos nx + b_n \sin nx + \cdots\cdots$$

在某些情況之下亦可將上述公式之積分路徑改為 $0 \to 2\pi$，如此計算較為容易。

例題 4-3

某一週期為 2π 之函數 $f(x)$，如下所示：
$$f(x) = \begin{cases} -k, & -\pi < x < 0 \\ +k, & 0 < x < \pi \end{cases}$$

試求出其傅立葉級數。

解

① $a_0 = \dfrac{1}{2\pi} \int_{-\pi}^{\pi} f(x) dx$

$= \dfrac{1}{2\pi} (\int_{-\pi}^{0} -k\, dx + \int_{0}^{\pi} k\, dx)$

$= \dfrac{1}{2\pi}(-k\pi + k\pi) = 0$

② $a_n = \dfrac{1}{\pi} \int_{-\pi}^{\pi} f(x) \cos nx\, dx$

$= \dfrac{1}{\pi}(\int_{-\pi}^{0} -k \cos nx\, dx + \int_{0}^{\pi} k \cos nx\, dx)$

$= \dfrac{1}{\pi}(-k \dfrac{\sin nx}{n}\Big|_{-\pi}^{0} + k \dfrac{\sin nx}{n}\Big|_{0}^{\pi}) = 0$

③ $b_n = \dfrac{1}{\pi} \int_{-\pi}^{\pi} f(x) \sin x\, dx, \quad n = 1, 2, 3, \cdots\cdots$

$= \dfrac{1}{\pi}(\int_{-\pi}^{0} -k \sin nx\, dx + \int_{0}^{\pi} k \sin nx\, dx)$

$= \dfrac{1}{\pi}(k \dfrac{\cos nx}{n}\Big|_{-\pi}^{0} - k \dfrac{\cos nx}{n}\Big|_{0}^{\pi}) = \dfrac{2k}{n\pi}(1 - \cos n\pi)$

$n = 1, 3, 5, 7, \cdots\cdots \Rightarrow b_n = \dfrac{2k}{n\pi}[1 - (-1)] = \dfrac{4k}{n\pi}$

$n = 2,4,6,8,\cdots\cdots \Rightarrow b_n = \dfrac{2k}{n\pi}[1-(+1)] = 0$

$\therefore f(x) = \dfrac{4k}{\pi}(\sin x + \dfrac{1}{3}\sin 3x + \dfrac{1}{5}\sin 5x + \dfrac{1}{7}\sin 7x + \cdots\cdots)$

例題 4-4

利用傅立葉級數之觀念，計算無窮級數 $1 - \dfrac{1}{3} + \dfrac{1}{5} - \dfrac{1}{7} + \cdots\cdots$ 之值。

解

承上題，令 $x = \dfrac{\pi}{2}$

$f(\dfrac{\pi}{2}) = k = \dfrac{4k}{\pi}(1 - \dfrac{1}{3} + \dfrac{1}{5} - \dfrac{1}{7} + \cdots\cdots)$

$\Rightarrow 1 - \dfrac{1}{3} + \dfrac{1}{5} - \dfrac{1}{7} + \cdots\cdots = \dfrac{\pi}{4}$

例題 4-5

某一週期為 2π 之函數 $f(x)$，如圖 4.1 所示：

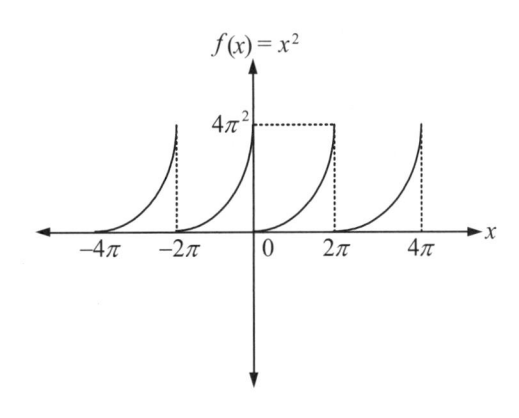

▲圖 4.1　$f(x) = x^2$，$0 < x < 2\pi$

試求出其傅立葉級數。

解

將原公式之積分路徑改為 $0 \to 2\pi$，如此計算較為容易。

① $a_0 = \dfrac{1}{2\pi}\displaystyle\int_0^{2\pi} f(x)dx = \dfrac{1}{2\pi}\displaystyle\int_0^{2\pi} x^2 dx = \dfrac{1}{2\pi}(\dfrac{x^3}{3})\Big|_0^{2\pi} = \dfrac{4\pi^2}{3}$

② $a_n = \dfrac{1}{\pi}\displaystyle\int_0^{2\pi} f(x)\cos nx\, dx = \dfrac{1}{\pi}\displaystyle\int_0^{2\pi} x^2 \cos nx\, dx$

$= \dfrac{1}{\pi}[(x^2)(\dfrac{\sin nx}{n}) - (2x)(\dfrac{-\cos nx}{n^2}) + 2(\dfrac{-\sin nx}{n^3})]\Big|_0^{2\pi}$

$= \dfrac{4}{n^2}, n = 1, 2, 3, \cdots\cdots$

③ $b_n = \dfrac{1}{\pi}\displaystyle\int_0^{2\pi} f(x)\sin nx\, dx, \quad n = 1, 2, 3, \cdots\cdots$

$= \dfrac{1}{\pi}\displaystyle\int_0^{2\pi} x^2 \sin nx\, dx$

$= \dfrac{1}{\pi}[(x^2)(-\dfrac{\cos nx}{n}) - (2x)(\dfrac{-\sin nx}{n^2}) + 2(\dfrac{\cos nx}{n^3})]\Big|_0^{2\pi}$

$= -\dfrac{4\pi}{n}, n = 1, 2, 3, \cdots\cdots$

$\therefore f(x) = \dfrac{4\pi^2}{3} + \displaystyle\sum_{n=1}^{\infty}(\dfrac{4}{n^2}\cos nx - \dfrac{4\pi}{n}\sin nx)$

例題 4-6

某一週期為 2π 之方波函數 $f(x)$，如圖 4.2 所示：

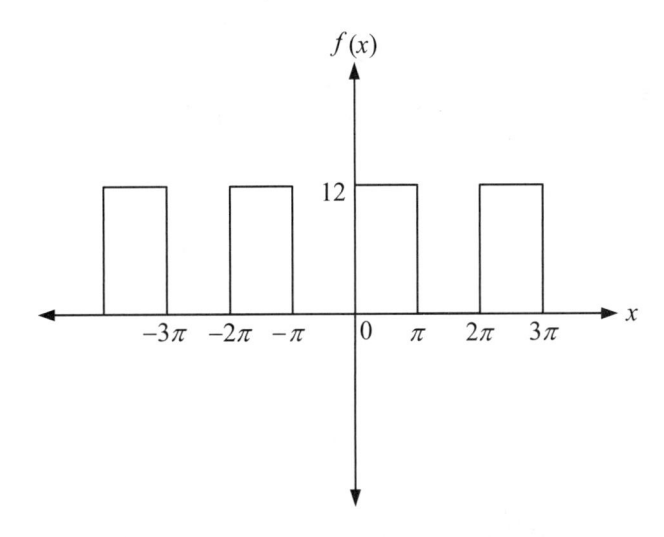

◯ 圖 4.2 週期為 2π 之方波函數 $f(x)$

試求出其傅立葉級數。

解

將原公式之積分路徑改為 $0 \to 2\pi$，如此計算較為容易。

① $a_0 = \dfrac{1}{2\pi} \int_0^{2\pi} f(x)dx$

$= \dfrac{1}{2\pi}(\int_0^{\pi} 12dx + \int_{\pi}^{2\pi} 0dx) = \dfrac{12\pi}{2\pi} = 6$

② $a_n = \dfrac{1}{\pi} \int_0^{2\pi} f(x)\cos nx dx = \dfrac{1}{\pi} \int_0^{\pi} 12\cos nx dx$

$= \dfrac{12}{\pi} \dfrac{\sin nx}{n} \Big|_0^{\pi} = \dfrac{12}{n\pi}(\sin n\pi - \sin 0) = 0$

③ $b_n = \dfrac{1}{\pi} \int_0^{2\pi} f(x)\sin nx dx = \dfrac{1}{\pi} \int_0^{\pi} 12\sin nx dx$

$= \dfrac{12}{\pi} \dfrac{\cos nx}{-n} \Big|_0^{\pi} = \dfrac{12}{n\pi}(1-\cos n\pi), n=1,2,3,\cdots\cdots$

$n=1,3,5,7\cdots\cdots \Rightarrow b_n = \dfrac{24}{n\pi}$

$n=2,4,6,8\cdots\cdots \Rightarrow b_n = 0$

$\therefore f(x) = 6 + \dfrac{24}{\pi}(\sin x + \dfrac{\sin 3x}{3} + \dfrac{\sin 5x}{5} + \dfrac{\sin 7x}{7} + \cdots\cdots)$

4-2 週期為任意值之函數

在 4.1 節中,我們討論過週期為 2π 之函數時,如何求得 $f(x)$ 之傅立葉級數。而在本節中我們將討論週期為 $T = 2l$ 之任意週期函數 $f(x)$ 之傅立葉級數表示式。

※ 週期為 $T = 2l$ 之任意週期函數 $f(x)$ 須滿足 Dirichlet (狄利確勒)條件,也就是:

(1) 每個週期內之不連續點為有限個。
(2) 每個週期內之極大值及極小值之個數為有限個。
(2) 函數為絕對收斂,也就是 $\int_0^{2l} |f(t)| dt < \infty$。

$$\begin{cases} 2\pi \to x \\ 2l \to t \end{cases} \Rightarrow t = \frac{2l}{2\pi} x \Rightarrow x = \frac{\pi t}{l}, \pi \to l$$

則函數可展開為:

$$f(t) = a_0 + \sum_{n=1}^{\infty} (a_n \cos \frac{n\pi t}{l} + b_n \sin \frac{n\pi t}{l})$$

其中

(1) $a_0 = \frac{1}{2l} \int_{-l}^{l} f(t) dt$

(2) $a_n = \frac{1}{l} \int_{-l}^{l} f(t) \cos \frac{n\pi t}{l} dt$

(3) $b_n = \frac{1}{l} \int_{-l}^{l} f(t) \sin \frac{n\pi t}{l} dt$

$n = 1, 2, 3, \cdots\cdots$

而當函數為 $f(x)$ 時,也可以 x 取代上述方程式中之 t,而求得 $f(x)$ 之傅立葉級數:

$$f(x) = a_0 + \sum_{n=1}^{\infty}(a_n \cos\frac{n\pi x}{l} + b_n \sin\frac{n\pi x}{l})$$

其中

① $a_0 = \frac{1}{2l}\int_{-l}^{l} f(x)dx$

② $a_n = \frac{1}{l}\int_{-l}^{l} f(x)\cos\frac{n\pi x}{l}dx$

③ $b_n = \frac{1}{l}\int_{-l}^{l} f(x)\sin\frac{n\pi x}{l}dx$

$n = 1, 2, 3, \cdots\cdots$

但是在不連續的地方(斷點),取其中值而得下式:

$$f(x) = a_o + \sum_{n=1}^{\infty}(a_n \cos\frac{n\pi x}{l} + b_n \sin\frac{n\pi x}{l}) = \frac{1}{2}[f(x^+) + f(x^-)]$$

此為傅立葉級數之充分但非必要條件。

※ 而週期為 $T = l$ 之週期函數之傅立葉級數,可如下表示:

$$\begin{cases} 2\pi \to x \\ l \to t \end{cases} \Rightarrow t = \frac{l}{2\pi}x \Rightarrow x = \frac{2\pi t}{l}, 2\pi \to l, \pi \to \frac{l}{2}$$

因此 $f(t)$ 可表示為:

$$f(t) = a_0 + \sum_{n=1}^{\infty}(a_n \cos\frac{2n\pi t}{l} + b_n \sin\frac{2n\pi t}{l})$$

① $a_0 = \frac{1}{l}\int_0^l f(t)dt$

② $a_n = \dfrac{2}{l}\int_0^l f(t)\cos\dfrac{2n\pi t}{l}dt$

③ $b_n = \dfrac{2}{l}\int_0^l f(t)\sin\dfrac{2n\pi t}{l}dt$

若函數為 $f(x)$ 則可表示為：

$$f(x) = a_0 + \sum_{n=1}^{\infty}(a_0 \cos\dfrac{2n\pi x}{l} + b_n \sin\dfrac{2n\pi x}{l})$$

① $a_0 = \dfrac{1}{l}\int_0^l f(x)dx$

② $a_n = \dfrac{2}{l}\int_0^l f(x)\cos\dfrac{2n\pi x}{l}dx$

③ $b_n = \dfrac{2}{l}\int_0^l f(x)\sin\dfrac{2n\pi x}{l}dx$

例題 4-7

某一週期為 6 之函數 $f(x)$，如下所示：
$$f(x) = \begin{cases} 0, & -3 < x < 0 \\ 2, & 0 < x < 3 \end{cases}$$

試求出其傅立葉級數。

解

$T = 2l = 6 \Rightarrow l = 3$

① $a_0 = \dfrac{1}{2l}\int_{-l}^{l}f(x)dx$

$= \dfrac{1}{2\times 3}\int_{-3}^{3}f(x)dx = \dfrac{1}{6}[\int_{-3}^{0}0dx + \int_{0}^{3}2dx] = 1$

② $a_n = \dfrac{1}{l}\int_{-l}^{l}f(x)\cos\dfrac{n\pi x}{l}dx$

$= \dfrac{1}{3}\int_{-3}^{3}f(x)\cos\dfrac{n\pi x}{l}dx]$

$= \dfrac{1}{3}[\int_{-3}^{0}0\cos\dfrac{n\pi x}{3}dx + \int_{0}^{3}2\cos\dfrac{n\pi x}{3}dx$

$$= \frac{2}{3}\int_0^3 \cos\frac{n\pi x}{3}dx = \frac{2}{3}\cdot\frac{3}{n\pi}\sin\frac{n\pi x}{3}\Big|_0^3 = 0$$

③ $b_n = \frac{1}{l}\int_{-l}^{l} f(x)\sin\frac{n\pi x}{l}dx$

$= \frac{1}{3}\int_{-3}^{3} f(x)\sin\frac{n\pi x}{l}dx$

$= \frac{1}{3}[\int_{-3}^{0} 0\sin\frac{n\pi x}{3}dx + \int_0^3 2\sin s\frac{n\pi x}{3}dx]$

$= \frac{2}{3}\int_0^3 \sin\frac{n\pi x}{3}dx = -\frac{2}{3}\cdot\frac{3}{n\pi}\cos\frac{n\pi x}{3}\Big|_0^3$

$= \frac{2}{n\pi}(1-\cos n\pi)$

$n = 1,3,5,7,\cdots\cdots \Rightarrow b_n = \frac{4}{n\pi}$

$n = 2,4,6,8,\cdots\cdots \Rightarrow b_n = 0$

$\therefore f(x) = a_0 + \sum_{n=1}^{\infty}(a_n\cos\frac{n\pi x}{l} + b_n\sin\frac{n\pi x}{l})$

$= 1 + \sum_{n=1}^{\infty}(\frac{2}{n\pi}(1-\cos n\pi)\sin\frac{n\pi x}{3})$

$= 1 + \frac{4}{\pi}(\sin\frac{\pi x}{3} + \frac{1}{3}\sin\frac{3\pi x}{3} + \frac{1}{5}\sin\frac{5\pi x}{3}$

$+ \frac{1}{7}\sin\frac{7\pi x}{3} + \cdots\cdots)$

例題 4-8

承例題 4-5，請利用傅立葉級數之觀念，證明下式：

$\frac{1}{1^2} + \frac{1}{2^2} + \frac{1}{3^2} + \frac{1}{4^2} + \cdots\cdots = \frac{\pi^2}{6}$

解

如例題 4-5，$f(x)$ 之傅立葉級數如下：

$f(x) = \frac{4\pi^2}{3} + \sum_{n=1}^{\infty}(\frac{4}{n^2}\cos nx - \frac{4\pi}{n}\sin nx)$

又由於 $f(x) = x^2$ 在 $x = 0$ 時須滿足 Dirichlet (狄利確勒)條件，

也就是：

$$f(x) = a_o + \sum_{n=1}^{\infty}(a_n \cos\frac{n\pi x}{l} + b_n \sin\frac{n\pi x}{l}) = \frac{1}{2}[f(x^+) + f(x^-)]$$

或是：

$$\frac{1}{2}[0^2 + (2\pi)^2] = [\frac{4\pi^2}{3} + \sum_{n=1}^{\infty}(\frac{4}{n^2}\cos nx - \frac{4\pi}{n}\sin nx)]|_{x=0}$$

$$2\pi^2 = \frac{4\pi^2}{3} + \sum_{n=1}^{\infty}\frac{4}{n^2}$$

$$\Rightarrow \sum_{n=1}^{\infty}\frac{4}{n^2} = 2\pi^2 - \frac{4\pi^2}{3} = \frac{2\pi^2}{3}$$

$$\Rightarrow \sum_{n=1}^{\infty}\frac{1}{n^2} = \frac{\pi^2}{6}$$

$$\therefore \frac{1}{1^2} + \frac{1}{2^2} + \frac{1}{3^2} + \frac{1}{4^2} + \cdots\cdots = \frac{\pi^2}{6}$$

例題 4-9

某一週期為 4 之函數 $f(x)$，如下所示：

$$f(x) = \begin{cases} x, & 0 \le x \le 2 \\ 4-x, & 2 \le x \le 4 \end{cases}$$

試求出其傅立葉級數。

解

$T = l = 4$

① $a_0 = \frac{1}{l}\int_0^l f(x)dx$

$= \frac{1}{4}\int_0^4 f(x)dx = \frac{1}{4}[\int_0^2 xdx + \int_2^4 (4-x)dx] = 1$

② $a_n = \frac{2}{l}\int_0^l f(x)\cos\frac{2n\pi x}{l}dx$

$= \frac{2}{4}\int_0^4 f(x)\cos\frac{2n\pi x}{l}dx = \frac{1}{2}[\int_0^2 x\cos\frac{2n\pi x}{4}dx$

$$+\int_2^4 (4-x)\cos\frac{2n\pi x}{4}dx]$$

$$=\frac{1}{2}[2(\frac{2}{n\pi})^2][(-1)^n-1]=\frac{-8}{(n\pi)^2}\ ,n=1,3,5,\cdots\cdots$$

③ $b_n = \frac{2}{l}\int_0^l f(x)\sin\frac{2n\pi x}{l}dx$

$$=\frac{2}{4}\int_0^4 f(x)\sin\frac{2n\pi x}{l}dx$$

$$=\frac{1}{2}[\int_0^2 x\sin\frac{2n\pi x}{4}dx + \int_2^4 (4-x)\sin\frac{2n\pi x}{4}dx]=0$$

$\therefore f(x)=a_0+\sum_{n=1}^{\infty}(a_n\cos\frac{2n\pi x}{l}+b_n\sin\frac{2n\pi x}{l})$

$$=1-\frac{8}{\pi^2}\sum_{n=1}^{\infty}\frac{1}{n^2}\cos\frac{n\pi x}{2},n=1,3,5,7,\cdots\cdots$$

$$=1-\frac{8}{\pi^2}(\cos\frac{\pi x}{2}+\frac{1}{3^2}\cos\frac{3\pi x}{2}+\frac{1}{5^2}\cos\frac{5\pi x}{2}$$

$$+\frac{1}{7^2}\cos\frac{7\pi x}{2}+\cdots\cdots)$$

4-3 奇函數及偶函數

奇函數

若函數 $f(x)$ 對所有之 x，存在：

$$f(-x)=-f(x)$$

則稱 $f(x)$ 奇函數。

偶函數

若函數 $f(x)$ 對所有之 x，存在：

$$f(-x) = f(x)$$

則稱 $f(x)$ 偶函數。

$$\begin{cases} f(x)\text{若為奇函數} \Rightarrow a_0 = 0, a_n = 0 \\ f(x)\text{若為偶函數} \Rightarrow b_n = 0 \end{cases}$$

因此吾人若能確定 $f(x)$ 為偶函數，亦或是奇函數，將有助於簡化傅立葉級數之計算。

例題 4-10

判斷下列函數為偶函數，亦或是奇函數：

(a) $f(x) = \cos x, -\pi \leq x \leq \pi$

(b) $f(x) = x, -1 \leq x \leq 1$

(c) $f(x) = e^{2x} + e^{-2x}, -1 \leq x \leq 1$

(d) $f(x) = 2x + 1, -1 \leq x \leq 1$

解

(a) $f(x) = \cos x, -\pi \leq x \leq \pi, f(-x) = \cos(-x) = \cos x = f(x)$

$\Rightarrow \cos x$ 為偶函數。

(b) $f(x) = x, -1 \leq x \leq 1, f(-x) = -x = -f(x)$

$\Rightarrow x$ 為奇函數。

(c) $f(x) = e^{2x} + e^{-2x}, -1 \leq x \leq 1,, f(-x) = e^{-2x} + e^{2x} = f(x)$

$\Rightarrow e^{2x} + e^{-2x}$ 為偶函數。

(d) $f(x) = 2x+1, -1 \leq x \leq 1, f(-x) = -2x+1 \neq f(x) \neq -f(x)$

$\Rightarrow 2x+1$ 既非偶函數亦非奇函數。

例題 4-11

判斷下列各圖形之函數為偶函數，亦或是奇函數：

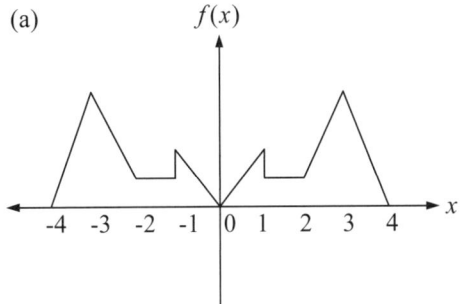

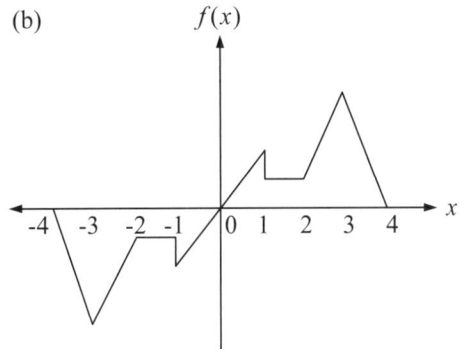

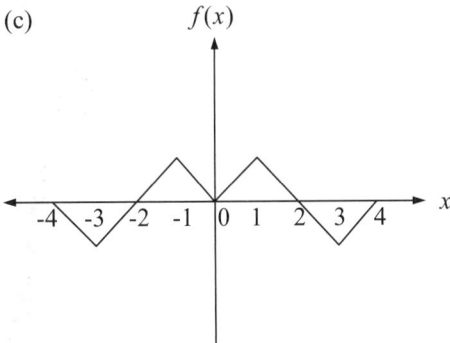

(a)

(b)

(c)

(d)

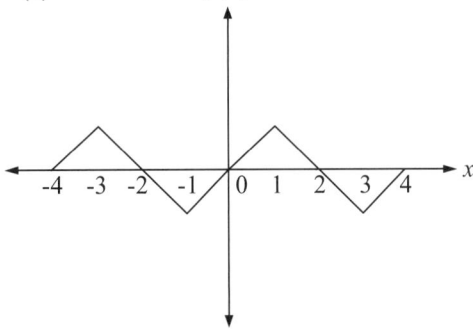

解

(a), (c)為偶函數，而(b), (d)為奇函數。

例題 4-12

某一週期為 2 之函數 $f(x)$，如圖 4.3 所示：

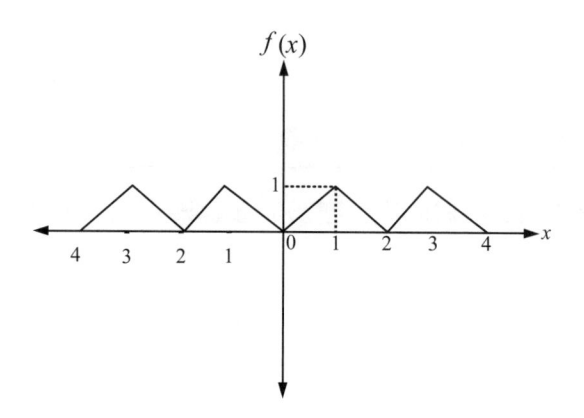

▲ 圖 4.3　例題 4-12 之三角波函數 $f(x)$

試求出其傅立葉級數。

解

因為 $f(x) = f(-x)$，$f(x)$ 為偶函數 $\Rightarrow b_n = 0$

$T = 2l = 2 \Rightarrow l = 1$

$$f(x) = \begin{cases} -x, -1 \leq x \leq 0 \\ +x, 0 \leq x \leq 1 \end{cases}$$

① $a_0 = \dfrac{1}{2l}\int_{-l}^{l} f(x)dx$

$\qquad = \dfrac{1}{2\times 1}\int_{-1}^{1} f(x)dx = \dfrac{1}{2}[\int_{-1}^{0}(-x)dx + \int_{0}^{1}xdx] = \dfrac{1}{2}$

② $a_n = \dfrac{1}{l}\int_{-l}^{l} f(x)\cos\dfrac{n\pi x}{l}dx$

$\qquad = \dfrac{1}{1}\int_{-1}^{1} f(x)\cos\dfrac{n\pi x}{1}dx = \int_{-1}^{0}(-x)\cos n\pi x dx + \int_{0}^{1}x\cos n\pi x dx$

$\qquad = \dfrac{2\cos n\pi - 2}{n^2\pi^2}$

$n = 1, 3, 5, 7, \cdots\cdots \Rightarrow a_n = \dfrac{-4}{n^2\pi^2}$

$n = 2, 4, 6, 8, \cdots\cdots \Rightarrow a_n = 0$

$$\therefore f(x) = a_0 + \sum_{n=1}^{\infty}(a_n \cos\frac{n\pi x}{l} + b_n \sin\frac{n\pi x}{l})$$
$$= \frac{1}{2} + \sum_{n=1}^{\infty}\frac{-4}{n^2\pi^2}\cos n\pi x \, , \, n=2p+1=1,3,5,7,\cdots\cdots$$
$$= \frac{1}{2} - \frac{4}{\pi^2}(\cos\pi x + \frac{1}{3^2}\cos 3\pi x + \frac{1}{5^2}\cos 5\pi x + \cdots\cdots)$$

例題 4-13

某一週期為 2π 之函數 $f(x)$，如圖 4.4 所示：

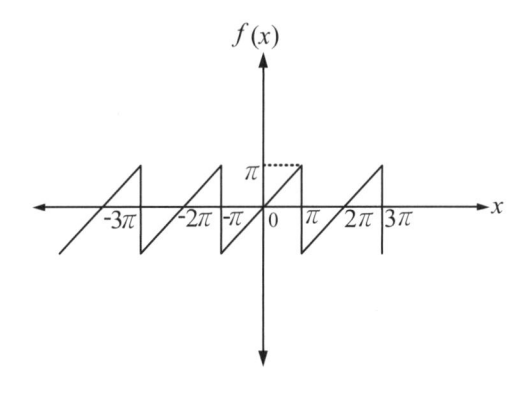

▲ 圖 4.4　例題 4-13 之鋸齒波函數 $f(x)$

試求出其傅立葉級數。

解

因為 $f(x) = -f(-x)$，$f(x)$ 為奇函數 $\Rightarrow a_0 = 0, a_n = 0$。

$$b_n = \frac{1}{\pi}\int_{-\pi}^{\pi}f(x)\sin x\,dx, \quad n = 1,2,3,\cdots\cdots$$
$$= \frac{1}{\pi}(\int_{-\pi}^{0}x\sin nx\,dx + \int_{0}^{\pi}x\sin nx\,dx) = \frac{2}{\pi}\int_{0}^{\pi}x\sin nx\,dx$$
$$= \frac{2}{\pi}(-x\frac{\cos nx}{n} - \frac{\sin nx}{n^2})\Big|_{0}^{\pi} = (-1)^{n+1}\frac{2}{n}$$
$$n = 1,3,5,7,\cdots\cdots \Rightarrow b_n = +\frac{2}{n}$$

$n = 2, 4, 6, 8, \cdots\cdots \Rightarrow b_n = -\dfrac{2}{n}$

$\therefore f(x) = 2(\sin x - \dfrac{1}{2}\sin 2x + \dfrac{1}{3}\sin 3x - \dfrac{1}{4}\sin 4x + \dfrac{1}{5}\sin 5x + \cdots\cdots)$

4-4 半幅展開法

　　如果函數 $f(x)$ 並非週期函數，且只定義於 $0 \le x \le l$，而我們若欲將 $f(x)$ 以傅立葉級數表示，為達此目的，我們可以 $0 \le x \le l$ 對應於週期函數 $0 \le x \le \dfrac{\pi}{2}$，將其展開為傅立葉正弦級數，或是傅立葉餘弦級數。

　　傅立葉級數之半幅展開法分為：

(1)半幅正弦展開。
(2)半幅餘弦展開。

半幅正弦展開：將原函數展開為奇函數（$a_0 = 0, a_n = 0$）

半幅餘弦展開：將原函數展開為偶函數（$b_n = 0$）

例題 4-14

將圖 4.5(a)所示之函數 $f(x)$ 做半幅正弦展開（將原函數展開為奇函數）。

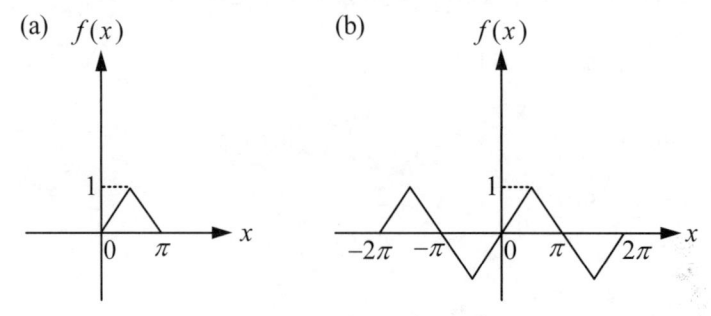

▲ 圖 4.5　例題 4-14 之函數 $f(x)$

解

因為 $f(x)=-f(-x)$，$f(x)$ 為奇函數 $\Rightarrow a_0=0, a_n=0$。

因此可將原函數展開如圖 4.5(b)所示之圖：

$T=2\pi$

$$b_n = \frac{1}{\pi}\int_{-\pi}^{\pi} f(x)\sin nx\,dx, \quad n=1,2,3,4,\cdots\cdots$$

$$= \frac{1}{\pi}(\int_{-\pi}^{-\frac{\pi}{2}} f(x)\sin nx\,dx + \int_{-\frac{\pi}{2}}^{0} f(x)\sin nx\,dx +$$

$$\int_{0}^{\frac{\pi}{2}} f(x)\sin nx\,dx + \int_{\frac{\pi}{2}}^{\pi} f(x)\sin nx\,dx)$$

$$= \frac{4}{\pi}\int_{0}^{\frac{\pi}{2}} f(x)\sin nx\,dx = \frac{4}{\pi}\int_{0}^{\frac{\pi}{2}} \frac{2}{\pi}x\sin nx\,dx$$

$$= \frac{8}{\pi^2}\int_{0}^{\frac{\pi}{2}} x\sin nx\,dx = \frac{8}{\pi^2}(-x\frac{\cos nx}{n}+\frac{\sin nx}{n^2})\Big|_{0}^{\frac{\pi}{2}}$$

$$= \frac{8}{\pi^2}(\frac{\pi}{2}\times\frac{-\cos n\frac{\pi}{2}}{n}+\frac{\sin n\frac{\pi}{2}}{n^2})$$

$$n=1,3,5,7,\cdots\cdots \Rightarrow b_n = \frac{8\sin n\frac{\pi}{2}}{n^2\pi^2}$$

$$n=2,4,6,8,\cdots\cdots \Rightarrow b_n = -\frac{4\cos n\frac{\pi}{2}}{n\pi}$$

$$\therefore \quad f(x) = \frac{8}{\pi^2}(\frac{1}{1^2}\sin x - \frac{1}{3^2}\sin 3x + \frac{1}{5^2}\sin 5x - \cdots\cdots)$$

$$+\frac{4}{\pi}(\frac{1}{2}\sin 2x - \frac{1}{4}\sin 4x + \frac{1}{6}\sin 6x - \cdots\cdots)$$

例題 4-15

將圖 4.6(a)所示之函數 $f(x)$ 做半幅餘弦展開（將原函數展開為偶函數）。

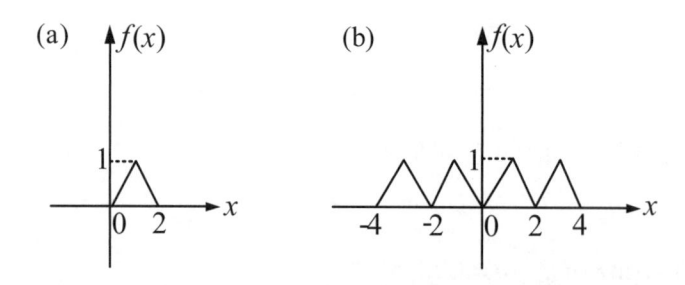

(a), (b) 圖 4.6　例題 4-15 之函數 $f(x)$

解

因為 $f(x) = f(-x)$，$f(x)$ 為偶函數 $\Rightarrow b_n = 0$

因此可將原函數展開如圖 4.6(b)所示之圖：

$T = 2l = 2 \Rightarrow l = 1$

$f(x) = \begin{cases} -x, -1 \leq x \leq 0 \\ +x, 0 \leq x \leq 1 \end{cases}$

① $a_0 = \dfrac{1}{2l} \int_{-l}^{l} f(x)dx$

$= \dfrac{1}{2 \times 1} \int_{-1}^{1} f(x)dx = \dfrac{1}{2}[\int_{-1}^{0}(-x)dx + \int_{0}^{1} xdx] = \dfrac{1}{2}$

② $a_n = \dfrac{1}{l} \int_{-l}^{l} f(x) \cos \dfrac{n\pi x}{l} dx$

$= \dfrac{1}{1} \int_{-1}^{1} f(x) \cos \dfrac{n\pi x}{1} dx = \int_{-1}^{0}(-x)\cos n\pi x dx + \int_{0}^{1} x \cos n\pi x dx$

$= \dfrac{2\cos n\pi - 2}{n^2 \pi^2}$

$n = 1,3,5,7,\cdots \Rightarrow a_n = \dfrac{-4}{n^2 \pi^2}$

$n = 2,4,6,8,\cdots \Rightarrow a_n = 0$

$\therefore f(x) = a_0 + \sum_{n=1}^{\infty}(a_n \cos \dfrac{n\pi x}{l} + b_n \sin \dfrac{n\pi x}{l})$

$= \dfrac{1}{2} + \sum_{n=1}^{\infty} \dfrac{-4}{n^2 \pi^2} \cos n\pi x$，$n = 1,3,5,7,\cdots$

$= \dfrac{1}{2} - \dfrac{4}{\pi^2}(\cos \pi x + \dfrac{1}{3^2}\cos 3\pi x + \dfrac{1}{5^2}\cos 5\pi x + \cdots)$

4-5 傅立葉積分法

傅立葉級數對於處理週期性之問題非常有用，但對於非週期性函數之問題就須藉助於傅立葉積分法。

函數 $f(x)$ 之傅立葉積分式：

$$f(x) = \frac{1}{2\pi}\int_{-\infty}^{\infty}\int_{-\infty}^{\infty} f(u)e^{-j\omega(u-x)}dud\omega$$

將其以尤拉公式展開，且改變其積分上下限，可簡化得：

$$\begin{aligned}f(x) &= \frac{1}{2\pi}\int_{-\infty}^{\infty}\int_{-\infty}^{\infty} f(u)(\cos\omega u\cos\omega x + \sin\omega u\sin\omega x)dud\omega \\ &= \frac{1}{\pi}\int_{0}^{\infty}\int_{-\infty}^{\infty} f(u)(\cos\omega u\cos\omega x + \sin\omega u\sin\omega x)dud\omega \\ &= \frac{2}{\pi}\int_{0}^{\infty}\int_{0}^{\infty} f(u)(\cos\omega u\cos\omega x + \sin\omega u\sin\omega x)dud\omega\end{aligned}$$

若 $f(x)$ 為偶函數，則吾人可將此積分式改為傅立葉餘弦積分式：

$$f(x) = \frac{2}{\pi}\int_{0}^{\infty}\int_{0}^{\infty} f(u)\cos\omega u\cos\omega x\, dud\omega$$

若 $f(x)$ 為奇函數，則吾人可將此積分式改為傅立葉正弦積分式：

$$f(x) = \frac{2}{\pi}\int_{0}^{\infty}\int_{0}^{\infty} f(u)\sin\omega u\sin\omega x\, dud\omega$$

例題 4-16

某一非週期性函數 $f(x)$，如下所示：

$$f(x) = \begin{cases} 2, & -1 < x < 1 \\ 0, & x \leq -1, x \geq 1 \end{cases}$$

(a) 試求出其傅立葉餘弦積分式。

(b) 求 $\int_0^\infty \dfrac{\sin \omega}{\omega} d\omega = ?$

解

(a) 因為 $f(x)$ 為偶函數，吾人採用傅立葉餘弦積分式：

$$f(x) = \frac{2}{\pi} \int_0^\infty \int_0^\infty f(u) \cos \omega u \cos \omega x \, du \, d\omega$$

$$= \frac{2}{\pi} \int_0^\infty \int_0^1 (2\cos \omega u) du \cos \omega x \, d\omega$$

$$= \frac{4}{\pi} \int_0^\infty \frac{\sin \omega}{\omega} \cos \omega x \, d\omega$$

(b) $f(x) = \dfrac{4}{\pi} \int_0^\infty \dfrac{\sin \omega}{\omega} \cos \omega x \, d\omega$

$x = 0 \Rightarrow f(x) = f(0) = 2 = \dfrac{4}{\pi} \int_0^\infty \dfrac{\sin \omega}{\omega} d\omega$

$\int_0^\infty \dfrac{\sin \omega}{\omega} d\omega = \dfrac{\pi}{2}$

例題 4-17

某一非週期性函數 $f(x)$，如下所示：

$$f(x) = \begin{cases} x, & 0 < x < 1 \\ 0, & x > 1 \end{cases}$$

試求出其傅立葉餘弦積分式。

解

$f(x)$ 之傅立葉餘弦積分式如下：

$$f(x) = \frac{2}{\pi} \int_0^\infty \int_0^\infty f(u) \cos \omega u \cos \omega x \, du \, d\omega$$

$$= \frac{2}{\pi} \int_0^\infty \int_0^1 u(\cos \omega u \cos \omega x) du \, d\omega$$

$$= \frac{2}{\pi}\int_0^\infty [(u\frac{\sin\omega u}{\omega} + \frac{\cos\omega u}{\omega^2})\Big|_0^1]\cos\omega x\, d\omega$$

$$= \frac{2}{\pi}\int_0^\infty [(\frac{\sin\omega}{\omega} + \frac{\cos\omega}{\omega^2}) - (\frac{1}{\omega^2})]\cos\omega x\, d\omega$$

$$= \frac{2}{\pi}\int_0^\infty (\frac{\sin\omega}{\omega} + \frac{\cos\omega - 1}{\omega^2})\cos\omega x\, d\omega$$

4-6 傅立葉之應用

傅立葉級數及積分對於處理工程、數學及物理上之應用極其廣泛，茲略舉如下：

(1) 電路中週期性與非週期性信號之處理，及響應之求得。

(2) 通訊系統中之信號調變、取樣理論、雜訊比、混波、濾波之處理。

(3) 物理上之熱擾動、熱傳動、光波傳遞問題之處理。

(4) 微分方程式之級數解。

(5) 偏微分方程式之級數解。

(6) 無窮數列值之求得。

例題 4-18

某一週期性方波電壓源 $v(t)$，如圖 4.7(a)所示，被加於圖 4.7(b)之串聯 RL 電路上，求出電流之穩態響應 $i_{ss}(t)$。

218 工程數學

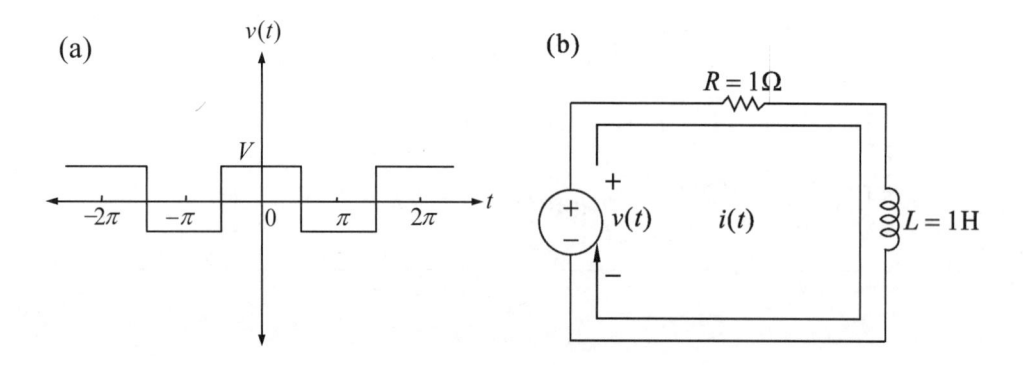

▲ 圖 4.7　例題 4-18 之函數波形及電路

解

方波電壓源 $v(t)$ 之傅立葉級數表示如下（請讀者於習題 4.8 中導出）：

$$v(t) = \frac{4V}{\pi}(\cos t - \frac{1}{3}\cos 3t + \frac{1}{5}\cos 5t - \frac{1}{7}\cos 7t \cdots\cdots)$$

圖 4.7(b)之串聯 RL 電路之阻抗可以表示為：

$$Z(j\omega) = R + j\omega L$$

因此對於第 n 個諧波阻抗函數為：

$$Z(jn\omega_0) = R + jn\omega_0 L$$

在本題中 $R = 1\Omega$ 及 $L = 1H$，$T = 2\pi, \omega_o = 2\pi f = \frac{2\pi}{T} = \frac{2\pi}{2\pi} = 1$，因此：

$$Z(jn\omega_0) = Z(jn) = 1 + jn = |Z(jn)|\angle\theta_n$$

其中：

$$|Z(jn)| = \sqrt{1+n^2}, \angle\theta_n = \tan^{-1} n$$

$$I(jn) = \frac{V(jn)}{Z(jn)}$$

由重疊定理，電流之穩態響應 $i_{ss}(t)$ 可表示如下：

$$i_{ss}(t) = \frac{4V}{\pi}[\frac{1}{\sqrt{2}}\cos(t - \tan^{-1} 1) - \frac{1}{3\sqrt{10}}\cos(3t - \tan^{-1} 3)$$
$$+ \frac{1}{5\sqrt{26}}\cos(5t - \tan^{-1} 5) - \frac{1}{7\sqrt{50}}\cos(7t - \tan^{-1} 7) + \cdots\cdots]$$

例題 4-19

求出 $y''(x) + 4y(x) = f(x)$ 之穩態解 $y_{ss}(x)$，其中之 $f(x)$ 如圖 4.8 所示。

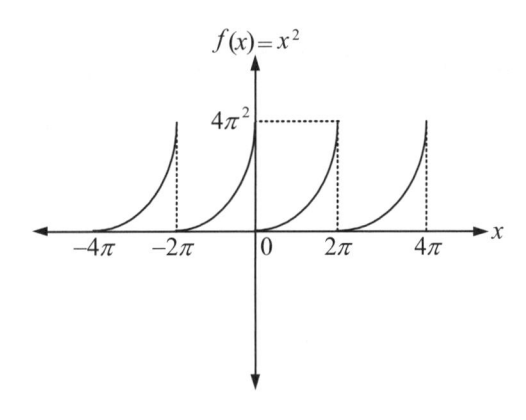

▲ 圖 4.8　例題 4-19 之函數波形

解

由例題 4-5 知 $f(x)$ 之傅立葉級數如下：

$$f(x) = \frac{4\pi^2}{3} + \sum_{n=1}^{\infty}(\frac{4}{n^2}\cos nx - \frac{4\pi}{n}\sin nx)$$

利用微分算子法解之：

$$y''(x) + 4y(x) = f(x) = \frac{4\pi^2}{3} + \sum_{n=1}^{\infty}(\frac{4}{n^2}\cos nx - \frac{4\pi}{n}\sin nx)$$

$$y_{ss}(x) = \frac{1}{D^2+4}[\frac{4\pi^2}{3} + \sum_{n=1}^{\infty}(\frac{4}{n^2}\cos nx - \frac{4\pi}{n}\sin nx)]$$

$$= \frac{1}{D^2+4}\frac{4\pi^2}{3} + \frac{1}{D^2+4}\sum_{n=1}^{\infty}(\frac{4}{n^2}\cos nx - \frac{4\pi}{n}\sin nx)]$$

$$= \frac{1}{D^2+4}\frac{4\pi^2}{3} + \sum_{n=1}^{\infty}(\frac{4}{n^2}\frac{1}{D^2+4}\cos nx - \frac{4\pi}{n}\frac{1}{D^2+4}\sin nx)]$$

$$= \frac{1}{4}\frac{4\pi^2}{3} + \sum_{n=1}^{\infty}(\frac{4}{n^2}\frac{1}{-n^2+4}\cos nx - \frac{4\pi}{n}\frac{1}{-n^2+4}\sin nx)$$

$$= \frac{\pi^2}{3} + \sum_{n=1}^{\infty}(\frac{4}{n^2}\frac{1}{4-n^2}\cos nx - \frac{4\pi}{n}\frac{1}{4-n^2}\sin nx)$$

精選習題

4.1 利用週期函數之定義，求出下列函數之最小週期：

(a) $\cos x$

(b) $\sin 2x$

(c) $\sin \pi x$

(d) $\cos 2\pi x$

[解答] (a) $T = 2\pi$

(b) $T = \pi$

(c) $T = 2$

(d) $T = 1$

4.2 某一週期為 2π 之函數 $f(x)$，如下所示：

$$f(x) = \begin{cases} 1, & -\dfrac{\pi}{2} < x < \dfrac{\pi}{2} \\ 0, & \dfrac{\pi}{2} < x < \dfrac{3\pi}{2} \end{cases}$$

試求出其傅立葉級數。

[解答] $f(x) = \dfrac{1}{2} + \dfrac{2}{\pi}(\cos x - \dfrac{1}{3}\cos 3x + \dfrac{1}{5}\cos 5x - \dfrac{1}{7}\cos 7x + \cdots\cdots)$

4.3 承習題 4.2，請利用傅立葉級數之觀念，證明下式：

$$1 - \dfrac{1}{3} + \dfrac{1}{5} - \dfrac{1}{7} + \cdots\cdots = \dfrac{\pi}{4}$$

[解答] 由習題 4.2 之結果，且令 $x = 0$ 即可證之。

4.4 某一週期為 2π 之方波函數 $f(x)$，如圖 P4.4 所示：

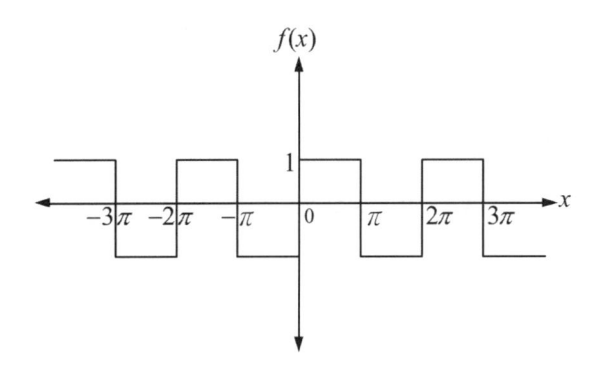

◆ 圖 P4.4　方波函數

試求出其傅立葉級數。

解答 $f(x) = \dfrac{4}{\pi}(\sin x + \dfrac{1}{3}\sin 3x + \dfrac{1}{5}\sin 5x + \dfrac{1}{7}\sin 7x + \cdots\cdots)$

4.5 某一週期為 8 之函數 $f(x)$，如下所示：

$$f(x) = \begin{cases} x, & 0 < x < 4 \\ 8-x, & 4 < x < 8 \end{cases}$$

試求出其傅立葉級數。

解答 $f(x) = \dfrac{16}{\pi^2}(\cos\dfrac{\pi x}{4} + \dfrac{1}{3^2}\cos\dfrac{3\pi x}{4} + \dfrac{1}{5^2}\cos\dfrac{5\pi x}{4} + \dfrac{1}{7^2}\cos\dfrac{7\pi x}{4} + \cdots\cdots)$

4.6 某一週期為 4 之函數 $f(x)$，如下所示：

$$f(x) = \begin{cases} 0, & -2 < x < 0 \\ 1, & 0 < x < 2 \end{cases}$$

試求出其傅立葉級數。

解答 $f(x) = \dfrac{1}{2} + \dfrac{2}{\pi}(\sin\dfrac{\pi x}{2} + \dfrac{1}{3}\sin\dfrac{3\pi x}{2} + \dfrac{1}{5}\sin\dfrac{5\pi x}{2} + \dfrac{1}{7}\sin\dfrac{7\pi x}{2} + \cdots\cdots)$

4.7 判斷下列函數為偶函數，亦或是奇函數：

(a) $f(x) = |\sin x|, -\pi \leq x \leq \pi$

(b) $f(x) = \sin x + \cos x, -\pi \leq x \leq \pi$

(c) $f(x) = e^x + e^{-x}, -1 \leq x \leq 1$

(d) $f(x) = x - 1, -1 \leq x \leq 1$

解答 (a) $f(-x) = f(x) \Rightarrow f(x)$ 為偶函數。

(b) $f(-x) \neq f(x) \neq -f(x) \Rightarrow f(x)$ 既非偶函數亦非奇函數。

(c) $f(-x) = f(x) \Rightarrow f(x)$ 為偶函數。

(d) $f(-x) \neq f(x) \neq -f(x) \Rightarrow f(x)$ 既非偶函數亦非奇函數。

4.8 某一週期為 2π 之方波函數 $v(t)$，如圖 P4.8 所示：

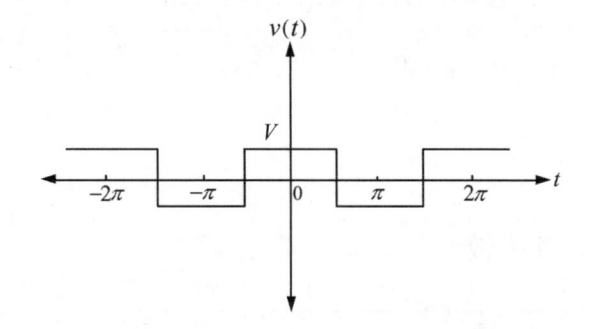

● 圖 P4.8　週期為 2π 之函數 $v(t)$

試求出其傅立葉級數。

解答 $v(t) = \dfrac{4V}{\pi}(\cos t - \dfrac{1}{3}\cos 3t + \dfrac{1}{5}\cos 5t - \dfrac{1}{7}\cos 7t \cdots\cdots)$

4.9 求函數 $f(x)=|\sin x|$ 之傅立葉級數展開式。

解答 $f(x) = \dfrac{2}{\pi} - \dfrac{4}{\pi}(\dfrac{1}{2^2-1}\cos 2x + \dfrac{1}{4^2-1}\cos 4x$
$+ \dfrac{1}{6^2-1}\cos 6x + \dfrac{1}{8^2-1}\cos 8x + \cdots\cdots)$

4.10 (a) 將函數 $f(x)=x$，$0<x<2$ 做半幅正弦展開（將原函數展開為奇函數）。

(b) 將函數 $f(x)=x$，$0<x<2$ 做半幅餘弦展開（將原函數展開為偶函數）。

解答 (a) $f(x) = \dfrac{4}{\pi}(\sin\dfrac{\pi x}{2} - \dfrac{1}{2}\sin\dfrac{2\pi x}{2} +$
$\dfrac{1}{3}\sin\dfrac{3\pi x}{2} - \dfrac{1}{4}\sin\dfrac{4\pi x}{2} + \cdots\cdots)$

(b) $f(x) = 1 - \dfrac{8}{\pi^2}(\cos\dfrac{\pi x}{2} + \dfrac{1}{3^2}\cos\dfrac{3\pi x}{2} +$
$\dfrac{1}{5^2}\cos\dfrac{5\pi x}{2} + \dfrac{1}{7^2}\cos\dfrac{7\pi x}{2} + \cdots\cdots)$

4.11 (a) 將函數 $f(x)=x-x^2$，$0<x<1$ 做半幅正弦展開（將原函數展開為奇函數）。

(b) 將函數 $f(x)=x-x^2$，$0<x<1$ 做半幅餘弦展開（將原函數展開為偶函數）。

解答 (a) $f(x) = \dfrac{8}{\pi^3}(\dfrac{1}{1^3}\sin\pi x + \dfrac{1}{3^3}\sin 3\pi x +$
$\dfrac{1}{5^3}\sin 5\pi x + \dfrac{1}{7^3}\sin 7\pi x + \cdots\cdots)$

(b) $f(x) = \dfrac{1}{6} - \dfrac{4}{\pi^2}(\dfrac{1}{2^2}\cos 2\pi x + \dfrac{1}{4^2}\cos 4\pi x +$
$\dfrac{1}{6^2}\cos 6\pi x + \dfrac{1}{8^2}\cos 8\pi x + \cdots\cdots)$

4.12 $f(x) = \begin{cases} 1, & 0 < x < \pi \\ 0, & x > \pi \end{cases}$，利用傅立葉正弦積分式，證明：

$$\int_0^\infty \frac{1-\cos\pi\omega}{\omega}\sin\omega x \, d\omega = \begin{cases} \dfrac{\pi}{2}, & 0 < x < \pi \\ 0, & x > \pi \end{cases}$$

(解答) 利用傅立葉正弦積分式證之。

4.13 一非週期性函數 $f(x)$，如下所示：

$$f(x) = \begin{cases} x^2, & 0 < x < 1 \\ 0, & x > 1 \end{cases}$$

試求出其傅立葉積分式。

(解答) $f(x) = \dfrac{2}{\pi}\int_0^\infty [(1-\dfrac{2}{\omega^2})\sin\omega + \dfrac{2}{\omega}\cos\omega]\dfrac{\cos\omega x}{\omega}d\omega$

4.14 某一電壓源 $v(t)$，假設其週期為 2π，被加於圖 P4.14 之串聯 RC 電路上，已知 $v(t) = 2\cos t - 4\sin 2t + 6\cos 3t$ 為有限傅立葉級數，求出輸出電壓之穩態響應 $v_{oss}(t)$。

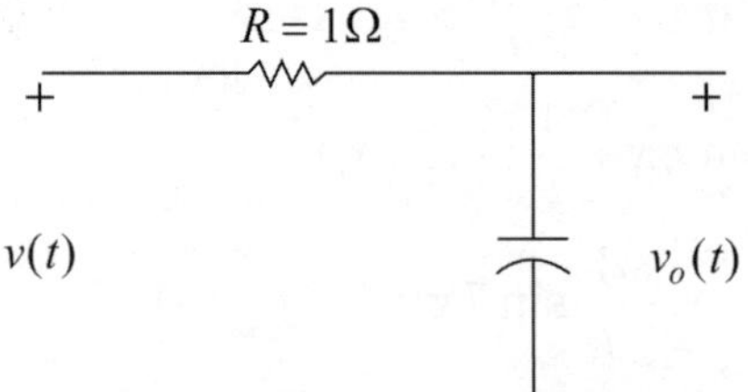

▲ 圖 P4.14　習題 4.14 之函數波形及電路

(解答) $v_{oss}(t) = \dfrac{2}{\sqrt{2}}\cos(t-\tan^{-1}1) - \dfrac{4}{\sqrt{5}}\sin(2t-\tan^{-1}2) + \dfrac{6}{\sqrt{10}}\cos(3t-\tan^{-1}3)$

4.15 求出 $y''(x)+2y(x)=f(x)$ 之穩態解 $y_{ss}(x)$，其中之 $f(x)$ 如圖 P4.15 所示。

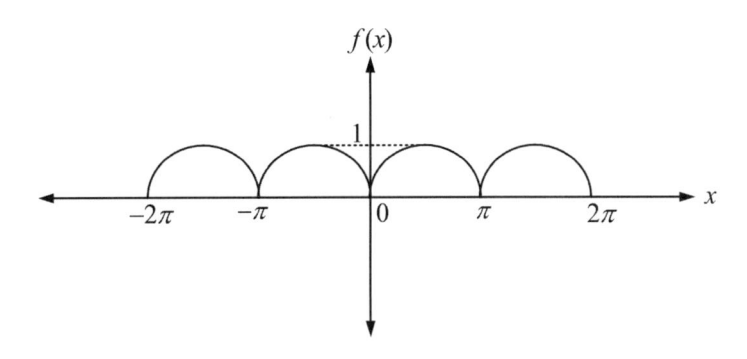

△ 圖 P4.15　例題 4.15 之全波函數波形

解答 $y_{ss}(x) = \dfrac{1}{\pi} - \displaystyle\sum_{n=2}^{\infty} \dfrac{4}{\pi(n^2-1)(2-n^2)} \cos nx$，$n = 2, 4, 6, 8, \cdots\cdots$

chapter 5

向量分析與向量積分
Vector Analysis and Vector Integration

本章大綱

- 5-1 基本觀念
- 5-2 向量基本運算
- 5-3 向量場、曲線之向量式
- 5-4 曲線的弧長、切線、曲率及撓率
- 5-5 方向導數、梯度
- 5-6 向量場的散度及旋度
- 5-7 梯度、散度、旋度在電、磁學上的應用
- 5-8 線積分基本觀念及計算
- 5-9 線積分與二重積分之轉換
- 5-10 曲面之向量表示法，切平面
- 5-11 面積分基本觀念及計算
- 5-12 面積分與三重積分的轉換
- 5-13 斯托克斯（stokes）定理
- 5-14 保守場與非保守場

5-1 基本觀念

向量（vector）是數學、物理學和工程科學等許多自然科學中的重要基本概念，其同時具有大小和方向，常以箭頭符號標示，如 $\vec{A}$。向量的大小代表線段的長度，而向量的方向即其箭頭所指的方向。物理學中的位移、速度、力、動量、磁矩、電流密度等，均為向量。而相對應於向量概念的則為純量(scalar)，其只有大小卻沒有方向，如距離、速率、位移。

向量的直角座標系如圖 5.1 所示，吾人常以其在 x, y, z 軸上的分量(又稱投影量)描述之。

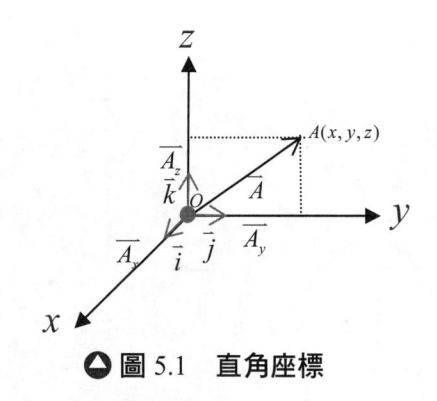

▲ 圖 5.1　直角座標

從 O 到 A 的向量，吾人記為 $\overrightarrow{OA}$ 或 $\vec{A}$。

若 A_x 代表 $\vec{A}$ 在 x 軸方向的分量(又稱投影量)，

A_y 代表 $\vec{A}$ 在 y 軸方向的分量(又稱投影量)，

A_z 代表 $\vec{A}$ 在 z 軸方向的分量(又稱投影量)，

則 $\vec{A} = \vec{A_x} + \vec{A_y} + \vec{A_z}$。

圖中所標示之 $\vec{i}$、$\vec{j}$、以及 $\vec{k}$ 分別代表 x 軸、y 軸、以及 z 軸方向的單位向量。

而其中所述及的單位向量其定義為：

$$\overrightarrow{u_A} = \frac{\vec{A}}{|\vec{A}|}$$

亦即單位向量($\overrightarrow{u_A}$)為向量本身($\vec{A}$)除其大小($|\vec{A}|$)，且其長度恆為 1。

由上述之直角座標系中，各分量亦可重新標示如下：

$$\begin{cases} \overrightarrow{A_x} = x_1 \vec{i} \\ \overrightarrow{A_y} = y_1 \vec{j} \\ \overrightarrow{A_z} = z_1 \vec{k} \end{cases}$$

其中 x_1, y_1, z_1 為各分量在座標上的數值。

再者，吾人亦可將向量 $\vec{A}$ 標示如下：

$$\vec{A} = x_1 \vec{i} + y_1 \vec{j} + z_1 \vec{k} \quad \text{或} \quad \vec{A} = (x_1, y_1, z_1)$$

上述向量係以原點為參考點所定義出之向量及其標示法，如果是向量空間中任意兩點 $A(x_1, y_1, z_1)$，$B(x_2, y_2, z_2)$ 從 A 到 B 點所定義之向量 $\overrightarrow{AB}$ 則可標示為：

$$\overrightarrow{AB} = (x_2 - x_1, y_2 - y_1, z_2 - z_1) \quad \text{(後面之向量分量減前面之向量分量)}$$

且

$$\overrightarrow{BA} = (x_1 - x_2, y_1 - y_2, z_1 - z_2) = -\overrightarrow{AB}$$

綜合上述及參考圖示，向量的長度(大小)計算，如下所述：

$$|\vec{A}| = \sqrt{x_1^2 + y_1^2 + z_1^2}$$

$$|\overrightarrow{AB}| = \sqrt{(x_2 - x_1)^2 + (y_2 - y_1)^2 + (z_2 - z_1)^2}$$

例題 5-1

兩向量 $\vec{A}=(0,-1,2)$，$\vec{B}=(1,2,3)$，試求：

(a) $\overline{AB}$ 及其單位向量。

(b) $\overline{BA}$ 及其單位向量。

解

(a) $\overline{AB}=[1-0,2-(-1),3-(2)]=(1,3,1)$

單位向量 $\overline{u_{AB}}=\dfrac{(1,3,1)}{\sqrt{1^2+3^2+1^2}}=(\dfrac{1}{\sqrt{11}},\dfrac{3}{\sqrt{11}},\dfrac{1}{\sqrt{11}})$

(b) $\overline{BA}=(0-1,-1-2,2-3)=(-1,-3,-1)$

單位向量 $\overline{u_{BA}}=\dfrac{(-1,-3,-1)}{\sqrt{(-1)^2+(-3)^2+(-1)^2}}=(\dfrac{-1}{\sqrt{11}},\dfrac{-3}{\sqrt{11}},\dfrac{-1}{\sqrt{11}})$

5-2 向量基本運算

(1) **向量加法**

存在某三個向量 $\overline{A_1}=(x_1,y_1,z_1)$，$\overline{A_2}=(x_2,y_2,z_2)$，$\overline{A_3}=(x_3,y_3,z_3)$

若 $\overline{A_3}=\overline{A_1}+\overline{A_2}$

則 $x_3=x_1+x_2$

$y_3=y_1+y_2$

$z_3=z_1+z_2$

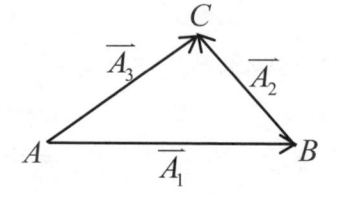

▲ 圖 5.2 向量加法示意圖

亦即 $\overline{A_3}=(x_3,y_3,z_3)=(x_1+x_2,y_1+y_2,z_1+z_2)$

吾人稱 $\overline{A_3}$ 為 $\overline{A_1}$ 與 $\overline{A_2}$ 的和，記為 $\overline{A_3}=\overline{A_1}+\overline{A_2}$

(2) 向量減法

存在某三個向量 $\vec{A_1} = (x_1, y_1, z_1)$，$\vec{A_2} = (x_2, y_2, z_2)$，$\vec{A_3} = (x_3, y_3, z_3)$

$$\vec{A_3} = \vec{A_1} - \vec{A_2}$$

則
$$x_3 = x_1 - x_2$$
$$y_3 = y_1 - y_2$$
$$z_3 = z_1 - z_2$$

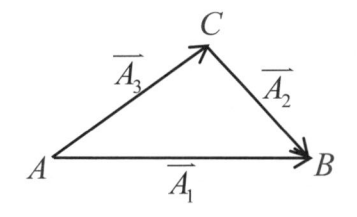

▲ 圖 5.3 向量減法示意圖

亦即 $\vec{A_3} = (x_3, y_3, z_3) = (x_1 - x_2, y_1 - y_2, z_1 - z_2)$

吾人稱 $\vec{A_3}$ 為 $\vec{A_1}$ 與 $\vec{A_2}$ 的差，記為 $\vec{A_3} = \vec{A_1} - \vec{A_2}$（或 $\vec{A_1} = \vec{A_3} + \vec{A_2}$）

(3) 純量與向量之乘積

k 為常數，則純量 k 與向量 $\vec{A}$ 之乘積如下：

$$k\vec{A} = k(x, y, z) = (kx, ky, kz)$$

(4) 向量之內積

在歐幾里得空間中，兩向量 $\vec{A}$ 與 $\vec{B}$ 之內積，記作 $\vec{A} \cdot \vec{B}$

可以直觀地定義為：

$$\vec{A} \cdot \vec{B} = |\vec{A}||\vec{B}|\cos\theta$$

內積的結果為純量，故又稱純量積，其中 θ 是兩向量 $\vec{A}$ 與 $\vec{B}$ 之間的夾角。

內積的幾何意義如下：

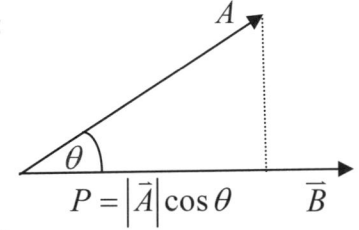

▲ 圖 5.4 內積計算的示意圖

由圖 5.4 可知，當 $\vec{A}$ 與 $\vec{B}$ 互相垂直，$\theta = \dfrac{\pi}{2}$ 時，$\vec{A} \cdot \vec{B} = |\vec{A}||\vec{B}|\cos\theta$，$= |\vec{A}||\vec{B}|\cos\dfrac{\pi}{2} = 0$，則兩向量互相垂直(或稱正交)，記作 $\vec{A} \perp \vec{B}$。

而內積的特點及其性質如下所述：

① $\vec{A}$ 在 $\vec{B}$ 方向的投影量為 $P = |\vec{A}|\cos\theta$

② $\vec{A} \cdot \vec{B} = (x_1, y_1, z_1) \cdot (x_2, y_2, z_2) = x_1 x_2 + y_1 y_2 + z_1 z_2$

③ 若 θ 為 $\vec{A}$ 與 $\vec{B}$ 之夾角，則

$$\cos\theta = \frac{\vec{A} \cdot \vec{B}}{|\vec{A}||\vec{B}|} = \frac{\vec{A} \cdot \vec{B}}{\sqrt{\vec{A} \cdot \vec{A}}\sqrt{\vec{B} \cdot \vec{B}}}$$

④ 內積的性質：

內積滿足交換律：$\vec{A} \cdot \vec{B} = \vec{B} \cdot \vec{A}$

內積滿足分配律：$\vec{A} \cdot (\vec{B} + \vec{C}) = \vec{A} \cdot \vec{B} + \vec{A} \cdot \vec{C}$

內積是個雙線性算子：$\vec{A} \cdot (k\vec{B} + \vec{C}) = k(\vec{A} \cdot \vec{B}) + (\vec{A} \cdot \vec{C})$

乘以一個純量時，內積滿足交換率：$(k_1 \vec{A}) \cdot (k_2 \vec{B}) = k_1 k_2 (\vec{A} \cdot \vec{B})$

例題 5-2

兩向量 $\vec{A} = (1, 0, 2)$，$\vec{B} = (2, -3, 1)$，試求：

(a) $|\vec{A}|, |\vec{B}|$。

(b) $\vec{A} \cdot \vec{B}$。

(c) $\vec{A}$ 在 $\vec{B}$ 方向的投影量。

(d) $\vec{A}$ 與 $\vec{B}$ 兩向量間之夾角。

解

(a) $|\vec{A}| = \sqrt{1^2 + 0^2 + (2)^2} = \sqrt{5}$, $|\vec{B}| = \sqrt{2^2 + (-3)^2 + 1^2} = \sqrt{14}$

(b) $\vec{A}\cdot\vec{B}=(1,0,2)\cdot(2,-3,1)=2+0+2=4$

(c) $P=|\vec{A}|\cos\theta=|\vec{A}|\dfrac{\vec{A}\cdot\vec{B}}{|\vec{A}||\vec{B}|}=\dfrac{\vec{A}\cdot\vec{B}}{|\vec{B}|}=\dfrac{4}{\sqrt{14}}=\dfrac{4\sqrt{14}}{14}=\dfrac{2\sqrt{14}}{7}$

(d) $\cos\theta=\dfrac{\vec{A}\cdot\vec{B}}{|\vec{A}||\vec{B}|}=\dfrac{(1,0,2)\cdot(2,-3,1)}{\sqrt{5}\sqrt{14}}=\dfrac{4}{\sqrt{70}}$

$\Rightarrow \theta=\cos^{-1}\dfrac{4}{\sqrt{70}}=61.43917478°\approx 22.439°$

例題 5-3

證明直角座標中三基底向量 $\vec{i}$、$\vec{j}$、$\vec{k}$ 互相垂直。

解

$\vec{i}=(1,0,0)$
$\vec{j}=(0,1,0) \Rightarrow$
$\vec{k}=(0,0,1)$
$\begin{cases} \vec{i}\cdot\vec{j}=(1,0,0)\cdot(0,1,0)=0 \Rightarrow x\text{ 軸與 }y\text{ 軸垂直} \\ \vec{j}\cdot\vec{k}=(0,1,0)\cdot(0,0,1)=0 \Rightarrow y\text{ 軸與 }z\text{ 軸垂直} \\ \vec{k}\cdot\vec{i}=(0,0,1)\cdot(1,0,0)=0 \Rightarrow z\text{ 軸與 }x\text{ 軸垂直} \end{cases}$

故三基底向量 $\vec{i}$、$\vec{j}$、$\vec{k}$ 互相垂直。

例題 5-4

試求向量 $\vec{A}=3\vec{i}-2\vec{j}+\vec{k}$ 與 x,y,z 各座標軸的夾角 $\theta_1, \theta_2, \theta_3$。

解

$\vec{A}$ 與 x 座標軸的夾角 θ_1 為：

$\vec{A}\cdot\vec{i}=|\vec{A}||\vec{i}|\cos\theta_1=\sqrt{(3)^2+(-2)^2+(1)^2}\,(1)\cos\theta_1=\sqrt{14}\cos\theta_1$
$\quad\quad=(3,-2,1)\cdot(1,0,0)=3$

$\therefore \sqrt{14}\cos\theta_1=3,\ \cos\theta_1=\dfrac{3}{\sqrt{14}} \Rightarrow \theta_1=\cos^{-1}\dfrac{3}{\sqrt{14}}=36.699°$

$\vec{A}$ 與 y 座標軸的夾角 θ_2 為：

$$\vec{A} \cdot \vec{j} = |\vec{A}||\vec{j}|\cos\theta_2 = \sqrt{(3)^2 + (-2)^2 + (1)^2}\,(1)\cos\theta_2 = \sqrt{14}\cos\theta_2$$

$$= (3,-2,1) \cdot (0,1,0) = -2$$

$$\therefore \sqrt{14}\cos\theta_2 = -2,\ \cos\theta_2 = \frac{-2}{\sqrt{14}} \Rightarrow \theta_2 = \cos^{-1}\frac{-2}{\sqrt{14}} = 122.312°$$

$\vec{A}$ 與 z 座標軸的夾角 θ_3 為：

$$\vec{A} \cdot \vec{k} = |\vec{A}||\vec{k}|\cos\theta_3 = \sqrt{(3)^2 + (-2)^2 + (1)^2}\,(1)\cos\theta_3 = \sqrt{14}\cos\theta_3$$

$$= (3,-2,1) \cdot (0,0,1) = 1$$

$$\therefore \sqrt{14}\cos\theta_3 = 1,\ \cos\theta_3 = \frac{1}{\sqrt{14}} \Rightarrow \theta_3 = \cos^{-1}\frac{1}{\sqrt{14}} = 74.499°$$

---

(5) 向量的外積

兩個向量 $\vec{A}$ 和 $\vec{B}$ 的外積寫作 $\vec{A} \times \vec{B}$。外積可以定義為：

$$\vec{A} \times \vec{B} = |\vec{A}||\vec{B}|\sin\theta\ \vec{n}$$

在這裡 θ 表示 $\vec{A}$ 和 $\vec{B}$ 之間的角度（$0° \leq \theta \leq 180°$），它位於這兩個向量所定義的平面上。而 $\vec{n}$ 是一個滿足右手定則而與 $\vec{A}$、$\vec{B}$ 所構成的平面垂直的單位向量。圖 5.5 為在右手坐標系中的向量外積示意圖。

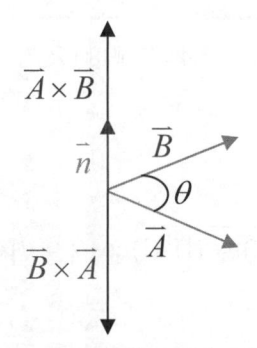

▲ 圖 5.5　在右手坐標系中的向量外積示意圖

在直角座標中,可以用行列式方式計算外積。

$$\vec{A} \times \vec{B} = \begin{vmatrix} \vec{i} & \vec{j} & \vec{k} \\ x_1 & y_1 & z_1 \\ x_2 & y_2 & z_2 \end{vmatrix} = \vec{i} \begin{vmatrix} y_1 & z_1 \\ y_2 & z_2 \end{vmatrix} - \vec{j} \begin{vmatrix} x_1 & z_1 \\ x_2 & z_2 \end{vmatrix} + \vec{k} \begin{vmatrix} x_1 & y_1 \\ x_2 & y_2 \end{vmatrix}$$

而外積的特點及其性質如下所述:

① 外積滿足反交換率:$\vec{A} \times \vec{B} = -\vec{B} \times \vec{A}$

② 外積滿足分配律:$\vec{A} \times (\vec{B} + \vec{C}) = \vec{A} \times \vec{B} + \vec{A} \times \vec{C}$

③ 在乘以一個純量時外積滿足交換律:$(k_1\vec{A}) \times (k_2\vec{B}) = (k_1k_2)(\vec{A} \times \vec{B})$

④ 向量外積亦可用來求平行四邊形及三角形的面積:

❶ 平行四邊形:

由 $\vec{A}$ 和 $\vec{B}$ 二向量所構成之平行四邊形,其所展開的面積為 $|\vec{A} \times \vec{B}| = |\vec{A}||\vec{B}|\sin\theta = |\vec{A}| \cdot h$,如圖 5.6(a)所示

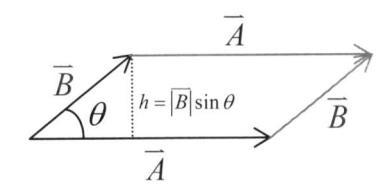

▲圖 5.6 (a) 由 $\vec{A}$ 和 $\vec{B}$ 二向量所構成之平行四邊形

❷ 三角形:

由 $\vec{A}$ 和 $\vec{B}$ 二向量所構成之三角形,其所展開的面積為 $\frac{1}{2}|\vec{A} \times \vec{B}| = \frac{1}{2}|\vec{A}||\vec{B}|\sin\theta = \frac{1}{2}|\vec{A}| \cdot h$,如圖 5.6(b)所示

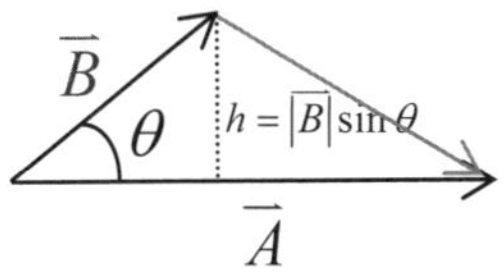

▲圖 5.6 (b) 由 $\vec{A}$ 和 $\vec{B}$ 二向量所構成之三角形

例題 5-5

已知 $\vec{A} = (1, 2, -1)$，$\vec{B} = (2, 0, -3)$，求

(a) $\vec{A} \times \vec{B}, \vec{B} \times \vec{A}$。

(b) $(2\vec{A}) \times (-3\vec{B})$。

(c) 由 $\vec{A}$ 與 $\vec{B}$ 所展開之平行四邊形面積。

(d) 由 $\vec{A}$ 與 $\vec{B}$ 所展開之三角形面積。

解

(a) $\vec{A} \times \vec{B} = \begin{vmatrix} \vec{i} & \vec{j} & \vec{k} \\ 1 & 2 & -1 \\ 2 & 0 & -3 \end{vmatrix} = -6\vec{i} + \vec{j} - 4\vec{k} = (-6, 1, -4)$

$\vec{B} \times \vec{A} = \begin{vmatrix} \vec{i} & \vec{j} & \vec{k} \\ 2 & 0 & -3 \\ 1 & 2 & -1 \end{vmatrix} = 6\vec{i} - \vec{j} + 4\vec{k} = (6, -1, 4)$

由以上可知 $\vec{A} \times \vec{B} = -\vec{B} \times \vec{A}$

(b) $(2\vec{A}) \times (-3\vec{B}) = (2)(-3)(\vec{A} \times \vec{B}) = -6(\vec{A} \times \vec{B}) = (36, -6, 24)$

(c) 由 $\vec{A}$ 與 $\vec{B}$ 所展開平行四邊形面積，如圖 5.6(a)所示：

$\left| \vec{A} \times \vec{B} \right| = \left| \vec{A} \right| \left| \vec{B} \right| \sin\theta = \left| \vec{A} \right| \cdot h = \sqrt{(-6)^2 + (1)^2 + (-4)^2} = \sqrt{53}$

(d) 由 $\vec{A}$ 與 $\vec{B}$ 所展開三角形面積，如圖 5.6(b)所示：

$\frac{1}{2}\left| \vec{A} \times \vec{B} \right| = \frac{1}{2}\left| \vec{A} \right|\left| \vec{B} \right|\sin\theta = \frac{1}{2}\left| \vec{A} \right| \cdot h = \frac{1}{2}\left(\sqrt{(-6)^2 + (1)^2 + (-4)^2} \right) = \frac{\sqrt{53}}{2}$

5-3 向量場、曲線之向量式

向量場是物理學中場(field)的一種。若此物理量只需以純量即可描述(例

如溫度)，則該場稱為純量場(scalar field)；假如一個空間中的每一點的屬性都可以以一個向量來代表的話，那麼這個場就是一個向量場(vector field)；場是時空中的點所對應的值，可以以函數來描述。所以當場是向量時，稱此函數為向量函數(vector function)。

向量場是由一個向量對應另一個向量的函數。向量場廣泛應用於物理學，尤其是電磁場。

建立坐標系(x, y, z)。空間中每一點(x_o, y_o, z_o)都可以用由原點指向該點的向量表示。因此，如果空間在所有點對應一個唯一的向量$(\vec{A}, \vec{B}, \vec{C})$，那麼時空中存在向量場$\vec{F}:(x_o, y_o, z_o) \to (\vec{A}, \vec{B}, \vec{C})$。

用一般函數所能描述的幾何圖形有限，如常見的直線方程式、圓或橢圓等，但若利用向量特性，即可容易描述許多不規律的函數圖形。例如：

空間中有一直線，如圖 5.7 所示：

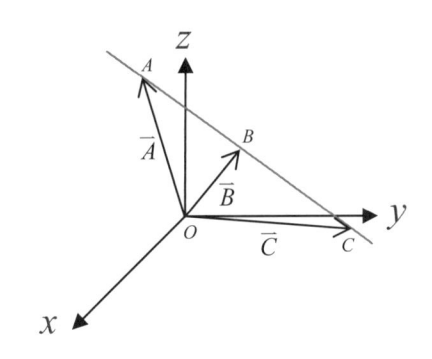

▲圖 5.7　空間中之直線與向量

則直線上所有點 $A, B, C....$均可以向量 $\vec{A}, \vec{B}, \vec{C}....$表示之而通常以$\vec{R}(t)$表示空間曲線之向量函數$\vec{R}(t) = x(t)\vec{i} + y(t)\vec{j} + z(t)\vec{k}$，$t$為實數

例題 5-6

以向量方程式表示通過空間點 $P(1,2,3)$ 之直線方程式，其法線向量與兩向量 $\vec{A} = 2\vec{i} - \vec{j} + 3\vec{k}$ 和 $\vec{B} = \vec{i} + 0\vec{j} - 2\vec{k}$ 垂直。

解

設直線的法線向量為 $\vec{N}$

$$\vec{N} = \vec{A} \times \vec{B} = \begin{vmatrix} \vec{i} & \vec{j} & \vec{k} \\ 2 & -1 & 3 \\ 1 & 0 & -2 \end{vmatrix} = 2\vec{i} + 7\vec{j} + \vec{k}$$

設直線上任一點 $Q(x,y,z)$，則 $\overrightarrow{PQ} \perp \vec{N}$

$\overrightarrow{PQ} \cdot \vec{N} = (x-1, y-2, z-3) \cdot (2,7,1) = 2(x-1) + 7(y-2) + (z-3) = 0$

故直線方程式為：$2x + 7y + z = 19$

例題 5-7

以向量方程式表示通過空間三點 $A(1,2,3)$，$B(1,0,-1)$；以及 $C(3,1,4)$ 之平面方程式。

解

$\overrightarrow{AB} = (0,-2,-4)$，$\overrightarrow{AC} = (2,-1,1)$

設直線的法線向量為 $\vec{N}$

$$\vec{N} = \overrightarrow{AB} \times \overrightarrow{AC} = \begin{vmatrix} \vec{i} & \vec{j} & \vec{k} \\ 0 & -2 & -4 \\ 2 & -1 & 1 \end{vmatrix} = -6\vec{i} - 8\vec{j} + 4\vec{k}$$

設平面上任一點 $P(x,y,z)$，則 $\overrightarrow{AP} \perp \vec{N}$

$\overrightarrow{AP} \cdot \vec{N} = (x-1, y-2, z-3) \cdot (-6,-8,4) = -6(x-1) - 8(y-2) + 4(z-3) = 0$

故直線方程式為：$6x + 8y - 4z = 10$

例題 5-8

以向量方程式描述半徑為 r、圓心在 (x_o, y_o) 的圓。

解

圓上任意點的向量 $\vec{R}(t)$

其與圓心的距離即 $\vec{R}(t)$ 的長度

$\left|\vec{R}(t)\right| = r$

$(x - x_o)^2 + (y - y_o)^2 = r^2$ ，令 $x - x_o = r\cos t$ ， $y - y_o = r\sin t$

即 $\vec{R}(t) = x(t)\vec{i} + y(t)\vec{j} = (r\cos t + x_o)\vec{i} + (r\sin t + y_o)\vec{j}$

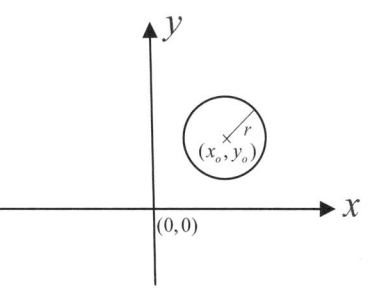

向量的微分

向量函數 $\vec{R}(t) = x(t)\vec{i} + y(t)\vec{j} + z(t)\vec{k}$ 對其變數的微分定義為：

$$\vec{R}'(t) = \lim_{\Delta t \to 0} \frac{\vec{R}(t + \Delta t) - \vec{R}(t)}{\Delta t}$$

若極限存在，則稱此向量函數在 t 處可微分， $\vec{R}(t)$ 的向量函數的微分為： $\vec{R}'(t) = \dot{x}(t)\vec{i} + \dot{y}(t)\vec{j} + \dot{z}(t)\vec{k}$

向量函數的微分特性如下所述：

(1) $[k\vec{R}(t)]' = k\vec{R}'(t)$

(2) $[\vec{R}(t) + \vec{Q}(t)]' = \vec{R}'(t) + \vec{Q}'(t)$

(3) $[\vec{R}(t) \cdot \vec{Q}(t)]' = \vec{R}'(t) \cdot \vec{Q}(t) + \vec{R}(t) \cdot \vec{Q}'(t)$

(4) $[\vec{R}(t) \times \vec{Q}(t)]' = \vec{R}'(t) \times \vec{Q}(t) + \vec{R}(t) \times \vec{Q}'(t)$

(5) $[\vec{R} \times (\vec{P} \times \vec{Q})]' = \vec{R} \times (\vec{P} \times \vec{Q}') + \vec{R} \times (\vec{P}' \times \vec{Q}) + \vec{R}' \times (\vec{P} \times \vec{Q})$

(6) $\vec{R}^{(n)}(t) = x^{(n)}(t)\vec{i} + y^{(n)}(t)\vec{j} + z^{(n)}(t)\vec{k}$

例題 5-9

向量函數 $\vec{R}(t) = t^2\vec{i} - 2t^3\vec{j}$，$\vec{Q}(t) = -t\vec{i} + 3t^2\vec{j}$

求 (a) $[\vec{R}(t) + \vec{Q}(t)]'$。

　　(b) $[\vec{R}(t) \cdot \vec{Q}(t)]'$。

解

(a) $\vec{R}'(t) = \dfrac{d}{dt}(t^2)\vec{i} - \dfrac{d}{dt}(2t^3)\vec{j} = 2t\vec{i} - 6t^2\vec{j}$

$\vec{Q}'(t) = \dfrac{d}{dt}(-t)\vec{i} + \dfrac{d}{dt}(3t^2)\vec{j} = -\vec{i} + 6t\vec{j}$

$[\vec{R}(t) + \vec{Q}(t)]' = \vec{R}'(t) + \vec{Q}'(t)$
$= (2t\vec{i} - 6t^2\vec{j}) + (-\vec{i} + 6t\vec{j}) = (2t-1)\vec{i} - 6t(t-1)\vec{j}$

(b) $\left[\vec{R}(t) \cdot \vec{Q}(t)\right]' = \left[(t^2\vec{i} - 2t^3\vec{j}) \cdot (-t\vec{i} + 3t^2\vec{j})\right]'$
$= (-t^3 - 6t^5)' = -3t^2 - 30t^4$

5-4 曲線的弧長、切線、曲率及撓率

(1) 曲線的弧長計算

如圖 5.9 中所示，空間中任意曲線 C 可以向量函數 $\vec{R}(t)$ 表示。

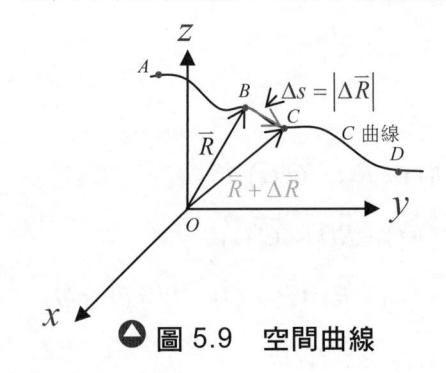

▲ 圖 5.9　空間曲線

$$C: \vec{R}(t) = x(t)\vec{i} + y(t)\vec{j} + z(t)\vec{k}$$

沿曲線計算 B 點到達 C 的弧長如下：

如圖所示 $\Delta s = |\Delta \vec{R}| = \sqrt{\Delta \vec{R} \cdot \Delta \vec{R}}$，當 $\Delta s \to 0$，$\Delta t \to 0$ 時，沿曲線 C 做 n 次無限小線段分割，依微積分觀念可寫成連續式

$$\frac{ds(t)}{dt} = \lim_{\Delta t \to 0} \frac{\Delta s}{\Delta t} = \lim_{\Delta t \to 0} \frac{|\Delta \vec{R}|}{\Delta t} = \lim_{\Delta t \to 0} \frac{\sqrt{\Delta \vec{R} \cdot \Delta \vec{R}}}{\Delta t} = \sqrt{\frac{d\vec{R}}{dt} \cdot \frac{d\vec{R}}{dt}}$$

將上式由 t_1 積分至 t_2 可得弧長的公式

$$s(t) = \int_{t_1}^{t_2} \sqrt{\frac{d\vec{R}}{dt} \cdot \frac{d\vec{R}}{dt}} \, dt$$

又由於

$$\frac{d\vec{R}}{dt} \cdot \frac{d\vec{R}}{dt} = \left(\frac{dx}{dt}\vec{i} + \frac{dy}{dt}\vec{j} + \frac{dz}{dt}\vec{k}\right) \cdot \left(\frac{dx}{dt}\vec{i} + \frac{dy}{dt}\vec{j} + \frac{dz}{dt}\vec{k}\right)$$
$$= \left(\frac{dx}{dt}\right)^2 + \left(\frac{dy}{dt}\right)^2 + \left(\frac{dz}{dt}\right)^2$$

則上述弧長的公式亦可改成

$$s(t) = \int_{t_1}^{t_2} \sqrt{\left(\frac{dx}{dt}\right)^2 + \left(\frac{dy}{dt}\right)^2 + \left(\frac{dz}{dt}\right)^2} \, dt$$

總結弧長的公式為

$$s(t) = \int_{t_1}^{t_2} \sqrt{\frac{d\vec{R}}{dt} \cdot \frac{d\vec{R}}{dt}} \, dt = \int_{t_1}^{t_2} \sqrt{\left(\frac{dx}{dt}\right)^2 + \left(\frac{dy}{dt}\right)^2 + \left(\frac{dz}{dt}\right)^2} \, dt$$

或

對於三維空間：

$$ds = \sqrt{(dx)^2 + (dy)^2 + (dz)^2}$$

而對於二維空間：

$$y = f(x)$$
$$ds = \sqrt{(dx)^2 + (dy)^2} \quad ds = \sqrt{(dx)^2 + (dy)^2} = \sqrt{1 + (\frac{dy}{dx})^2}\,dx = \sqrt{1 + (\frac{dx}{dy})^2}\,dy$$

因此

曲線 $y = f(x)$ 在 $x = a$ 和 $x = b$ 之間的弧長為：

$$s = \int_a^b \sqrt{1 + (\frac{dy}{dx})^2}\,dx\,,$$

或

曲線 $y = f(x)$ 在 $y = c$ 和 $y = d$ 之間的弧長

$$s = \int_c^d \sqrt{1 + (\frac{dx}{dy})^2}\,dy$$

例題 5-10

求半徑為 r、圓心在 (x_o, y_o) 的圓之弧長。

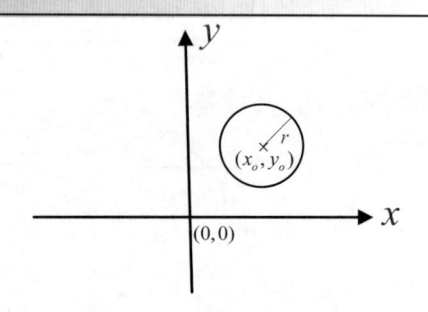

▲圖 5.10　例 5-10 圖示

解

由例題 5-8 知，$\vec{R}(t) = x(t)\vec{i} + y(t)\vec{j} = (r\cos t + x_o)\vec{i} + (r\sin t + y_o)\vec{j}$

求微分 $\dfrac{d\vec{R}}{dt} = -r\sin t\vec{i} + r\cos t\vec{j}$

$$\dfrac{d\vec{R}}{dt} \cdot \dfrac{d\vec{R}}{dt} = (-r\sin t, r\cos t) \cdot (-r\sin t, r\cos t)$$
$$= r^2(\sin^2 t + \cos^2 t) = r^2$$

積分上、下限 $t_1 = 0$，$t_2 = 2\pi$

弧長 $s(t) = \int_{t_1}^{t_2} \sqrt{\dfrac{d\vec{R}}{dt} \cdot \dfrac{d\vec{R}}{dt}}\, dt = \int_0^{2\pi} \sqrt{r^2}\, dt = \int_0^{2\pi} r\, dt = 2\pi r$

例題 5-11

求曲線 $y = \dfrac{2}{3} x^{\frac{3}{2}}$ 在 $x = 3$ 到 $x = 8$ 之間的弧長。

解

$$s = \int_a^b \sqrt{1 + \left(\dfrac{dy}{dx}\right)^2}\, dx = \int_3^8 \sqrt{1 + \left(\dfrac{d\dfrac{2}{3}x^{\frac{3}{2}}}{dx}\right)^2}\, dx = \int_3^8 \sqrt{1 + \left(\dfrac{2}{3} \cdot \dfrac{3}{2} x^{\frac{1}{2}}\right)^2}\, dx$$

$$= \int_3^8 \sqrt{1+x}\, dx = \int (1+x)^{\frac{1}{2}}\, dx(1+x) = \dfrac{(1+x)^{\frac{3}{2}}}{\dfrac{3}{2}} \Bigg|_3^8$$

$$= \dfrac{2}{3}(9^{\frac{3}{2}} - 4^{\frac{3}{2}}) = \dfrac{2}{3}(27 - 8) = \dfrac{2}{3}(19) = \dfrac{38}{3}$$

例題 5-12

一曲線滿足 $\vec{R} = \sin t\vec{i} + \cos t\vec{j} + t\vec{k}$，求位於 $(0,1,0)$ 及 $(0,-1,\pi)$ 兩點之間的弧長。

解

$t = t_1$, ∵ $\sin t = 0, \cos t = 1, t = 0 \Rightarrow t_1 = 0$

$t = t_2$, ∵ $\sin t = 0, \cos t = -1, t = \pi \Rightarrow t_2 = \pi$

求微分 $\dfrac{d\vec{R}}{dt} = \cos t \vec{i} - \sin t \vec{j} + \vec{k}$

$\dfrac{d\vec{R}}{dt} \cdot \dfrac{d\vec{R}}{dt} = (\cos t, -\sin t, \vec{k}) \cdot (\cos t, -\sin t, \vec{k}) = \cos^2 t + \sin^2 t + 1 = 2$

積分上、下限　$t_1 = 0$，$t_2 = \pi$

弧長 $s(t) = \displaystyle\int_{t_1}^{t_2} \sqrt{\dfrac{d\vec{R}}{dt} \cdot \dfrac{d\vec{R}}{dt}}\, dt = \int_0^\pi \sqrt{2}\, dt = \sqrt{2}\pi$

---

(2) 曲線的切線計算

曲線的切線計算可由圖 5.11 說明。

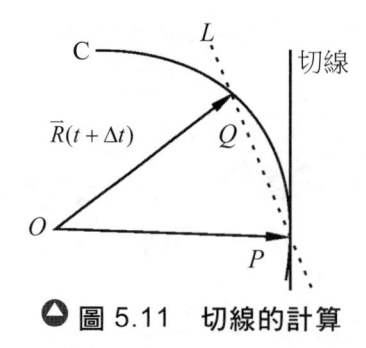

▲ 圖 5.11　切線的計算

設曲線 C 方程式為

$$\vec{R}(t) = x(t)\vec{i} + y(t)\vec{j} + z(t)\vec{k}$$

虛線 L 表通過位於曲線 C 上的兩點 P、Q 的割線，當 Q 沿曲線趨近 P 時，則 L 線將趨近通過 P 點的切線。

吾人描述割線上的方向可表示成 $\vec{R}(t+\Delta t) - \vec{R}(t)$，但為了數學上計算方便，通常以下式描述割線方向。

$$\frac{\vec{R}(t+\Delta t)-\vec{R}(t)}{\Delta t} \quad (\text{注意} \Delta t \text{是純量})$$

當 Δt 趨近零時,點 Q 沿曲線 C 趨近 P 點,故切線方向可表示成

$$\vec{R}' = \lim_{\Delta t \to 0} \frac{\vec{R}(t+\Delta t)-\vec{R}(t)}{\Delta t}$$
$$= \dot{x}(t)\vec{i} + \dot{y}(t)\vec{j} + \dot{z}(t)\vec{k}$$

單位方向可表示為

$$\vec{r}(t) = \frac{\vec{R}'(t)}{\left|\vec{R}'(t)\right|}$$

知道切線方向 $\vec{r}(t)$ 及點 P,吾人可以容易描述曲線 C 上點 P 的切線方程式。

例題 5-13

空間中一曲線 C,如圖 5.12 滿足
$\vec{R}(t) = a\cos t\vec{i} + a\sin t\vec{j} + bt\vec{k}$,$t$ 為任意實數
求任意點 t 之單位切線向量。

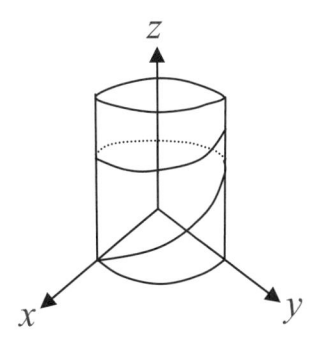

▲ 圖 5.12　例 5-13 圖示

解

求微分

$$\vec{R}'(t) = \frac{d\vec{R}(t)}{dt}$$

$$= -a\sin t\vec{i} + a\cos t\vec{j} + b\vec{k}$$

$$|\vec{R}'(t)| = \sqrt{a^2 + b^2}$$

所以單位切線向量 $\vec{r}(t) = \dfrac{-a\sin t\vec{i} + a\cos t\vec{j} + b\vec{k}}{\sqrt{a^2 + b^2}}$

---

(3) 曲線的曲率計算

曲線 C 彎曲的程度稱為曲線 C 的曲率(curvature)。其計算過程如下：

若曲線 C 可以用一階導數與二階導數均存在且連續的向量函數 $\vec{R}(s)$ 表示，其中 s 表弧長，且 $\vec{R}'(s)$ 表示曲線 C 的切線方向，其單位向量 $\vec{r}(s)$，$\vec{R}''(s)$ 表示曲線 C 的主法線方向，其單位向量 $\vec{p}(s)$。

$k(s) = |\vec{R}''(s)|$ 表示曲線 C 的曲率。

$\vec{b}(s) = \vec{r}(s) \times \vec{p}(s)$ 稱為曲線 C 的副法線向量。

例題 5-14

求半徑為 a 之圓的曲率。

解

半徑為 a 之圓的向量函數為

$\vec{R}(t) = a\cos t\vec{i} + a\sin t\vec{j}$，$0 \le t \le 2\pi$

所以 $\vec{R}'(t) = \dfrac{d\vec{R}(t)}{dt} = -a\sin t\vec{i} + a\cos t\vec{j}$

則弧長函數 $s(t) = \int_0^t \sqrt{|\vec{R}'(t)|}\, dt = \int_0^t a\, dt = at$

得到 $t = \dfrac{s}{a}$

改寫圓的向量函數 $\vec{R}(s) = a\cos\left(\dfrac{s}{a}\right)\vec{i} + a\sin\left(\dfrac{s}{a}\right)\vec{j}$

$\vec{R}'(s) = -a\dfrac{1}{a}\sin\left(\dfrac{s}{a}\right)\vec{i} + a\dfrac{1}{a}\cos\left(\dfrac{s}{a}\right)\vec{j} = -\sin\left(\dfrac{s}{a}\right)\vec{i} + \cos\left(\dfrac{s}{a}\right)\vec{j}$

$\vec{R}''(s) = -\dfrac{1}{a}\cos\left(\dfrac{s}{a}\right)\vec{i} - \dfrac{1}{a}\sin\left(\dfrac{s}{a}\right)\vec{j}$

則曲率 $k(s) = |\vec{R}''(s)| = \left| -\dfrac{1}{a}\cos\left(\dfrac{s}{a}\right)\vec{i} - \dfrac{1}{a}\sin\left(\dfrac{s}{a}\right)\vec{j} \right|$

$= \sqrt{\left(-\dfrac{1}{a}\cos\left(\dfrac{s}{a}\right)\right)^2 + \left(-\dfrac{1}{a}\sin\left(\dfrac{s}{a}\right)\right)^2} = \dfrac{1}{a}$

---

(4) 曲線的撓率計算

曲線 C 的撓率(torsion)，表示曲線 C 扭轉的程度。其定義如下：

$\tau(s) = \left|\vec{b}'(s)\right|$，其中

$\vec{b}'(s)$：副法線向量 $\vec{b}(s) = \vec{r}(s) \times \vec{p}(s)$ 的導數。

$\vec{r}(s)$：單位切線向量，$\vec{p}(s)$：單位主法線向量。

例題 5-15

計算例 5-13 中曲線的曲率 $k(s)$，單位主法線向量 $\vec{p}(s)$，單位副法線向量 $\vec{b}(s)$ 以及撓率 $\tau(s)$。

解

由例 5-13 解中 $\vec{R}(t) = a\cos t\,\vec{i} + a\sin t\,\vec{j} + bt\,\vec{k}$

$\vec{R}'(t) = \dfrac{d\vec{R}(t)}{dt} = -a\sin t\,\vec{i} + a\cos t\,\vec{j} + b\vec{k}$

$$s(t) = \int_0^t \sqrt{|\vec{R}'(t)|}\, dt = \int_0^t \sqrt{a^2+b^2}\, dt = \sqrt{a^2+b^2}\, t \Big|_0^t$$
$$= \sqrt{a^2+b^2}\, t = \ell t,\ \ell = \sqrt{a^2+b^2} \Rightarrow t = \frac{s}{\ell}$$

可改寫向量方程式
$$\vec{R}(s) = a\cos\left[\frac{s}{\ell}\right]\vec{i} + a\sin\left[\frac{s}{\ell}\right]\vec{j} + \frac{bs}{\ell}\vec{k},\ \text{其中}\ \ell = \sqrt{a^2+b^2}$$

因此吾人得到

切線向量 $\vec{R}'(s) = -\dfrac{a}{\ell}\sin\left[\dfrac{s}{\ell}\right]\vec{i} + \dfrac{a}{\ell}\cos\left[\dfrac{s}{\ell}\right]\vec{j} + \dfrac{b}{\ell}\vec{k}$，單位切線向量

$$\vec{r}(s) = \frac{\vec{R}'(s)}{|\vec{R}'(s)|} = \frac{-\dfrac{a}{\ell}\sin\left[\dfrac{s}{\ell}\right]\vec{i} + \dfrac{a}{\ell}\cos\left[\dfrac{s}{\ell}\right]\vec{j} + \dfrac{b}{\ell}\vec{k}}{\sqrt{\left(-\dfrac{a}{\ell}\sin\left[\dfrac{s}{\ell}\right]\right)^2 + \left(\dfrac{a}{\ell}\cos\left[\dfrac{s}{\ell}\right]\right)^2 + \left(\dfrac{b}{\ell}\right)^2}}$$

$$= \frac{-\dfrac{a}{\ell}\sin\left[\dfrac{s}{\ell}\right]\vec{i} + \dfrac{a}{\ell}\cos\left[\dfrac{s}{\ell}\right]\vec{j} + \dfrac{b}{\ell}\vec{k}}{\sqrt{\dfrac{a^2+b^2}{\ell^2}}} = -\dfrac{a}{\ell}\sin\left[\dfrac{s}{\ell}\right]\vec{i} + \dfrac{a}{\ell}\cos\left[\dfrac{s}{\ell}\right]\vec{j} + \dfrac{b}{\ell}\vec{k}$$

主法線向量 $\vec{R}''(s)$ 為

$$\vec{R}''(s) = \left(-\frac{a}{\ell}\sin\left[\frac{s}{\ell}\right]\vec{i} + \frac{a}{\ell}\cos\left[\frac{s}{\ell}\right]\vec{j} + \frac{b}{\ell}\vec{k}\right)'$$
$$= -\frac{a}{\ell^2}\cos\left[\frac{s}{\ell}\right]\vec{i} - \frac{a}{\ell^2}\sin\left[\frac{s}{\ell}\right]\vec{j} + 0\vec{k}$$

故曲率 $k(s)$ 為

$$k(s) = |\vec{R}''(s)| = \left|-\frac{a}{\ell^2}\cos\left[\frac{s}{\ell}\right]\vec{i} - \frac{a}{\ell^2}\sin\left[\frac{s}{\ell}\right]\vec{j} + 0\vec{k}\right|$$
$$= \sqrt{\left(-\frac{a}{\ell^2}\cos\left[\frac{s}{\ell}\right]\right)^2 + \left(-\frac{a}{\ell^2}\sin\left[\frac{s}{\ell}\right]\right)^2} = \sqrt{\frac{a^2}{\ell^4}} = \frac{a}{\ell^2} = \frac{a}{a^2+b^2}$$

單位主法線向量 $\vec{p}(s)$ 為

$$\vec{p}(s) = \frac{\vec{R}''(s)}{|\vec{R}''(s)|} = \frac{-\frac{a}{\ell^2}\cos\left[\frac{s}{\ell}\right]\vec{i} - \frac{a}{\ell^2}\sin\left[\frac{s}{\ell}\right]\vec{j}}{\sqrt{\left(-\frac{a}{\ell^2}\cos\left[\frac{s}{\ell}\right]\right)^2 + \left(-\frac{a}{\ell^2}\sin\left[\frac{s}{\ell}\right]\right)^2}}$$

$$= \frac{-\frac{a}{\ell^2}\cos\left[\frac{s}{\ell}\right]\vec{i} - \frac{a}{\ell^2}\sin\left[\frac{s}{\ell}\right]\vec{j}}{\sqrt{\frac{a^2}{\ell^4}}} = -\cos\left(\frac{s}{\ell}\right)\vec{i} - \sin\left[\frac{s}{\ell}\right]\vec{j}$$

單位副法線向量 $\vec{b}(s)$ 為

$$\vec{b}(s) = \vec{r}(s) \times \vec{p}(s) = \begin{vmatrix} \vec{i} & \vec{j} & \vec{k} \\ -\frac{a}{\ell}\sin\left(\frac{s}{\ell}\right) & \frac{a}{\ell}\cos\left(\frac{s}{\ell}\right) & \frac{b}{\ell} \\ -\cos\left(\frac{s}{\ell}\right) & -\sin\left(\frac{s}{\ell}\right) & 0 \end{vmatrix}$$

$$= \frac{b}{\ell}\sin\left(\frac{s}{\ell}\right)\vec{i} - \frac{b}{\ell}\cos\left(\frac{s}{\ell}\right)\vec{j} + \frac{a}{\ell}\vec{k}$$

單位副法線向量 $\vec{b}(s)$ 的導數 $\vec{b}'(s)$ 為

$$\vec{b}'(s) = \frac{b}{\ell^2}\cos\left(\frac{s}{\ell}\right)\vec{i} + \frac{b}{\ell^2}\sin\left(\frac{s}{\ell}\right)\vec{j}$$

因此撓率 $\tau(s)$ 為

$$\tau(s) = |\vec{b}'(s)|$$

$$= \left|\frac{b}{\ell^2}\cos\left(\frac{s}{\ell}\right)\vec{i} + \frac{b}{\ell^2}\sin\left(\frac{s}{\ell}\right)\vec{j}\right| = \sqrt{\left(\frac{b}{\ell^2}\cos\left(\frac{s}{\ell}\right)\right)^2 + \left(\frac{b}{\ell^2}\sin\left(\frac{s}{\ell}\right)\right)^2}$$

$$= \sqrt{\frac{b^2}{\ell^4}} = \sqrt{\frac{b^2}{\left(a^2+b^2\right)^2}} = \frac{b}{a^2+b^2}$$

5-5 方向導數、梯度

在真實世界的平面，常會有高、低的起伏變化，而非真正的"平面"，故在工程中常會討論某純量函數沿特定方向變化的情形，因此吾人定義梯度及方向導數。

梯度定義

在向量微積分中，純量場的梯度是一個向量場。純量場中某一點上的梯度指向純量場增長最快的方向，梯度的長度(大小)是這個最大的變化率。

運算式：$grad\, f = \nabla f = \left(\dfrac{\partial}{\partial x}\vec{i} + \dfrac{\partial}{\partial y}\vec{j} + \dfrac{\partial}{\partial z}\vec{k}\right)f = \dfrac{\partial f}{\partial x}\vec{i} + \dfrac{\partial f}{\partial y}\vec{j} + \dfrac{\partial f}{\partial z}\vec{k}$

稱為純量函數 f 的梯度(gradient)，其中 ∇ 為微分算子。

$$\left[\nabla = \dfrac{\partial}{\partial x}\vec{i} + \dfrac{\partial}{\partial y}\vec{j} + \dfrac{\partial}{\partial z}\vec{k}\right]$$

方向導數

方向導數為函數在某一點沿單位長度向量的方向導數，在空間中兩點 P、Q 定義出單位向量 $\vec{b}$，若有一純量函數 f 存在於 P 點，吾人定純量函數 f 沿 $\vec{b}$ 方向的導數為

$$\left.\dfrac{\partial f}{\partial s}\right|_P = \vec{b} \cdot \nabla f(P)，其中 |\vec{b}| = 1。$$

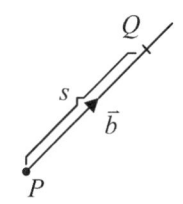

▲ 圖 5.13　方向導數的示意圖

例題 5-16

試求 $f(x,y,z) = x - 2y^2 + 3z^3$ 在點 $P(0,1,-1)$ 沿向量 $\vec{a} = \vec{i} + \vec{j} + \vec{k}$ 的方向導數 $\dfrac{\partial f}{\partial s}$。

解

$\nabla f = \vec{i} - 4y\vec{j} + 9z^2\vec{k}$，$\nabla f(P) = \vec{i} - 4\vec{j} + 9\vec{k}$

單位向量 $\vec{b} = \dfrac{\vec{a}}{|\vec{a}|} = \dfrac{1}{\sqrt{3}}\vec{i} + \dfrac{1}{\sqrt{3}}\vec{j} + \dfrac{1}{\sqrt{3}}\vec{k}$

我們得到方向導數

$$\left.\dfrac{\partial f}{\partial s}\right|_P = \vec{b} \cdot \nabla f(P) = \left(\dfrac{1}{\sqrt{3}}\vec{i} + \dfrac{1}{\sqrt{3}}\vec{j} + \dfrac{1}{\sqrt{3}}\vec{k}\right) \cdot \left(\vec{i} - 4\vec{j} + 9\vec{k}\right)$$

$$= \dfrac{1}{\sqrt{3}}(1 - 4 + 9) = \dfrac{6}{\sqrt{3}} = \dfrac{6\sqrt{3}}{(\sqrt{3})(\sqrt{3})} = 2\sqrt{3}$$

由於純量函數 $f(x,y,z)=c$ 可視作空間中的平面，而梯度運算隱含著平面向外擴張的能力，故 ∇f 垂直於平面。

例題 5-17

試求在點 $(1,1,-2)$ 上而垂直於曲面 $f(x,y,z) = x^3 y^2 z^1 = 8$ 之單位法線向量 $\vec{n}$。

解

垂直於曲線的向量即 ∇f，

$$\nabla f = \left[\frac{\partial}{\partial x}(x^3y^2z^1)\vec{i} + \frac{\partial}{\partial y}(x^3y^2z^1)\vec{j} + \frac{\partial}{\partial z}(x^3y^2z^1)\vec{k}\right]\bigg|_{(1,1,-2)}$$

$$= \left[(3x^2y^2z^1)\vec{i} + (2x^3y^1z^1)\vec{j} + (x^3y^2)\vec{k}\right]\bigg|_{(1,1,-2)} = -6\vec{i} - 4\vec{j} + 1\vec{k}$$

$$|\nabla f| = \sqrt{(-6)^2 + (-4)^2 + (1)^2} = \sqrt{53}$$

垂直於曲面 $f(x,y,z) = x^3y^2z^1 = 8$ 之單位法線向量為

$$\vec{n} = \frac{\nabla f}{|\nabla f|} = -\frac{6}{\sqrt{53}}\vec{i} - \frac{4}{\sqrt{53}}\vec{j} + \frac{1}{\sqrt{53}}\vec{k}$$

5-6 向量場的散度及旋度

若有向量函數 $\vec{V}(x,y,z)$ 為可微分；

且可表示如下：

$$\vec{V}(x,y,z) = v_1(x,y,z)\vec{i} + v_2(x,y,z)\vec{j} + v_3(x,y,z)\vec{k}$$

則吾人定義散度(divergence)：

$$divV = \nabla \cdot \vec{V} = \left[\frac{\partial}{\partial x}\vec{i} + \frac{\partial}{\partial y}\vec{j} + \frac{\partial}{\partial z}\vec{k}\right] \cdot (v_1\vec{i} + v_2\vec{j} + v_3\vec{k})$$

$$= \frac{\partial}{\partial x}v_1 + \frac{\partial}{\partial y}v_2 + \frac{\partial}{\partial z}v_3$$

旋度(curl)定義如下：

$$curl\vec{V} = \nabla \times \vec{V} = \begin{vmatrix} \vec{i} & \vec{j} & \vec{k} \\ \dfrac{\partial}{\partial x} & \dfrac{\partial}{\partial y} & \dfrac{\partial}{\partial z} \\ v_1 & v_2 & v_3 \end{vmatrix}$$

例題 5-18

若 $\vec{V} = \cos x^2 yz\vec{i} + \sin^2 xyz\vec{j} + x^2 y^3 z^4 \vec{k}$，試求 (a) $div\ \vec{V}$ 與 (b) $curl\ \vec{V}$。

解

(a) $div\ \vec{V} = \nabla \cdot \vec{V} = (\dfrac{\partial}{\partial x}\vec{i} + \dfrac{\partial}{\partial y}\vec{j} + \dfrac{\partial}{\partial z}\vec{k}) \cdot (\cos x^2 yz\vec{i} + \sin^2 xyz\vec{j} + x^2 y^3 z^4 \vec{k})$

$\qquad = (-\sin x^2 yz)(2xyz) + (2\sin xyz)(\cos xyz)(xz) + 4x^2 y^3 z^3$

(b) $curl\ \vec{V} = \nabla \times \vec{V} = \begin{vmatrix} \vec{i} & \vec{j} & \vec{k} \\ \dfrac{\partial}{\partial x} & \dfrac{\partial}{\partial y} & \dfrac{\partial}{\partial z} \\ \cos x^2 yz & \sin^2 xyz & x^2 y^3 z^4 \end{vmatrix}$

$\qquad = [3x^2 y^2 z^4 - (2\sin xyz)(\cos xyz)(xy)]\vec{i} - \left[2xy^3 z^4 - (-\sin x^2 yz)(x^2 y)\right]\vec{j}$

$\qquad\quad + [(2\sin xyz)(\cos xyz)(yz) - (-\sin x^2 yz)(x^2 z)]\vec{k}$

$\qquad = [3x^2 y^2 z^4 - (2\sin xyz)(\cos xyz)(xy)]\vec{i} - \left[2xy^3 z^4 + (\sin x^2 yz)(x^2 y)\right]\vec{j}$

$\qquad\quad + [(2\sin xyz)(\cos xyz)(yz) + (\sin x^2 yz)(x^2 z)]\vec{k}$

5-7 梯度、散度、旋度在電、磁學上的應用

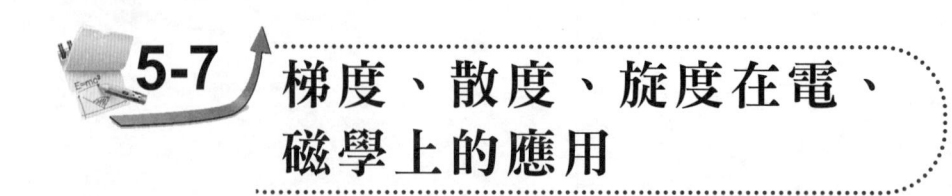

馬克士威方程式(Maxwell's Equations)

馬克士威方程式是一組描述電場、磁場與電荷密度、電流密度之間關係的偏微分方程式。它由四個方程式組成：描述電荷如何產生電場的高斯定律、論述磁單極子不存在的高斯磁定律、描述電流和時變電場怎樣產生磁場的馬克士威-安培定律、描述時變磁場如何產生電場的法拉第感應定律。

從馬克士威方程式，可以推論出光波是電磁波。馬克士威方程組和勞侖茲力方程式是經典電磁學的基礎方程式。從這些基礎方程式的相關理論，發展出現代的電力科技與電子科技。

馬克士威方程式的積分形式如下：

$\oint \vec{E} \cdot d\vec{A} = \dfrac{q}{\varepsilon_o}$ （電的高斯定律）

$\oint \vec{B} \cdot d\vec{A} = 0$ （磁的高斯定律）

$\oint \vec{E} \cdot d\vec{l} = -\dfrac{d\phi_B}{dt}$ （法拉第定律）

$\oint \vec{B} \cdot d\vec{l} = \dfrac{q}{\varepsilon_o} = \mu_o i + \mu_o \varepsilon_o \dfrac{d\phi_E}{dt}$ （安培定律）

馬克士威方程式亦可寫成微分的形式(梯度、散度、旋度的應用)如下所示：

$\nabla \cdot \vec{E} = \dfrac{\rho_0}{\varepsilon}$ （散度應用）

$\nabla \cdot \vec{B} = 0$ （散度應用）

$$\nabla \times \vec{E} = -\frac{\partial \vec{B}}{\partial t} \quad \text{(旋度應用)}$$

$$\nabla \times \vec{B} = \mu_o \vec{J} + \mu_o \varepsilon_o \frac{\partial \vec{E}}{\partial t} \quad \text{(旋度應用)}$$

在基本電學中，我們知道電場、電位與電荷之間的關係：

$$E = k\frac{Q}{r^2}$$

$$V = -\frac{K'Q}{r}$$

然而上述的結果只適用一度空間的討論，在真實世界的三度空間裡，上述的公式須加以修正在空間中靜止的兩個或兩個以上的電荷會因為彼此吸引或排斥而沿特定方向移動，我們以電場來描述其間電荷受力的情形，以電位能描述電荷從靜止至移動的能量變化情形，因此電場被視為具有方向性的物理量而電位能(簡稱電位)是一純量，上述的公式經向量修正後如下：

$$\nabla \cdot \vec{E} = \frac{\rho_0}{\varepsilon} \quad \text{(散度應用)}$$

$$\vec{E} = -\nabla V \quad \text{(梯度應用)}$$

5-8 線積分基本觀念及計算

初級微積分中曾學過積分的定義，是函數和 x 軸之間所涵蓋的面積，如圖 5.14 所示。

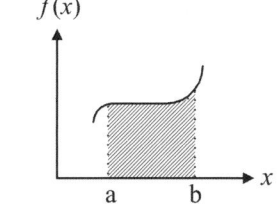

▲ 圖 5.14　積分的面積表示

線積分所討論的是將 x 軸擴充成任意曲線 C，其定義如下：

曲線 C 是連接空間中兩點 A, B 的連續或分段連續的平滑曲線，如圖 5.15。

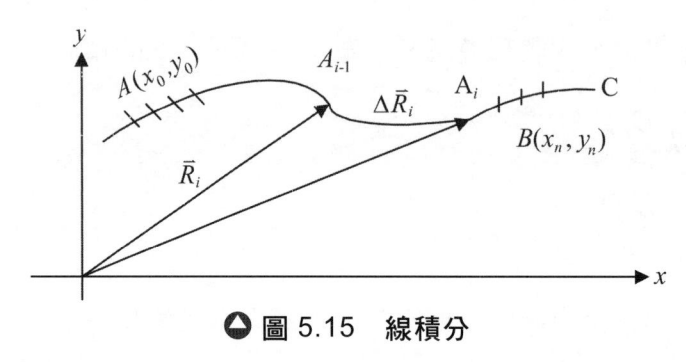

◎ 圖 5.15　線積分

如果將 A 點與 B 點之間分成 n 段，則各點的位置向量 $\vec{R}_i$

令　$dr = |\Delta R_i| = |\vec{R}_i - \vec{R}_{i-1}|$

則函數 $f(x, y)$ 沿曲線 C 的線積分

$$\int_A^B f(x,y)dr = \lim_{\substack{\Delta r \to 0 \\ n \to \infty}} \sum_{i=1}^n f(x_i, y_i)|\Delta R_i|$$

如果從 A 點沿曲線 C 前進回到 A 點途中路徑不重疊形成封閉曲域，如圖 5.16 所示。

各種情況則積分符號以 $\oint_c \vec{f} \cdot d\vec{r}$ 表示。

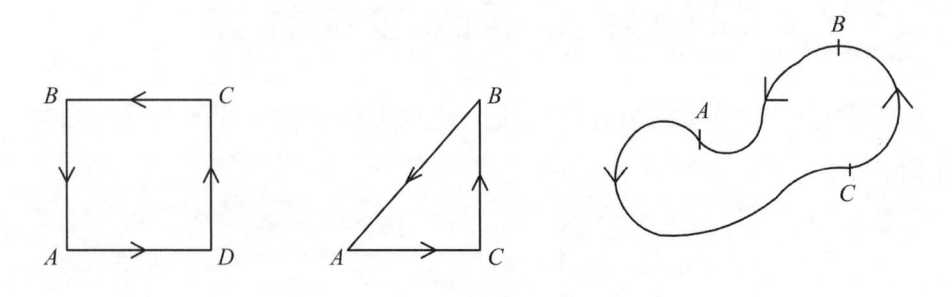

◎ 圖 5.16　各種封閉曲線

曲線 C 稱為積分路徑。

其他線積分特性：
(1) $\int_A^B c\vec{f} \cdot d\vec{r} = c\int_A^B \vec{f} \cdot d\vec{r}$，$c$ 為常數。
(2) $\int_A^B (f_1 \pm f_2) \cdot dr = \int_A^B f_1 \cdot dr \pm \int_A^B f_2 \cdot dr$。
(3) $\int_A^P f \cdot dr + \int_P^B f \cdot dr = \int_A^B f \cdot dr$。

例題 5-19

若函數 $\vec{f}(x,y,z) = 2xy\vec{i} - y^2\vec{j} + xz\vec{k}$，試求 $\int_c \vec{f}(x,y,z) \cdot d\vec{r}$

從 $A = (0,0,0)$ 到 $B = (1,1,1)$ 沿積分

(a) $C_1 : \vec{r}(t) = t\vec{i} + t^2\vec{j} + t^3\vec{k}$。

(b) $C_2 :$ 從 A 到 B 的直線。

解

$d\vec{r} = dx\vec{i} + dy\vec{j} + dz\vec{k}$

故 $\int_A^B \vec{f} \cdot d\vec{r} = \int_A^B \left[2xy\vec{i} - y^2\vec{j} + xz\vec{k}\right] \cdot (dx\vec{i} + dy\vec{j} + dz\vec{k})$

$\qquad\qquad = \int_A^B 2xy\,dx - y^2\,dy + xz\,dz$

(a) 在 $C_1 : \vec{r}(t) = t\vec{i} + t^2\vec{j} + t^3\vec{k}$

   故　$x = t$，$y = t^2$，$z = t^3$

   　　$dx = dt$，$dy = 2t\,dt$，$dz = 3t^2\,dt$　代入上式

   積分範圍　$A = (0,0,0) \Rightarrow t = 0$

   　　　　　$B = (1,1,1) \Rightarrow t = 1$

$$\int_A^B \vec{f} \cdot d\vec{r} = \int_0^1 (2t)(t^2)dt - (t^2)^2(2tdt) + (t)(t^3)(3t^2 dt)$$

$$= \int_0^1 (2t^3 - 2t^5 + 3t^6)dt = \left(2\frac{t^4}{4} - 2\frac{t^6}{6} + 3\frac{t^7}{7}\right)\Big|_0^1$$

$$= \frac{1}{2} - \frac{2}{6} + \frac{3}{7} = \frac{21 - 14 + 18}{42} = \frac{25}{42}$$

(b) 連接 A，B 的直線

$$C_2 : \vec{r}(t) = t\vec{i} + t\vec{j} + t\vec{k} \quad 0 \le t \le 1$$

故　$x = t$，$y = t$，$z = t$

$dx = dt$，$dy = dt$，$dz = dt$　代入積分式

$$\int_A^B \vec{f} \cdot d\vec{r} = \int_0^1 2t^2 dt - t^2 dt + t^2 dt = \int_0^1 2t^2 dt = 2\frac{t^3}{3}\Big|_0^1 = \frac{2}{3}$$

5-9 線積分與二重積分之轉換

Green's 定理（格林定理）

格林定理說明了一個封閉曲線上的線積分與一個邊界為 C 且平面區域為 R 的雙重積分之間的關係。其係以英國數學家喬治·格林（George Green）命名。

設封閉區域 R 乃由分段平滑的簡單曲線 L 圍成，函數 $M(x,y)$ 及 $N(x,y)$ 在 R 上具有一階連續偏導數，則有

$$\oint_C M(x,y)dx + N(x,y)dy = \iint_R \left(\frac{\partial N}{\partial x} - \frac{\partial M}{\partial y}\right)dxdy$$

其中 L 是 R 的取正向的邊界曲線。

此公式稱之為格林公式，其說明了沿著閉曲線 C 的曲線積分與 C 所包圍的區域 R 上的二重積分之間的關係。

例題 5-20

向量空間中，若存在某一向量函數

$\vec{F} = -y^2 \vec{i} + (x^2 - xy)\vec{j}$

試求其線積分 $\oint_C \vec{F} \cdot \vec{dr} = ?$

其中，C 如圖 5.17 中所示，係由拋物線 $y = x^2$ 與直線 $y = \sqrt{x}$ 所圍區域的封閉曲線。

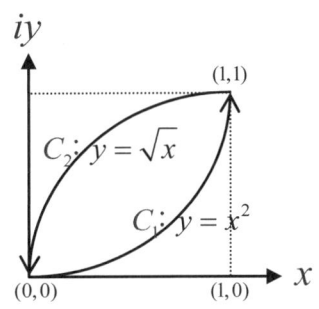

▲ 圖 5.17　例 5-20 圖示

解

$\oint_C \vec{F} \cdot \vec{dr} = \oint_C -y^2 dx + (x^2 - xy) dy$

以格林定理計算：令 $M(x,y) = -y^2$，$N(x,y) = x^2 - xy$

則 $\dfrac{\partial N}{\partial x} = 2x - y$，$\dfrac{\partial M}{\partial y} = -2y$

$\oint_C y^2 dx + x dy = \iint_R \left(\dfrac{\partial N}{\partial x} - \dfrac{\partial M}{\partial y} \right) dx dy$

$= \int_{x=0}^{x=1} \int_{y=x^2}^{y=x} [(2x - y) - (-2y)] dy dx = \int_{x=0}^{x=1} \int_{y=x^2}^{y=x} (2x + y) dy dx$

$= \int_0^1 (2xy + \dfrac{1}{2} y^2) \bigg|_{y=x^2}^{y=\sqrt{x}} dx = \int_0^1 [(2x^{\frac{3}{2}} + \dfrac{1}{2} x) - (2x^3 + \dfrac{1}{2} x^4)] dx$

$= \left(2 \dfrac{x^{\frac{5}{2}}}{\frac{5}{2}} + \dfrac{1}{2} \dfrac{x^2}{2} - 2 \dfrac{x^4}{4} - \dfrac{1}{2} \dfrac{x^5}{5} \right) \bigg|_{x=0}^{x=1}$

$= \dfrac{4}{5} + \dfrac{1}{4} - \dfrac{1}{2} - \dfrac{1}{10} = \dfrac{16 + 5 - 10 - 2}{20} = \dfrac{9}{20}$

另解

將曲線 C 分成 C_1 與 C_2，則原積分可表示

$$\oint_C -y^2 dx + (x^2 - xy)dy = \int_{C_1} -y^2 dx + (x^2 - xy)dy + \int_{C_2} -y^2 dx + (x^2 - xy)dy \text{ 沿 } C_1 \text{ 積分}$$

可以 $y = x^2$ 代入積分計算

$$\int_{C_1} -y^2 dx + (x^2 - xy)dy = \int_{x=0}^{x=1} -x^4 dx + (x^2 - x^3)(2xdx) = \int_0^1 (-x^4 + 2x^3 - 2x^4)dx$$

$$= \int_0^1 (-3x^4 + 2x^3)dx$$

$$= \left(-3\frac{x^5}{5} + 2\frac{x^4}{4}\right)\Big|_0^1 = -\frac{3}{5} + \frac{1}{2} = \frac{-6+5}{10} = \frac{-1}{10}$$

沿 C_2 可以 $y = \sqrt{x} = x^{\frac{1}{2}}, dy = \frac{1}{2}x^{-\frac{1}{2}}dx$ 代入

$$\int_{C_2} -y^2 dx + (x^2 - xy)dy = \int_{x=1}^{x=0} -xdx + (x^2 - x^{\frac{3}{2}})(\frac{1}{2}x^{-\frac{1}{2}})dx$$

$$= \int_{x=1}^{x=0}\left(-x + \frac{1}{2}x^{\frac{3}{2}} - \frac{1}{2}x\right)dx = \int_{x=1}^{x=0}\left(-\frac{3}{2}x + \frac{1}{2}x^{\frac{3}{2}}\right)dx$$

$$= \int_{x=0}^{x=1}\left(\frac{3}{2}x - \frac{1}{2}x^{\frac{3}{2}}\right)dx$$

$$= \left(\frac{3}{2}\frac{x^2}{2} - \frac{1}{2}\frac{x^{\frac{5}{2}}}{\frac{5}{2}}\right)\Big|_0^1 = \frac{3}{4} - \frac{1}{5} = \frac{15-4}{20} = \frac{11}{20}$$

故 $\oint_C y^2 dx + xdy = -\frac{1}{10} + \frac{11}{20} = \frac{-2+11}{20} = \frac{9}{20}$

結果與使用格林定理同。

例題 5-21

試以格林定理，証明一簡單封閉曲線 C 所圍之面積 A 為：

$$A = \frac{1}{2}\oint_C (xdy - ydx)$$

解

以格林定理計算： 令 $M(x,y) = -y$, $N(x,y) = x$

則 $\dfrac{\partial N}{\partial x} = 1$, $\dfrac{\partial M}{\partial y} = -1$

$$\oint_C (xdy - ydx) = \oint_C (-ydx + xdy) = \iint_R \left(\dfrac{\partial N}{\partial x} - \dfrac{\partial M}{\partial y} \right) dxdy$$

$$= \iint_R [1-(-1)] dxdy = 2\iint_R dxdy \Rightarrow \iint_R dxdy = A = \dfrac{1}{2}\oint_C (xdy - ydx)$$

例題 5-22

承上題，求下列封閉曲線 C 所圍之面積 A：

(a) $x^2 + y^2 = r^2$ ，圓心在 $(0,0)$ ，半徑為 r 的圓。

(b) $\dfrac{x^2}{a^2} + \dfrac{y^2}{b^2} = 1$ ，圓心在 $(0,0)$ ，長軸為 a、短軸為 b 的橢圓。

解

(a) $x^2 + y^2 = r^2$

令：$x = r\cos\theta, y = r\sin\theta, dx = -r\sin\theta d\theta, dy = r\cos\theta d\theta$

$$A = \dfrac{1}{2}\oint_C (xdy - ydx)$$

$$= \dfrac{1}{2}\int_0^{2\pi} (r\cos\theta)(r\cos\theta d\theta) - (r\sin\theta)(-r\sin\theta d\theta)]$$

$$= \dfrac{1}{2}\int_0^{2\pi} r^2(\cos^2\theta + \sin^2\theta)d\theta = \dfrac{1}{2}r^2 \theta \Big|_0^{2\pi} = \dfrac{1}{2}r^2(2\pi - 0) = \pi r^2$$

(b) $\dfrac{x^2}{a^2} + \dfrac{y^2}{b^2} = 1$

令：$x = a\cos\theta, y = b\sin\theta, dx = -a\sin\theta d\theta, dy = b\cos\theta d\theta$

$$A = \dfrac{1}{2}\oint_C (xdy - ydx)$$

$$= \frac{1}{2}\int_0^{2\pi} (a\cos\theta)(b\cos\theta d\theta) - (b\sin\theta)(-a\sin\theta d\theta)]$$

$$= \frac{1}{2}\int_0^{2\pi} ab(\cos^2\theta + \sin^2\theta)d\theta = \frac{1}{2}ab\theta\Big|_0^{2\pi} = \frac{1}{2}ab(2\pi - 0) = \pi ab$$

5-10 曲面之向量表示法，切平面

空間中的曲線為一度空間，故其向量表示法僅需一個參數 t

$$\vec{R}(t) = x(t)\vec{i} + y(t)\vec{j} + z(t)\vec{k}$$

而曲面為二度空間，故其向量表示法則需 2 個參數 u、v

$$\vec{R}(u,v) = x(u,v)\vec{i} + y(u,v)\vec{j} + z(u,v)\vec{k}$$

例題 5-23

試以向量表示法描述曲面 $S: z = x^2 + y^2$。

解

若令 $x = \overline{X}(r, \theta) = r\cos\theta$

則
$$y = \bar{Y}(r,\theta) = r\sin\theta$$
$$z = \bar{Z}(r,\theta) = x^2 + y^2 = (r\cos\theta)^2 + (r\sin\theta)^2 = r^2(\cos^2\theta + \sin^2\theta) = r^2$$

此曲面向量表示為

$$\vec{R}(r,\theta) = r\cos\theta\vec{i} + r\sin\theta\vec{j} + r^2\vec{k}$$

曲面的切平面的定義通常需藉助平面法向量，表示法如下：

如果通過平面 S 上一點 $P(u_0, v_0)$ 的向量 $\vec{N}$ 垂直於平面，即平面上任意點 $A(u,v)$ 與 P 點所形成向量 $\vec{R}$

$$\vec{R} = \overline{OA} - \overline{OP}$$

必定垂直於 $\vec{N}$，由內積特性知

$$\vec{N} \cdot \vec{R} = 0$$

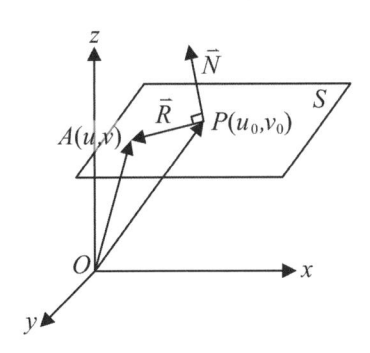

▲ 圖 5.18　平面的向量特性

例題 5-24

試求通過點 $P(1,0,-2)$ 的平面方程式，其法向量為 $\vec{N} = (1,2,3)$。

解

平面上任意點 $Q(x,y,z)$

則平面上與點 $P(1,0,-2)$ 所成向量

$\overrightarrow{PQ} = (x-1, y-0, z+2)$

垂直於 $\vec{N}$，則

$$\begin{aligned}\vec{N}\cdot\overrightarrow{PQ} = 0 &= (1,2,3)\cdot(x-1,y-0,z+2)\\&= 1(x-1)+2(y-0)+3(z+2)\\&= x+2y+3z-1+6 = x+2y+3z+5 = 0\end{aligned}$$

平面方程式 $x+2y+3z = -5$

曲面的向量表示法中

$\vec{R}(u,v) = X(u,v)\vec{i} + Y(u,v)\vec{j} + Z(u,v)\vec{k}$

考慮點 (u_0, v_0) 方向的切線向量，

在參數 v 方向微分：

$$\vec{T}_u = \left.\frac{\partial \vec{R}(u,v)}{\partial u}\right|_{u=u_0} = \left.\frac{\partial X(u,v)}{\partial u}\vec{i} + \frac{\partial Y(u,v)}{\partial u}\vec{j} + \frac{\partial Z(u,v)}{\partial u}\vec{k}\right|_{u=u_0}$$

即過點 (u_0, v_0) 的切向量。

在參數 v 方向微分：

$$\vec{T}_v = \left.\frac{\partial \vec{R}(u,v)}{\partial v}\right|_{v=v_0} = \left.\frac{\partial X(u,v)}{\partial v}\vec{i} + \frac{\partial Y(u,v)}{\partial v}\vec{j} + \frac{\partial Z(u,v)}{\partial v}\vec{k}\right|_{v=v_0}$$

即過點 (u_0, v_0) 的切向量。

此兩切向量均切於曲面 S，故由此二切向量所形成平面即為該曲面在點 (u_0, v_0) 的切平面。

因此該切平面的法向量 $\vec{N}$ 滿足

$\vec{N} = (\vec{T}_u \times \vec{T}_v)\big|_{(u,v)=(u_0,v_0)}$

切平面的方程式為

$\vec{N} \cdot (\vec{r} - \vec{R}(u_0, v_0)) = 0$

$\vec{r}$ 為平面上任意點 (u_0, v_0) 的位置向量。

例題 5-25

試求例 5-23 曲面在點 (1,1,2) 的切平面。

解

此曲面向量表示為：$\vec{R}(r,\theta) = r\cos\theta \vec{i} + r\sin\theta \vec{j} + r^2 \vec{k}$

首先求切線：

$\vec{T}_r = \dfrac{\partial}{\partial r}\vec{R}(r,\theta) = \cos\theta \vec{i} + \sin\theta \vec{j} + 2r\vec{k}$

$\vec{T}_\theta = \dfrac{\partial}{\partial \theta}\vec{R}(r,\theta) = -r\sin\theta \vec{i} + r\cos\theta \vec{j}$

(1,1,2) 對應參數表示法為 $\begin{cases} r\cos\theta = 1 \\ r\sin\theta = 1 \\ r^2 = 2 \end{cases} \Rightarrow r = \sqrt{2}, \theta = \dfrac{\pi}{4}$

$\vec{T}_r = \left(\dfrac{1}{\sqrt{2}}, \dfrac{1}{\sqrt{2}}, 2\sqrt{2}\right)$

$\vec{T}_\theta = (-1, 1, 0)$

$\vec{N} = \vec{T}_r \times \vec{T}_\theta = \begin{vmatrix} \dfrac{1}{\sqrt{2}} & \dfrac{1}{\sqrt{2}} & 2\sqrt{2} \\ -1 & 1 & 0 \\ \vec{i} & \vec{j} & \vec{k} \end{vmatrix} = \dfrac{1}{\sqrt{2}} \begin{vmatrix} 1 & 1 & 4 \\ -1 & 1 & 0 \\ \vec{i} & \vec{j} & \vec{k} \end{vmatrix}$

$= \dfrac{1}{\sqrt{2}}(-4,-4,2) = -\dfrac{2}{\sqrt{2}}(2,2,-1)$

切平面方程式：

$\vec{N} \cdot \left[\vec{r} - (1,1,2)\right] = 0$

$-\dfrac{2}{\sqrt{2}}(2,2,-1) \cdot (x-1, y-1, z-2) = 0$

$2(x-1) + 2(y-1) - (z-2) = 0$

$\Rightarrow 2x + 2y - z = 2$

5-11 面積分基本觀念及計算

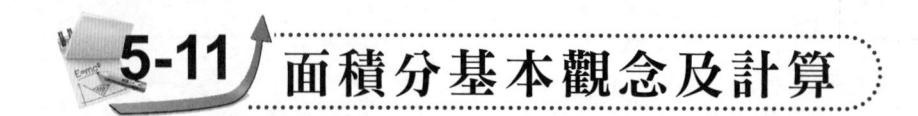

若向量函數沿著曲面積分稱為面,定義如下:

$$\iint_S \vec{F} \cdot d\vec{s} = \lim_{|ds| \to 0} \sum_{i=1}^{\infty} \vec{F}(\alpha_i, \beta_i, \gamma_i) d\vec{s}_i$$

其中 $(\alpha_i, \beta_i, \gamma_i)$ 是曲面 S 上的點,ds 是涵蓋 $(\alpha_i, \beta_i, \gamma_i)$ 的微分面積,$d\vec{s}$ 稱為曲面 S 上的有向微分面積。

$$d\vec{s} = \vec{n} ds$$

$\vec{n}$ 為 ds 所指的單位法線向量。

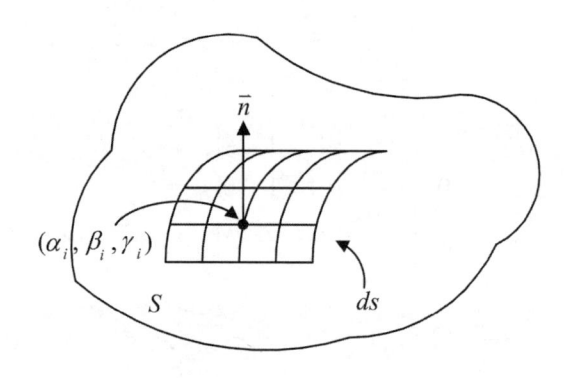

△圖 5.19　面積分

若 S 為封閉曲面,積分表示為 $\oiint_S \vec{F} \cdot d\vec{s}$

上述積分是內積為基礎,尚有其他型式的面積分。

(1) $\iint_S \phi ds$ 　　　　　(純量積)
(2) $\iint_S \nabla \phi d\vec{s}$ 　　　　(梯　度)
(3) $\iint_S \vec{F} \times d\vec{s}$ 　　　　(外　積)

關於面積分中微分面積的單位法線向量 $\vec{n}$ 可以下式求得曲面 S:

$$f(x, y, z) = 0$$

則曲面上任意點的指單位法線向量

$$\vec{n} = \frac{\nabla f}{|\nabla f|}$$

又根據上節所示，單位法線向量 $\vec{n}$ 可表示為

$$\vec{n} = \frac{\partial \vec{R}}{\partial u} \times \frac{\partial \vec{R}}{\partial v}$$

面積分可改為

$$\iint_S \vec{F} \cdot d\vec{s} = \iint_S \vec{F} \cdot \left(\frac{\partial \vec{R}}{\partial u} \times \frac{\partial \vec{R}}{\partial v} \right) du\, dv$$

例題 5-26

設曲面 $S: x + 2y + 3z = 6 \quad x > 0, y > 0, z > 0$
向量函數 $\vec{F}(x, y, z) = 3z\vec{i} - 5\vec{j} + 2y\vec{k}$
試求面積分 $\iint_S \vec{F} \cdot d\vec{s}$。

解

曲面 S 改以向量表示

$$\vec{R}(x, y) = x\vec{i} + y\vec{j} + \frac{1}{3}(6 - x - 2y)\vec{k}$$

其中 $x > 0$, $y > 0$, $z > 0 \quad 6 - x - 2y > 0$

則微分面積

$$d\vec{s} = \vec{n}\, dx\, dy = \left(\frac{\partial \vec{R}}{\partial x} \times \frac{\partial \vec{R}}{\partial y} \right) dx\, dy$$

其中 $\dfrac{\partial \vec{R}}{\partial x} = (1, 0, -\dfrac{1}{3})$

$\dfrac{\partial \vec{R}}{\partial y} = (0, 1, -\dfrac{2}{3})$

$\vec{n} = \left(\dfrac{\partial \vec{R}}{\partial x} \times \dfrac{\partial \vec{R}}{\partial y}\right) = \begin{vmatrix} \vec{i} & \vec{j} & \vec{k} \\ 1 & 0 & -\dfrac{1}{3} \\ 0 & 1 & -\dfrac{2}{3} \end{vmatrix} = (\dfrac{1}{3}, \dfrac{2}{3}, 1)$

$d\vec{s} = \vec{n}dxdy = (\dfrac{1}{3}, \dfrac{2}{3}, 1)dxdy$

面積分

$\iint_S \vec{F} \cdot d\vec{s} = \iint_S (3z, -5, 2y) \cdot (\dfrac{1}{3}, \dfrac{2}{3}, 1)dxdy = \iint_S \left(z - \dfrac{10}{3} + 2y\right)dxdy$

$= \iint_S \left(\dfrac{3z - 10 + 6y}{3}\right)dxdy = \int_{x=0}^{6} \int_{y=0}^{\frac{6-x}{2}} \dfrac{(6-x-2y) - 10 + 6y}{3}dydx$

$= \int_{x=0}^{6} \int_{y=0}^{\frac{6-x}{2}} \dfrac{-x + 4y - 4}{3}dydx = \int_0^6 \dfrac{2y^2 - (x+4)y}{3}\bigg|_0^{\frac{6-x}{2}}dx$

$= \int_0^6 \dfrac{\left[2(\dfrac{6-x}{2})^2 - (x+4)(\dfrac{6-x}{2})\right]}{3}dx = \int_0^6 \dfrac{\left[\dfrac{(6-x)^2 - (x+4)(6-x)}{2}\right]}{3}dx$

$= \int_0^6 \dfrac{\left[\dfrac{(36 - 2x + x^2) - (-x^2 + 2x + 24)}{2}\right]}{3}dx = \int_0^6 \dfrac{\left(\dfrac{2x^2 - 14x + 12}{2}\right)}{3}dx$

$= \int_0^6 \dfrac{x^2 - 7x + 6}{3}dx = \dfrac{1}{3}\left(\dfrac{x^3}{3} - 7\dfrac{x^2}{2} + 6x\right)\bigg|_0^6 = (24 - 42 + 12) = -6$

5-12 面積分與三重積分的轉換

高斯散度定理：對於一空間中之體積 V，其邊界為平滑之封閉曲面 S，則對於一定義於體積 V 內及曲面 S 上具有連續之一階導數之向量函數 $\vec{F}$，下列等式恆成立。

$$\iiint_V (\nabla \cdot \vec{F})\,dv = \oiint_S \vec{F} \cdot \vec{ds}$$

其中 dv 表體積 V 內之微分體積，有向微分面積 $\vec{ds}$ 之方向為背離體積 V 方向為正

例題 5-27

設 V 為封閉曲面 S 所包圍之體積，$\vec{F}$ 為定義於其中之向量函數

$$\vec{F} = (x, y, z) = x\vec{i} + y\vec{j} + z\vec{k}$$

試求 $\oiint_S \vec{F} \cdot \vec{ds}$。

解

根據高斯散度定理

$$\oiint_S \vec{F} \cdot \vec{ds} = \iiint_V (\nabla \cdot \vec{F})\,dv = \iiint_V (\frac{\partial}{\partial x}\vec{i} + \frac{\partial}{\partial y}\vec{j} + \frac{\partial}{\partial z}\vec{k}) \cdot (x\vec{i} + y\vec{j} + z\vec{k})\,dv$$

$$= \iiint_V \left(\frac{\partial x}{\partial x} + \frac{\partial y}{\partial y} + \frac{\partial z}{\partial z}\right)dv = \iiint_V 3\,dv = 3\iiint_V dv = 3V$$

例題 5-28

設 V 為封閉曲面 S[圓心為 $(0,0)$ 半徑為 r 之圓 ($x^2 + y^2 = r^2$)] 所包圍之球體體積，$\vec{F}$ 為定義於其中之向量函數

$$\vec{F} = (x, y, z) = 2x\vec{i} + 3y\vec{j} + 4z\vec{k}$$

試求 $\oiint_s \vec{F} \cdot d\vec{s}$ 。

解

根據高斯散度定理

$$\oiint_s \vec{F} \cdot d\vec{s} = \iiint_V (\nabla \cdot \vec{F}) dv = \iiint_V (\frac{\partial}{\partial x}\vec{i} + \frac{\partial}{\partial y}\vec{j} + \frac{\partial}{\partial z}\vec{k}) \cdot (2x\vec{i} + 3y\vec{j} + 4z\vec{k}) dv$$

$$= \iiint_V \left(\frac{\partial(2x)}{\partial x} + \frac{\partial(3y)}{\partial y} + \frac{\partial(4z)}{\partial z} \right) dv = \iiint_V 9 dv = 9 \iiint_V dv = 9V = 9(\frac{4}{3}\pi r^3) = 12\pi r^3$$

例題 5-29

設 V 為封閉曲面 S 所包圍之體積，$\vec{F}$ 為定義於其中之向量函數

$$\vec{F} = (x, y, z) = xy\vec{i} + yz\vec{j} + xz\vec{k}$$

試求 $\oiint_s \vec{F} \cdot d\vec{s}$ 。

其中封閉曲面 S 如下所示：

(a) $x = 0, x = 1, y = 0, y = 1, z = 0, z = 1$ 所圍成之封閉曲面。

(b) $x = 0, x = 3, y = 0, y = 2, z = 0, z = 1$ 所圍成之封閉曲面。

解

根據高斯散度定理

$$(a) \oiint_s \vec{F} \cdot d\vec{s} = \iiint_V (\nabla \cdot \vec{F}) dv = \iiint_V (\frac{\partial}{\partial x}\vec{i} + \frac{\partial}{\partial y}\vec{j} + \frac{\partial}{\partial z}\vec{k}) \cdot (xy\vec{i} + yz\vec{j} + zx\vec{k}) dv$$

$$= \iiint_V \left(\frac{\partial(xy)}{\partial x} + \frac{\partial(yz)}{\partial y} + \frac{\partial(zx)}{\partial z} \right) dv = \int_0^1 \int_0^1 \int_0^1 (x + y + z) dz dy dx$$

$$= \int_0^1 \int_0^1 (xz + yz + \frac{1}{2}z^2)\Big|_0^1 dy dx = \int_0^1 \int_0^1 (x + y + \frac{1}{2}) dy dx$$

$$= \int_0^1 (xy + \frac{1}{2}y^2 + \frac{1}{2}y)\Big|_0^1 dx = \int_0^1 (x + \frac{1}{2} + \frac{1}{2}) dx = \int_0^1 (x + 1) dx$$

$$= (\frac{1}{2}x^2 + x)\Big|_0^1 = \frac{1}{2} + 1 = \frac{3}{2}$$

(b) $\oiint_s \vec{F} \cdot d\vec{s} = \iiint_V (\nabla \cdot \vec{F}) dv = \iiint_V (\frac{\partial}{\partial x}\vec{i} + \frac{\partial}{\partial y}\vec{j} + \frac{\partial}{\partial z}\vec{k}) \cdot (xy\vec{i} + yz\vec{j} + zx\vec{k}) dv$

$= \iiint_V \left(\frac{\partial(xy)}{\partial x} + \frac{\partial(yz)}{\partial y} + \frac{\partial(zx)}{\partial z} \right) dv = \int_0^3 \int_0^2 \int_0^1 (x+y+z) dz\,dy\,dx$

$= \int_0^3 \int_0^2 (xz + yz + \frac{1}{2}z^2) \Big|_0^1 dy\,dx = \int_0^3 \int_0^2 (x+y+\frac{1}{2}) dy\,dx$

$= \int_0^3 (xy + \frac{1}{2}y^2 + \frac{1}{2}y) \Big|_0^2 dx = \int_0^1 (2x + \frac{4}{2} + \frac{2}{2}) dx = \int_0^3 (2x+3) dx$

$= (x^2 + 3x) \Big|_0^3 = 9 + 9 = 18$

5-13 斯托克斯(stokes)定理

若空間中曲面 S 為封閉曲線 C 所圍繞，若向量函數 $\vec{F}$ 在 S 及 C 上均具有連續之一階導數，則下式恆成立。

$$\iint_S (\nabla \times \vec{F}) \cdot d\vec{s} = \oint_C \vec{F} \cdot d\vec{r}$$

例題 5-30

對任一向量空間之位置向量 $\vec{R}(x,y,z) = x\vec{i} + y\vec{j} + z\vec{k}$，試求 $\oint_C \vec{R} \cdot d\vec{r}$，$C$ 為任意簡單封閉曲線。

解

由於 C 為任意曲線，無法直接求得積分，故由斯托克斯定理之左式，先求其 $\nabla \times \vec{R}$ 之值：

$$\nabla \times \vec{R} = \begin{vmatrix} \vec{i} & \vec{j} & \vec{k} \\ \frac{\partial}{\partial x} & \frac{\partial}{\partial y} & \frac{\partial}{\partial z} \\ x & y & z \end{vmatrix} = 0$$

故 $\oint_C \vec{R} \cdot d\vec{r} = \iint_s (\nabla \times \vec{R}) \cdot d\vec{s} = 0$

5-14 保守場與非保守場

設定 $\vec{F}$ 為在空間任意位置的向量場，假若它滿足以下三個等價的條件中任意一個條件，則可稱此向量場為保守向量場，反之稱之為非保守向量場：

(1) $\vec{F}$ 的旋度是零，即：

$$\nabla \times \vec{F} = 0$$

(2) 保守場內之向量 $\vec{F}$ 沿任意封閉曲線之線積分為零：

$$\oint_C \vec{F} \cdot d\vec{r} = 0$$

(3) 作用力 $\vec{F}$ 是某位勢 ϕ 的梯度：

$$\vec{F} = \nabla \phi$$

⇒線積分 $\int_C \vec{F} \cdot d\vec{r}$ 將與路徑無關

例題 5-31

$\vec{F} = (2x - e^y)\vec{i} + (2y - xe^y)\vec{j}$

(a) 其是否為保守場？

(b) 若是保守場，則求出其所對應之位勢函數 ϕ。

(c) 求線積分 $\int_{(1,1)}^{(-3,5)} \vec{F} \cdot d\vec{r}$，積分路徑 $C: xe^y y^2 + 3\cos x^2 y = 0$。

解

(a) 因為

$$\nabla \times \vec{F} = \begin{vmatrix} \vec{i} & \vec{j} & \vec{k} \\ \dfrac{\partial}{\partial x} & \dfrac{\partial}{\partial y} & \dfrac{\partial}{\partial z} \\ (2x - e^y) & (2y - xe^y) & 0 \end{vmatrix}$$

$$= (0-0)\vec{i} - (0-0)\vec{j} + (-e^y + e^y)\vec{k} = 0$$

故 $\vec{F}$ 為保守場，且積分與路徑無關。

(b) $\vec{F} = (2x - e^y)\vec{i} + (2y - xe^y)\vec{j} = \nabla\phi = \dfrac{\partial \phi}{\partial x}\vec{i} + \dfrac{\partial \phi}{\partial y}\vec{j}$

$\dfrac{\partial \phi}{\partial y} = 2y - xe^y \Rightarrow \phi = \int (2y - xe^y)dy + f(x) = y^2 - xe^y + f(x)$

$\dfrac{\partial \phi}{\partial x} = -e^y + f'(x) = 2x - e^y \Rightarrow f(x) = x^2$

$\therefore \phi = \int (2y - xe^y)dy + f(x) = y^2 - xe^y + x^2$

(c) 因 $\vec{F}$ 為保守場，故積分與路徑無關，

取任意路徑 C 從 $(1,1)$ 至 $(-3,5)$

由於

$\vec{F} \cdot d\vec{r} = \nabla\phi \cdot d\vec{r} = (\dfrac{\partial \phi}{\partial x}, \dfrac{\partial \phi}{\partial y}, \dfrac{\partial \phi}{\partial z}) \cdot (dx, dy, dz)$

$= \dfrac{\partial \phi}{\partial x}dx + \dfrac{\partial \phi}{\partial y}dy + \dfrac{\partial \phi}{\partial z}dz = d\phi \Rightarrow \phi = \int \vec{F} \cdot d\vec{r}$

所以
$$\int_{(1,1)}^{(-3,5)} \vec{F} \cdot d\vec{r} = \phi(-3,5) - \phi(1,1) = \left(y^2 - xe^y + x^2\right)\Big|_{(1,1)}^{(-3,5)}$$
$$= (25 + 3e^5 + 9) - (1 - e^y + 1) = 32 + 3e^5 + e^y$$

座標變換

若將平面上的極坐標系擴展到立體的空間，可擴展為圓柱座標及球座標。

❶ 直角座標 $P(x, y, z)$ 變換為圓柱座標 $P(r, \phi, z)$

令 $x = r\cos\phi, y = r\sin\phi, z = z, dV = rdrd\phi dz$

其中

$$r \geq 0,\ 0 \leq \phi \leq 2\pi,\ -\infty \leq z \leq \infty$$

❷ 直角座標 $P(x, y, z)$ 變換為球座標 $P(r, \theta, \phi)$

令 $x = r\sin\theta\cos\phi, y = r\sin\theta\sin\phi, z = r\cos\theta, dV = r^2\sin\theta drd\theta d\phi$

其中

$$r \geq 0,\ 0 \leq \theta \leq \pi,\ 0 \leq \phi \leq 2\pi$$

例題 5-32

利用球面座標，計算 $\iiint_V x^2 z\, dv$，其中 V 為 $x^2 + y^2 + z^2 = a^2$ 在 xy 平面上的體積。

解

令 $x = r\sin\theta\cos\phi, y = r\sin\theta\sin\phi, z = r\cos\theta, dV = r^2\sin\theta drd\theta d\phi$

其中

$0 \le r \le a,\ 0 \le \theta \le \dfrac{\pi}{2},\ 0 \le \phi \le 2\pi$

$$\iiint_V x^2 z\,dv = \int_0^{\frac{\pi}{2}} \int_0^{2\pi} \int_0^a (r\sin\theta\cos\phi)^2 (r\cos\theta)(r^2\sin\theta\,dr\,d\theta\,d\phi)$$

$$= \int_0^{\frac{\pi}{2}} \sin^3\theta\cos\theta\,d\theta \int_0^{2\pi} \cos^2\phi\,d\phi \int_0^a r^5\,dr$$

$$= \int_0^{\frac{\pi}{2}} \sin^3\theta\,d(\sin\theta) \int_0^{2\pi} \frac{1+\cos 2\phi}{2}\,d\phi \int_0^a r^5\,dr$$

$$= \left(\frac{1}{4}\sin^4\theta\Big|_0^{\frac{\pi}{2}}\right)\left(\frac{\phi}{2}+\frac{\sin 2\phi}{4}\Big|_0^{2\pi}\right)\left(\frac{1}{6}r^6\Big|_0^a\right) = \left(\frac{1}{4}\right)(\pi)\left(\frac{1}{6}a^6\right)$$

$$= \frac{\pi a^6}{24}$$

精選習題

5.1 向量 $\vec{A}=(1,1,1)$，$\vec{B}=(3,2,1)$，$\vec{C}=(1,0,-1)$，求：

(a) $\vec{A}$ 與 $\vec{B}$ 的夾角。

(b) 與 $\vec{A},\vec{B}$ 垂直的單位向量。

(c) $\vec{A}$ 在 $\vec{B}$ 方向的投影量。

(d) $(\vec{A}\times\vec{B})\cdot\vec{C}$

(e) 由 $\vec{A}$ 與 $\vec{B}$ 所展開之三角形面積。

解答 (a) $\theta = \cos^{-1}\dfrac{6}{\sqrt{42}} = 22.2076543° \approx 22.21°$

(b) $\vec{A}\times\vec{B} = \dfrac{3\vec{i}+2\vec{j}-9\vec{k}}{\sqrt{6}}$

(c) $P = |\vec{A}|\cos\theta = \dfrac{3\sqrt{14}}{7}$

(d) $(\vec{A} \times \vec{B}) \cdot \vec{C} = 0$

(e) 由 $\vec{A}$ 與 $\vec{B}$ 所展開之三角形面積 $= \frac{1}{2}|\vec{A} \times \vec{B}| = \frac{\sqrt{6}}{2}$

5.2 $\vec{A} = 3t^2\vec{i} + 2t\vec{j} - \vec{k}, \vec{B} = t\vec{i} + e^t\vec{j} + \sin t\vec{k}$，求：

(a) $\frac{d}{dt}(\vec{A} \cdot \vec{B}) = ?$

(b) $\frac{d}{dt}(\vec{A} \times \vec{B}) = ?$

【解答】(a) $9t^2 + 2(t+1)e^t - \cos t$

(b) $(2\sin t + 2t\cos t + e^t)\vec{i} - (6t\sin t + 3t^2\cos t + 1)\vec{j} + \left[3(t+2)te^t - 4t\right]\vec{k}$

5.3 求曲線 $x = \frac{2}{3}y^{\frac{3}{2}}$ 在 $y = 3$ 到 $y = 8$ 之間的弧長。

【解答】$\frac{38}{2}$

5.4 一曲線滿足 $\vec{R} = \cos t\vec{i} + \sin t\vec{j} + t\vec{k}$，求位於 $(1,0,0)$ 及 $(0,1,\frac{\pi}{2})$ 兩點之間的弧長。

【解答】$\frac{\sqrt{2}}{2}\pi$

5.5 曲線的位置向量 $\vec{R}(t) = 3\cos t\vec{i} + 3\sin t\vec{j} + 4t\vec{k}$，求：

(a) 單位切線向量 $\vec{r}(t)$。

(b) 單位主法線向量 $\vec{p}(t)$。

(c) 曲率 $k(s)$。

(d) 撓率 $\tau(s)$。

【解答】(a) $\vec{r}(t) = \frac{1}{5}(-3\sin t\vec{i} + 3\cos t\vec{j} + 4\vec{k})$

(b) $\vec{p}(t) = -\cos t\vec{i} - \sin t\vec{j}$

(c) $k(s) = \dfrac{1}{3}$

(d) $\tau(s) = \dfrac{4}{25}$

5.6 純量函數 $\phi(x, y, z) = 2xy + z^2$。

(a) 求在點 $P(1,-1,3)$ 之梯度。

(b) 在點 $P(1,-1,3)$ 處沿 $\vec{i} + 2\vec{j} + 2\vec{k}$ 之方向導數。

[解答] (a) $\nabla \phi_{p(1,-1,3)} = -2\vec{i} + 2\vec{j} + 6\vec{k}$

(b) $\left. \dfrac{\partial \phi}{\partial s} \right|_p = \vec{b} \cdot \nabla \phi(p) = \dfrac{14}{3}$

5.7 求下列各函數(ϕ)的梯度。

(a) $\phi = y^2 + xz$

(b) $\phi = x \cos yz$

(c) $\phi = x^2 + y^3 - xyz$

[解答] (a) $\nabla \phi = 2z\vec{i} + 2y\vec{j} + 2x\vec{k}$

(b) $\nabla \phi = \cos yz\vec{i} - xz \sin yz\vec{j} - xy \sin yz\vec{k}$

(c) $\nabla \phi = (2x - 3yz)\vec{i} + (3y^2 - 3xz)\vec{j} - 3xy\vec{k}$

5.8 $\vec{A} = y^2\vec{i} + 2x^2z\vec{j} - xyz\vec{k}$，求其(a)散度 $\nabla \cdot \vec{A}$，及(b)旋度 $\nabla \times \vec{A}$。

[解答] (a) $-xy$

(b) $-x(z + 2x)\vec{i} + yz\vec{j} + 2(2xz - y)\vec{k}$

5.9 求 $\displaystyle\int_C (x^2 + y^2 + z^2)^2 ds$，其中 C 為螺線由 $(1,0,0)$ 到 $(-1,0,2\pi)$ 之位置向量 $\vec{R}(t) = \cos t\vec{i} + \sin t\vec{j} + 2t\vec{k}$。

解答 $\sqrt{5}(\pi + \frac{8}{3}\pi^3 + \frac{16}{5}\pi^5)$

5.10 $\vec{F} = 2y\vec{i} + z\vec{j} - x^2\vec{k}$ 試求 $\int_{0,0,0}^{1,1,1} \vec{F} \cdot d\vec{R}$ 其中 $\vec{R}$ 沿著點 $P_1(0,0,0)$ 到 $P_2(0,1,0)$ 至 $P_3(0,1,1)$ 至 $P_4(1,1,1)$。

解答 2

5.11 $\vec{F} = 2y\vec{i} - x\vec{j} + z\vec{k}$，$C$ 為 $x^2 + y^2 = r^2$ 之圓周，試求 $\oint_C \vec{F} \cdot d\vec{R}$。

解答 $-3\pi r^2$

5.12 $\vec{F} = xy\vec{i} - x\vec{j}$，試求 $\oint_C \vec{F} \cdot d\vec{R}$，其中 C 為 $x^2 + y^2 = 4$ 與 $x^2 + y^2 = 16$ 的邊界。

解答 -12π

5.13 向量空間中，若存在某一向量函數 $\vec{F} = -y^2\vec{i} + (x^2 - xy)\vec{j}$，試求其線積分 $\oint_C \vec{F} \cdot d\vec{r} = ?$

其中，C 如下圖中所示，係由拋物線 $y = x^2$ 與直線 $y = x$ 所圍區域的封閉曲線。

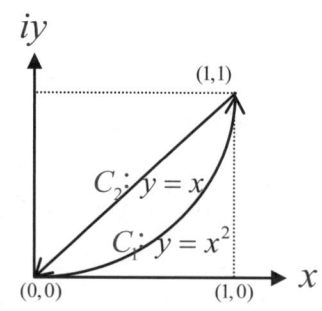

解答 $\dfrac{7}{30}$

5.14 試求通過點 $P(1,-2,3)$ 的平面方程式，其法向量 $\vec{N} = (0,1,-1)$。

解答 $y - z = 1$

5.15 証明 $\int_C \vec{R} \cdot d\vec{R} = 0$，其中 C 是封閉曲線

解答 $\oint_C \vec{R} \cdot d\vec{R} = \iint_S (\nabla \times \vec{R}) \cdot d\vec{S} = 0$

5.16 試利用斯托克斯定理求 $\oint_C \vec{F} \cdot d\vec{r}$，其中 $\vec{F}(x,y,z) = 2y\vec{i} - 3x\vec{j} + 4z\vec{k}$，$S$ 為 $x^2 + y^2 + z^2 = r^2$，C 為 S 之邊界(亦即 $x^2 + y^2 = r^2$ 之圓周)。

解答 $-5\pi r^2$

5.17 設曲面 $S: x+y+z=1$　$x>0, y>0, z>0$，向量函數 $\vec{F}(x,y,z) = y\vec{i} - 2x\vec{j}$ 試求面積分 $\iint_S \vec{F} \cdot d\vec{s}$。

解答 $-\dfrac{1}{2}$

5.18 利用球面座標，求 $\iint_s (x+y+z) ds$，其中 s 為球 $x^2 + y^2 + z^2 = a^2$，在第一象限。

解答 0

5.19 $\vec{F} = 2y\vec{i} + 3x\vec{j} + 5z\vec{k}$ 試計算 $\int_V \nabla \cdot \vec{F} dv$，其中 V 是立方體，頂點座標為 $(0,0,0), (1,0,0), (1,1,0), (0,0,1), (1,0,1), (1,1,1), (0,1,1), (0,1,0)$

解答 5

chapter 6 矩陣
Matrix

本章大綱

- 6-1 基本觀念、定義
- 6-2 矩陣基本運算
- 6-3 聯立方程式的解法
- 6-4 特徵值與特徵向量
- 6-5 矩陣的應用

6-1 基本觀念、定義

在數學上，一個所謂 $m \times n$ 的矩陣係由 m 列及 n 行元素所排列而成的矩形陣列，由於其排列成的形狀為矩形，故稱之為矩陣，而其形態如下：

$$\begin{pmatrix} a_{11} & a_{12} & \cdots & a_{1n} \\ a_{21} & a_{22} & \cdots & a_{2n} \\ \vdots & & & \vdots \\ a_{m1} & a_{m2} & \cdots & a_{mn} \end{pmatrix}_{m \times n} \quad \text{或} \quad \begin{bmatrix} a_{11} & a_{12} & \cdots & a_{1n} \\ a_{21} & a_{22} & \cdots & a_{2n} \\ \vdots & & & \vdots \\ a_{m1} & a_{m2} & \cdots & a_{mn} \end{bmatrix}_{m \times n}$$

矩陣內的元素以 a_{ij} 表示，即位於第 i 列及 j 行的元素。

以下就是最典型的矩陣類型：

$$(a)\begin{bmatrix} a_{11} & a_{12} \\ a_{21} & a_{22} \end{bmatrix}_{2 \times 2} \quad (b)\begin{bmatrix} a_{11} & a_{12} & a_{13} \\ a_{21} & a_{22} & a_{23} \\ a_{31} & a_{32} & a_{33} \end{bmatrix}_{3 \times 3} \quad (c)\begin{bmatrix} a_{11} & a_{12} & a_{13} \\ a_{21} & a_{22} & a_{23} \end{bmatrix}_{2 \times 3} \quad (d)\begin{bmatrix} a_{11} & a_{12} \\ a_{21} & a_{22} \\ a_{31} & a_{32} \end{bmatrix}_{3 \times 2}$$

實際的矩陣例子：

$$(a)\begin{bmatrix} 1 & -2 \\ -3 & 4 \end{bmatrix}_{2 \times 2} \quad (b)\begin{bmatrix} 1 & 0 & 4 \\ 7 & 5 & 9 \\ 6 & 8 & 3 \end{bmatrix}_{3 \times 3} \quad (c)\begin{bmatrix} 1 & 6 & 3 \\ 4 & 2 & 5 \end{bmatrix}_{2 \times 3} \quad (d)\begin{bmatrix} 1 & -4 \\ 5 & 2 \\ -3 & 6 \end{bmatrix}_{3 \times 2}$$

矩陣為高等數學及高科技應用中非常重要的工具，舉凡數學、電子、電機、機械、化工、土木、材料、力學、光學和量子物理學中都有其應用；而在計算機科學領域中，製作二維、三維動畫亦需藉助矩陣。矩陣運算乃數值分析領域中之極重要課題。

例題 6-1

說明下列矩陣為何種 $m \times n$ 階矩陣，其元素：

(a)$a_{12} = ?$ (b)$a_{32} = ?$ (c)$a_{24} = ?$ (d)$a_{42} = ?$

$(a)\begin{bmatrix} 1 & -2 & 0 \\ -3 & 5 & -4 \end{bmatrix}_{2\times 3}$ $(b)\begin{bmatrix} 0 & 3 \\ 5 & -2 \\ -1 & 4 \end{bmatrix}_{3\times 2}$ $(c)\begin{bmatrix} 3 & 6 & 0 & 2 \\ -1 & 3 & 0 & -2 \\ 1 & 5 & 4 & 7 \end{bmatrix}_{3\times 4}$ $(d)\begin{bmatrix} 1 & -7 & 4 \\ 2 & 6 & -2 \\ -5 & 0 & 3 \\ 2 & 5 & -3 \end{bmatrix}_{4\times 3}$

$a_{12}=-2$ $\qquad a_{32}=4 \qquad a_{24}=-2 \qquad a_{42}=5$

※若 $m=n$，則此矩陣稱之為 n 階方陣。

特殊矩陣係指矩陣內之元素滿足一定規律的矩陣，歸納如下：

1. **零矩陣**：矩陣的所有元素都為 0 的矩陣，例如：

   $(a)\begin{bmatrix} 0 & 0 \\ 0 & 0 \end{bmatrix}_{2\times 2}$ $(b)\begin{bmatrix} 0 & 0 & 0 \\ 0 & 0 & 0 \\ 0 & 0 & 0 \end{bmatrix}_{3\times 3}$ $(c)\begin{bmatrix} 0 & 0 & 0 \\ 0 & 0 & 0 \end{bmatrix}_{2\times 3}$ $(d)\begin{bmatrix} 0 & 0 \\ 0 & 0 \\ 0 & 0 \end{bmatrix}_{3\times 2}$

2. **單位矩陣**：

   如果一個 $n\times n$ 方陣 $[a_{ij}]$ 滿足：當 $i=j$ 時，$a_{ij}=1$、當 $i\neq j$ 時，$a_{ij}=0$，也就是主對角線之元素皆為 1，其餘元素皆為 0。則稱該矩陣為 n 階單位矩陣，以 I 表示

   例如：$(a)I=\begin{bmatrix} 1 & 0 \\ 0 & 1 \end{bmatrix}$, $(b)I=\begin{bmatrix} 1 & 0 & 0 \\ 0 & 1 & 0 \\ 0 & 0 & 1 \end{bmatrix}$; $(c)I=\begin{bmatrix} 1 & 0 & 0 & 0 \\ 0 & 1 & 0 & 0 \\ 0 & 0 & 1 & 0 \\ 0 & 0 & 0 & 1 \end{bmatrix}$

3. **對角線矩陣**：

   對角矩陣是指從左上到右下的對角線外，其餘元素全部為 0 的矩陣。

   例如：$(a)A=\begin{bmatrix} 1 & 0 \\ 0 & 2 \end{bmatrix}$ $(b)A=\begin{bmatrix} 1 & 0 & 0 \\ 0 & -2 & 0 \\ 0 & 0 & 3 \end{bmatrix}$ $(c)A=\begin{bmatrix} 1 & 0 & 0 & 0 \\ 0 & 2 & 0 & 0 \\ 0 & 0 & 3 & 0 \\ 0 & 0 & 0 & 4 \end{bmatrix}$

4. **轉置矩陣：**

   一個($m \times n$)矩陣 A，將 A 中之行與列相互調換所形成的矩陣，稱之為 A 的轉置矩陣，以 A^T 表示。

   例如：$A = \begin{bmatrix} 1 & 6 & 4 \\ 7 & 2 & 6 \\ 5 & 8 & 9 \end{bmatrix} \Rightarrow A^T = \begin{bmatrix} 1 & 7 & 5 \\ 6 & 2 & 8 \\ 4 & 6 & 9 \end{bmatrix}$

5. **對稱與反對稱矩陣：**

   轉置矩陣和原矩陣相等($A^T = A$)⇒對稱矩陣。

   轉置矩陣和原矩陣的加法逆元相等($A^T = -A$)⇒反對稱矩陣。

   ※對稱與反對稱矩陣皆為方形矩陣。

   例如：對稱矩陣 $\begin{bmatrix} 1 & -2 \\ -2 & 3 \end{bmatrix}$，反對稱矩陣 $\begin{bmatrix} 0 & -2 \\ 2 & 0 \end{bmatrix}$

6. **共軛矩陣：**

   將矩陣 A 內之所有元素取其共軛值而形成的矩陣，稱之為 A 的共軛矩陣，以 $\overline{A}$ 表示。

   例如：$A = \begin{bmatrix} 2+i & -3i \\ 4-i & 1-i \end{bmatrix} \Rightarrow$ 共軛矩陣 $\overline{A} = \begin{bmatrix} 2-i & 3i \\ 4+i & 1+i \end{bmatrix}$

7. **共軛轉置矩陣：**

   將矩陣 A 之所有元素取共軛轉置而形成的矩陣，稱之為 A 的共軛轉置矩陣，以 $A^* = (\overline{A})^T = \overline{(A^T)}$ 表示。

   例如：$A = \begin{bmatrix} 3 & 1-i \\ 1+2i & -5i \end{bmatrix}$ $A^* = \begin{bmatrix} 3 & 1-2i \\ 1+i & -5i \end{bmatrix}$

8. **赫密特與反赫密特矩陣：**

   將任一含複數之矩陣，取共軛轉置後，觀察其結果，

   若 $A^* = A \Rightarrow A$ 為赫密特矩陣。

   若 $A^* = -A \Rightarrow A$ 為反赫密特矩陣。

例如： $A = \begin{bmatrix} 3 & 1-i \\ 1+i & 2 \end{bmatrix} = A^*$ 赫密特矩陣

$A = \begin{bmatrix} 3i & 2+i \\ -2+i & i \end{bmatrix} = -A^*$ 反赫密特矩陣

9. **矩陣之行列式：**

若矩陣 A 為 n 階方陣，則所對應之行列式如下：

$$det(A) = |A| = \begin{vmatrix} a_{11} & a_{12} & \cdots & a_{1n} \\ a_{21} & a_{22} & \cdots & a_{2n} \\ \vdots & & & \\ a_{n1} & a_{n2} & \cdots & a_{nn} \end{vmatrix}$$

二階方陣 $\Rightarrow |A| = \begin{vmatrix} a_{11} & a_{12} \\ a_{21} & a_{22} \end{vmatrix} = a_{11}a_{22} - a_{12}a_{21}$

例如： $A = \begin{vmatrix} 2 & 1 \\ 3 & 4 \end{vmatrix} = 8 - 3 = 5$

三階方陣 $\Rightarrow$

$$|A| = \begin{vmatrix} a_{11} & a_{12} & a_{13} \\ a_{21} & a_{22} & a_{23} \\ a_{31} & a_{32} & a_{33} \end{vmatrix}$$

$= a_{11}a_{22}a_{33} + a_{12}a_{23}a_{31} + a_{13}a_{32}a_{21} - a_{13}a_{22}a_{31} - a_{23}a_{32}a_{11} - a_{33}a_{21}a_{12}$

例如： $A = \begin{bmatrix} 4 & -2 & 1 \\ 3 & 0 & -5 \\ 1 & -3 & -4 \end{bmatrix}$

$|A| = (4)(0)(-4) + (-2)(-5)(1) + (1)(-3)(3) - (1)(0)(1) - (-5)(-3)(4) - (-4)(3)(-2)$
$= 0 + 10 - 9 - 0 - 60 - 24 = -83$

當 $n > 3$ 時，須採用降階法，請參考附錄 G，亦或使用下述行列式特性。

行列式的特性：

① 行列式之任一行(列)元素全為 0，則此行列式的值為 0。例如：

$$|A| = \begin{vmatrix} 4 & -2 & 1 \\ 0 & 0 & 0 \\ 1 & -3 & -4 \end{vmatrix}, \quad |B| = \begin{vmatrix} 4 & 0 & 1 \\ -2 & 0 & -3 \\ 1 & 0 & -4 \end{vmatrix} = 0$$

② 行列式之某一行(列)有公因子 k，則可以提出 k。例如：

$$|A| = \begin{vmatrix} 4 & 2 & 1 \\ 3 & 4 & -5 \\ 1 & 6 & -4 \end{vmatrix} = 2 \begin{vmatrix} 4 & 1 & 1 \\ 3 & 2 & -5 \\ 1 & 3 & -4 \end{vmatrix}, \quad |B| = \begin{vmatrix} 4 & 2 & 1 \\ 3 & 6 & 9 \\ 1 & 6 & -4 \end{vmatrix} = 3 \begin{vmatrix} 4 & 2 & 1 \\ 1 & 2 & 3 \\ 1 & 6 & -4 \end{vmatrix}$$

③ 行列式之某一行(列)的每個元素是兩數之和，則此行列式可拆分為兩個相加的行列式。例如：

$$|A| = \begin{vmatrix} 4 & -2 & 1 \\ 1+4 & 2+5 & 3+6 \\ 1 & -3 & -4 \end{vmatrix} = \begin{vmatrix} 4 & -2 & 1 \\ 1 & 2 & 3 \\ 1 & -3 & -4 \end{vmatrix} + \begin{vmatrix} 4 & -2 & 1 \\ 4 & 5 & 6 \\ 1 & -3 & -4 \end{vmatrix}$$

④ 行列式之兩行(列)互換，結果為原行列式乘以負符號。例如：

$$|A| = \begin{vmatrix} 4 & -2 & 1 \\ 3 & 0 & -5 \\ 1 & -3 & -4 \end{vmatrix} = - \begin{vmatrix} 3 & 0 & -5 \\ 4 & -2 & 1 \\ 1 & -3 & -4 \end{vmatrix} = - \begin{vmatrix} 4 & 1 & -2 \\ 3 & -5 & 0 \\ 1 & -4 & -3 \end{vmatrix}$$

⑤ 行列式若有任兩行(列)對應成比例或相同，則此行列式的值為 0。例如：

$$|A| = \begin{vmatrix} 4 & -2 & 1 \\ 1 & -3 & -4 \\ 1 & -3 & -4 \end{vmatrix} = 0, \quad |B| = \begin{vmatrix} 4 & -2 & 1 \\ 1 & -3 & -4 \\ 2 & -6 & -8 \end{vmatrix} = 0, \quad |C| = \begin{vmatrix} 1 & -2 & 2 \\ 2 & -3 & 4 \\ 3 & -6 & 6 \end{vmatrix} = 0$$

⑥ 將行列式中任一行(列)乘以 k 倍加至另一行(列)裡，行列式的值不變。例如：

$$|A| = \begin{vmatrix} 1 & 2 & 1 \\ 2 & 5 & 0 \\ 3 & -3 & 4 \end{vmatrix} = \begin{vmatrix} 1 & 2 & 1 \\ 0 & 1 & -2 \\ 3 & -3 & 4 \end{vmatrix} = \begin{vmatrix} 1 & 2 & 1 \\ 0 & 1 & -2 \\ 0 & -9 & 1 \end{vmatrix} = (1)\begin{vmatrix} 1 & -2 \\ -9 & 1 \end{vmatrix} = -17$$

⑦ 將行列式中的行、列互換，行列式的值不變。例如：

$$|A| = \begin{vmatrix} 1 & 2 & 3 \\ 4 & 5 & 6 \\ 7 & 8 & 9 \end{vmatrix} = \begin{vmatrix} 1 & 4 & 7 \\ 2 & 5 & 8 \\ 3 & 6 & 9 \end{vmatrix}$$

〔附註〕：行列式值的計算：

如果 $|A| = \begin{vmatrix} a_{11} & a_{12} & \cdots & a_{1n} \\ a_{21} & a_{22} & \cdots & a_{2n} \\ \cdots & \cdots & \cdots & \cdots \\ a_{m1} & a_{m2} & \cdots & a_{mn} \end{vmatrix}$

當 $n = 2$ 時，$|A| = a_{11}a_{22} - a_{12}a_{21}$

當 $n = 3$ 時，

$|A| = (a_{11}a_{22}a_{33} + a_{12}a_{23}a_{31} + a_{13}a_{32}a_{21}) - (a_{31}a_{22}a_{13} + a_{11}a_{23}a_{32} + a_{12}a_{21}a_{33})$

當 $n \geq 4$ 時，必須經由降階法

例如 $|A| = \begin{vmatrix} a_{11} & a_{12} & a_{13} & a_{14} \\ a_{21} & a_{22} & a_{23} & a_{24} \\ a_{31} & a_{32} & a_{33} & a_{34} \\ a_{41} & a_{42} & a_{43} & a_{44} \end{vmatrix}$

$= a_{11}|M_{11}| + a_{12}|M_{12}| + a_{13}|M_{13}| + a_{14}|M_{14}|$

其中 $|M_{11}|, |M_{12}|, |M_{13}|, |M_{14}|$ 分別是 $a_{11}, a_{12}, a_{13}, a_{14}$ 的餘因子。

10. **子行列式、餘因子與伴隨矩陣：**

    子行列式：
    對一個 $n \times n$ 矩陣 A，在 (i, j) 的**子行列式** M_{ij} 定義為刪掉 A 的第 i 列與第 j 行後得到的行列式。

    餘因子： 令 $C_{ij} := (-1)^{i+j} M_{ij}$，稱為 A 在 (i, j) 的**餘因子**。

    伴隨矩陣：
    以各餘因子為元素所構成之餘因子矩陣，取其轉置後所得的矩陣，稱之為 A 矩陣的伴隨矩陣(adjoint matrix)，以 $adj\ A$ 表示。

    例如：$A = \begin{bmatrix} 0 & -4 & 1 \\ -1 & 2 & 3 \\ 2 & 0 & -5 \end{bmatrix} \Rightarrow adj\ A = \begin{bmatrix} -10 & -20 & -14 \\ 1 & -2 & 1 \\ -4 & 8 & -4 \end{bmatrix}$，計算如下：

    a_{11} 之餘因子 $|M_{11}| = 1 \cdot \begin{vmatrix} 2 & 3 \\ 0 & -5 \end{vmatrix} = -10$

    a_{12} 之餘因子 $|M_{12}| = (-1) \cdot \begin{vmatrix} -1 & 3 \\ 2 & -5 \end{vmatrix} = 1$

    a_{13} 之餘因子 $|M_{13}| = 1 \cdot \begin{vmatrix} -1 & 2 \\ 2 & 0 \end{vmatrix} = -4$

    a_{21} 之餘因子 $|M_{21}| = (-1) \cdot \begin{vmatrix} -4 & 1 \\ 0 & -5 \end{vmatrix} = -20$

    a_{22} 之餘因子 $|M_{22}| = 1 \cdot \begin{vmatrix} 0 & 1 \\ 2 & -5 \end{vmatrix} = -2$

    a_{23} 之餘因子 $|M_{23}| = (-1) \cdot \begin{vmatrix} 0 & -4 \\ 2 & 0 \end{vmatrix} = 8$

    a_{31} 之餘因子 $|M_{31}| = 1 \cdot \begin{vmatrix} -4 & 1 \\ 2 & 3 \end{vmatrix} = -14$

    a_{32} 之餘因子 $|M_{32}| = (-1) \cdot \begin{vmatrix} 0 & 1 \\ -1 & 3 \end{vmatrix} = 1$

$$a_{33} \text{之餘因子} |M_{33}| = 1 \cdot \begin{vmatrix} 0 & -4 \\ -1 & 2 \end{vmatrix} = -4$$

$$adj\ A = \begin{bmatrix} |M_{11}| & |M_{12}| & |M_{13}| \\ |M_{21}| & |M_{22}| & |M_{23}| \\ |M_{31}| & |M_{32}| & |M_{33}| \end{bmatrix}^T = \begin{bmatrix} -10 & 1 & -4 \\ -20 & -2 & 8 \\ -14 & 1 & -4 \end{bmatrix}^T = \begin{bmatrix} -10 & -20 & -14 \\ 1 & -2 & 1 \\ -4 & 8 & -4 \end{bmatrix}$$

11. **矩陣的秩**：

(1) 一個矩陣 A 的列秩是 A 的線性獨立的縱列的極大數目。

同樣地，行秩是 A 的線性獨立的橫行的極大數目。

(2) 矩陣的列秩和行秩總是相等的，因此可以簡單地稱作矩陣 A 的秩。通常表示為 $rank(A)$。

例如：$A = \begin{bmatrix} 1 & -1 & 4 & 2 \\ 0 & 1 & 3 & 2 \\ 3 & -2 & 15 & 8 \end{bmatrix}$

3 階子方陣

$$\begin{vmatrix} 1 & -1 & 4 \\ 0 & 1 & 3 \\ 3 & -2 & 15 \end{vmatrix} = 0, \begin{vmatrix} 1 & -1 & 2 \\ 0 & 1 & 2 \\ 3 & -2 & 8 \end{vmatrix} = 0, \begin{vmatrix} 1 & 4 & 2 \\ 0 & 3 & 2 \\ 3 & 15 & 8 \end{vmatrix} = 0,$$

$$\begin{vmatrix} -1 & 4 & 2 \\ 1 & 3 & 2 \\ -2 & 15 & 8 \end{vmatrix} = 0$$

$\Rightarrow$ 所有 3 階子方陣均為奇異方陣，而 2 階子方陣

$$\begin{vmatrix} 1 & -1 \\ 0 & 1 \end{vmatrix} = 1 \neq 0$$

$\Rightarrow rank(A) = 2$

※另解：A 的約化形式矩陣的秩 $rank(A_R) = A$ 矩陣的秩 $rank(A)$

$$A = \begin{bmatrix} 1 & -1 & 4 & 2 \\ 0 & 1 & 3 & 2 \\ 3 & -2 & 15 & 8 \end{bmatrix} \sim \begin{bmatrix} 1 & 0 & 7 & 4 \\ 0 & 1 & 3 & 2 \\ 3 & -2 & 15 & 8 \end{bmatrix} \sim \begin{bmatrix} 1 & 0 & 7 & 4 \\ 0 & 1 & 3 & 2 \\ 0 & -2 & -6 & -4 \end{bmatrix} \sim \begin{bmatrix} 1 & 0 & 7 & 4 \\ 0 & 1 & 3 & 2 \\ 0 & 0 & 0 & 0 \end{bmatrix}$$

$\Rightarrow rank(A) = 2$

12. **奇異方陣與非奇異方陣：**

    若 $n \times n$ 方陣，其行列式值為 0，稱為奇異方陣；若行列式值不為 0，則稱之為非奇異方陣。

    例如：$A = \begin{bmatrix} 1 & 3 \\ 2 & 6 \end{bmatrix}$ 為奇異方陣，$B = \begin{bmatrix} 3 & 2 \\ 4 & 5 \end{bmatrix}$ 為非奇異方陣

例題 6-2

求出下列行列式之值。

(a) $\begin{vmatrix} 0 & 1 & 2 & 3 \\ -1 & 0 & 1 & 2 \\ -2 & -1 & 0 & 3 \\ -3 & -2 & -3 & 0 \end{vmatrix}$, (b) $\begin{vmatrix} 1 & a & a^2 & a^3 \\ 1 & b & b^2 & b^3 \\ 1 & c & c^2 & c^3 \\ 1 & d & d^2 & d^3 \end{vmatrix}$

解

(a) $\begin{vmatrix} 0 & 1 & 2 & 3 \\ -1 & 0 & 1 & 2 \\ -2 & -1 & 0 & 3 \\ -3 & -2 & -3 & 0 \end{vmatrix} = \begin{vmatrix} 0 & 1 & 2 & 3 \\ -1 & 0 & 1 & 2 \\ -2 & 0 & 2 & 6 \\ -3 & 0 & 1 & 6 \end{vmatrix} = (-1)\begin{vmatrix} -1 & 1 & 2 \\ -2 & 2 & 6 \\ -3 & 1 & 6 \end{vmatrix}$

$= 2\begin{vmatrix} 1 & 1 & 2 \\ 1 & 1 & 3 \\ 3 & 1 & 6 \end{vmatrix} = 2\begin{vmatrix} 1 & 1 & 2 \\ 0 & 0 & 1 \\ 2 & 0 & 4 \end{vmatrix} = -2\begin{vmatrix} 0 & 1 \\ 2 & 4 \end{vmatrix} = (-2)(-2) = 4$

(b) $\begin{vmatrix} 1 & a & a^2 & a^3 \\ 1 & b & b^2 & b^3 \\ 1 & c & c^2 & c^3 \\ 1 & d & d^2 & d^3 \end{vmatrix} = \begin{vmatrix} 1 & a & a^2 & a^3 \\ 0 & b-a & b^2-a^2 & b^3-a^3 \\ 0 & c-a & c^2-a^2 & c^3-a^3 \\ 0 & d-a & d^2-a^2 & d^3-a^3 \end{vmatrix} = \begin{vmatrix} b-a & b^2-a^2 & b^3-a^3 \\ c-a & c^2-a^2 & c^3-a^3 \\ d-a & d^2-a^2 & d^3-a^3 \end{vmatrix}$

$= (b-a)(c-a)(d-a)\begin{vmatrix} 1 & b+a & b^2+ab+a^2 \\ 1 & c+a & c^2+ac+a^2 \\ 1 & d+a & d^2+ad+a^2 \end{vmatrix}$

$$= (b-a)(c-a)(d-a)\begin{vmatrix} 1 & b+a & b^2+ab+a^2 \\ 0 & c-b & (c^2-b^2)+(ac-ab) \\ 0 & d-b & (d^2-b^2)+(ad-ab) \end{vmatrix}$$

$$= (b-a)(c-a)(d-a)(c-b)(d-b)\begin{vmatrix} 1 & b+a & b^2+ab+a^2 \\ 0 & 1 & (c+b)+(a) \\ 0 & 1 & (d+b)+(a) \end{vmatrix}$$

$$= (b-a)(c-a)(d-a)(c-b)(d-b)(d-c)$$

$$= (a-b)(a-c)(a-d)(b-c)(b-d)(c-d)$$

6-2 矩陣基本運算

(1) 矩陣的相等：

兩 $m \times n$ 階的矩陣 $A = [a_{ij}]$，$B = [b_{ij}]$，若關於一切 i, j 滿足 $1 \leq i \leq m$，$1 \leq j \leq n$ 且 $a_{ij} = b_{ij}$，則稱二矩陣相等，以 $A = B$ 表示。

例題 6-3

若 $A = \begin{bmatrix} 3 & 1 \\ 2 & 4 \end{bmatrix}_{2\times 2}$，$B = \begin{bmatrix} 1 & -4 & 3 \\ -5 & 2 & -6 \end{bmatrix}_{2\times 3}$，$C = \begin{bmatrix} a & b & c \\ d & e & f \end{bmatrix}_{2\times 3}$

上式三個矩陣中，由於 $m \times n$ 階數不同，顯然 $A \neq C$

假設 $B = C$，則 $a = 1, b = -4, c = 3, d = -5, e = 2, f = -6$。

(2) 矩陣的加減法：

設 $A = [a_{ij}]_{m\times n}$，$B = [b_{ij}]_{m\times n}$，$C = [c_{ij}]_{m\times n}$，若 $C = A \pm B$，則 $c_{ij} = a_{ij} \pm b_{ij}$

例題 6-4

$A = \begin{bmatrix} 1 & 2 \\ 3 & 4 \end{bmatrix}$，$B = \begin{bmatrix} 2 & 6 \\ 8 & 4 \end{bmatrix}$，$C = \begin{bmatrix} 3 & 7 \\ 9 & 5 \end{bmatrix}$

則 $A + B = \begin{bmatrix} 3 & 8 \\ 11 & 8 \end{bmatrix}$，$C - B = \begin{bmatrix} 1 & 1 \\ 1 & 1 \end{bmatrix}$

(3) 矩陣與純量之乘積：

設 $A = [a_{ij}]_{m \times n} \Rightarrow kA = [ka_{ij}]_{m \times n}$，即矩陣內所有元素乘上純量。

例題 6-5

$A = \begin{bmatrix} 2 & 4 \\ 6 & 8 \end{bmatrix}$，$|A| = \begin{vmatrix} 2 & 4 \\ 6 & 8 \end{vmatrix}$

求 A 的簡化矩陣，以及求 $|A|$ 之值，請思考其計算有何不同之處。

解

$A = \begin{bmatrix} 2 & 4 \\ 6 & 8 \end{bmatrix} = 2\begin{bmatrix} 1 & 2 \\ 3 & 4 \end{bmatrix} \Rightarrow$ 矩陣內所有元素皆有共同值，方可提出。

$|A| = \begin{vmatrix} 2 & 4 \\ 6 & 8 \end{vmatrix} = 2\begin{vmatrix} 1 & 2 \\ 6 & 8 \end{vmatrix} = (2)(2)\begin{vmatrix} 1 & 2 \\ 3 & 4 \end{vmatrix} = -8 \Rightarrow$ 行列式內任一行(列)若有共同值，皆可提出。

(4) 兩矩陣之乘積：

矩陣相乘最重要的方法是一般矩陣乘積。它只有在第一個矩陣的欄數(column)和第二個矩陣的列數(row)相同時才有定義。

設 $A = [a_{ij}]_{m \times n}$，$B = [b_{ij}]_{n \times p}$，$C = [c_{ij}]_{m \times p}$，若 $C = A \times B$，

則 $C_{ij} = \sum_{r=1}^{n} a_{ir} \cdot b_{rj} = (a_{i1} \ a_{i2} \ \cdots \ a_{in})(b_{1j} \ b_{2j} \ \cdots \ b_{nj})$

例題 6-6

求下列所示之各個矩陣的乘積。

$(a) \begin{bmatrix} 1 & 2 & 3 \\ 4 & 5 & 6 \end{bmatrix} \begin{bmatrix} 1 & 4 \\ 2 & 5 \\ 3 & 6 \end{bmatrix}$, $(b) \begin{bmatrix} 1 & 4 \\ 2 & 5 \\ 3 & 6 \end{bmatrix} \begin{bmatrix} 1 & 2 & 3 \\ 4 & 5 & 6 \end{bmatrix}$, $(c) \begin{bmatrix} 1 & 2 \\ 3 & 4 \end{bmatrix} \begin{bmatrix} 1 & 4 \\ 2 & 5 \\ 3 & 6 \end{bmatrix}$, $(d) \begin{bmatrix} 1 & 4 \\ 2 & 5 \\ 3 & 6 \end{bmatrix} \begin{bmatrix} 1 & 2 \\ 3 & 4 \end{bmatrix}$

解

$(a) \begin{bmatrix} 1 & 2 & 3 \\ 4 & 5 & 6 \end{bmatrix}_{2\times 3} \begin{bmatrix} 1 & 4 \\ 2 & 5 \\ 3 & 6 \end{bmatrix}_{3\times 2} = \begin{bmatrix} 1\times1+2\times2+3\times3 & 1\times4+2\times5+3\times6 \\ 4\times1+5\times2+6\times3 & 4\times4+5\times5+6\times6 \end{bmatrix}_{2\times 2}$

$= \begin{bmatrix} 14 & 32 \\ 32 & 77 \end{bmatrix}_{2\times 2}$

$(b) \begin{bmatrix} 1 & 4 \\ 2 & 5 \\ 3 & 6 \end{bmatrix}_{3\times 2} \begin{bmatrix} 1 & 2 & 3 \\ 4 & 5 & 6 \end{bmatrix}_{2\times 3} = \begin{bmatrix} 1\times1+4\times4 & 1\times2+4\times5 & 1\times3+4\times6 \\ 2\times1+5\times4 & 2\times2+5\times5 & 2\times3+5\times6 \\ 3\times1+6\times4 & 3\times2+6\times5 & 3\times3+6\times6 \end{bmatrix}_{3\times 3}$

$= \begin{bmatrix} 17 & 22 & 27 \\ 22 & 29 & 36 \\ 27 & 36 & 45 \end{bmatrix}_{3\times 3}$

$(c) \begin{bmatrix} 1 & 2 \\ 3 & 4 \end{bmatrix}_{2\times 2} \begin{bmatrix} 1 & 4 \\ 2 & 5 \\ 3 & 6 \end{bmatrix}_{3\times 2}$ ⇒ 無法相乘，無解。

$(d) \begin{bmatrix} 1 & 4 \\ 2 & 5 \\ 3 & 6 \end{bmatrix}_{3\times 2} \begin{bmatrix} 1 & 2 \\ 3 & 4 \end{bmatrix}_{2\times 2} = \begin{bmatrix} 1\times1+4\times3 & 1\times2+4\times4 \\ 2\times1+5\times3 & 2\times2+5\times4 \\ 3\times1+6\times3 & 3\times2+6\times4 \end{bmatrix}_{3\times 2} = \begin{bmatrix} 13 & 18 \\ 17 & 24 \\ 21 & 30 \end{bmatrix}_{3\times 2}$

※矩陣乘法時，不滿足交換律，亦即 $A\times B \neq B \times A$。

(5) 行運算與列運算：

矩陣係以各行(或列)運算，其性質如下：

(a) 矩陣的行(或列)運算(互換)。

(b) 矩陣的某行(或列)乘以一非零之純量。

(c) 將某行(或列)乘以純量後加至另一行(或列)，原行(或列)維持不變。

例題 6-7

矩陣 $A = \begin{bmatrix} 1 & 2 & -3 \\ -2 & 0 & 3 \\ 1 & -5 & 4 \end{bmatrix}$

(a) 將上式第二、三列互換可得 $\begin{bmatrix} 1 & 2 & -3 \\ 1 & -5 & 4 \\ -2 & 0 & 3 \end{bmatrix}$ （列互換）

將上式一、三行互換可得 $\begin{bmatrix} -3 & 2 & 1 \\ 4 & -5 & 1 \\ 3 & 0 & -2 \end{bmatrix}$ （行互換）

(b) 將上式第一行乘以常數 2，得 $\begin{bmatrix} -6 & 2 & 1 \\ 8 & -5 & 1 \\ 6 & 0 & -2 \end{bmatrix}$ （行乘積）

將上式第二列乘以常數 3 可得 $\begin{bmatrix} -6 & 2 & 1 \\ 24 & -15 & 3 \\ 6 & 0 & -2 \end{bmatrix}$ （列乘積）

(c) 將上式第一列乘(-2) 加至第三列 $\begin{bmatrix} -6 & 2 & 1 \\ 24 & -15 & 3 \\ 18 & -4 & -4 \end{bmatrix}$ ①×(-2)+③

將上式第一行乘(+1) 加至第二行 $\begin{bmatrix} -6 & -4 & 1 \\ 24 & 9 & 3 \\ 18 & 14 & -4 \end{bmatrix}$
　　　　　　　　　　　　　　　　　① ② ③

①×(+1)+②

(6) **矩陣轉置的基本運算：**

若矩陣 A 存在，則

(a) $(A^T)^T = A$。

(b) 若矩陣 B 與矩陣 A 同階，則
$(A+B)^T = A^T + B^T$

(c) $(AB)^T = B^T A^T$。

(d) $(ABC)^T = C^T(AB)^T = C^T B^T A^T$。

(e) $(kA)^T = kA^T$，k 為常數。

例題 6-8

$A = \begin{bmatrix} 1 & 0 \\ 2 & 1 \end{bmatrix} \quad B = \begin{bmatrix} 2 & 3 \\ 0 & 1 \end{bmatrix}$

試求 $(AB)^T$ 與 $B^T A^T$ 以證明二者相等。

解

$(AB)^T = \left(\begin{bmatrix} 1 & 0 \\ 2 & 1 \end{bmatrix}\begin{bmatrix} 2 & 3 \\ 0 & 1 \end{bmatrix}\right)^T = \begin{bmatrix} 2 & 3 \\ 4 & 7 \end{bmatrix}^T = \begin{bmatrix} 2 & 4 \\ 3 & 7 \end{bmatrix}$

$B^T A^T = \begin{bmatrix} 2 & 0 \\ 3 & 1 \end{bmatrix}\begin{bmatrix} 1 & 2 \\ 0 & 1 \end{bmatrix} = \begin{bmatrix} 2 & 4 \\ 3 & 7 \end{bmatrix} = (AB)^T$

6-3 聯立方程式的解法

有一聯立方程式：

$$\begin{cases} a_{11}x_1 + a_{12}x_2 + \cdots + a_{1n}x_n = b_1 \\ a_{21}x_1 + a_{22}x_2 + \cdots + a_{2n}x_n = b_2 \\ \quad\vdots \\ a_{m1}x_1 + a_{m2}x_2 + \cdots + a_{mn}x_n = b_m \end{cases}$$

我們可將其改為 $AX = B$ 的矩陣型式：

$$\begin{bmatrix} a_{11} & a_{12} & \cdots & a_{1n} \\ a_{21} & a_{22} & \cdots & a_{2n} \\ \vdots & \vdots & \vdots & \vdots \\ a_{m1} & a_{m2} & \cdots & a_{mn} \end{bmatrix} \begin{bmatrix} x_1 \\ x_2 \\ \vdots \\ x_n \end{bmatrix} = \begin{bmatrix} b_1 \\ b_2 \\ \vdots \\ b_m \end{bmatrix}$$

2×2 聯立方程式的矩陣型式為：$\begin{bmatrix} a_{11} & a_{12} \\ a_{21} & a_{22} \end{bmatrix} \begin{bmatrix} x_1 \\ x_2 \end{bmatrix} = \begin{bmatrix} b_1 \\ b_2 \end{bmatrix}$

3×3 聯立方程式的矩陣型式為：$\begin{bmatrix} a_{11} & a_{12} & a_{13} \\ a_{21} & a_{22} & a_{23} \\ a_{31} & a_{32} & a_{33} \end{bmatrix} \begin{bmatrix} x_1 \\ x_2 \\ x_3 \end{bmatrix} = \begin{bmatrix} b_1 \\ b_2 \\ b_3 \end{bmatrix}$

常用來解聯立方程式的方法有：

(1)克萊姆法，(2)高斯消去法；(3)反矩陣法。

下面就這些方法一一說明。

(1) 克萊姆法則(Cramer's rule)

2×2 聯立方程式的解為：

$$\begin{bmatrix} a_{11} & a_{12} \\ a_{21} & a_{22} \end{bmatrix} \begin{bmatrix} x_1 \\ x_2 \end{bmatrix} = \begin{bmatrix} b_1 \\ b_2 \end{bmatrix} \Rightarrow x_1 = \frac{\begin{vmatrix} b_1 & a_{12} \\ b_2 & a_{22} \end{vmatrix}}{\begin{vmatrix} a_{11} & a_{12} \\ a_{21} & a_{22} \end{vmatrix}}, x_2 = \frac{\begin{vmatrix} a_{11} & b_1 \\ a_{21} & b_2 \end{vmatrix}}{\begin{vmatrix} a_{11} & a_{12} \\ a_{21} & a_{22} \end{vmatrix}}, \Delta \equiv \begin{vmatrix} a_{11} & a_{12} \\ a_{21} & a_{22} \end{vmatrix}$$

例題 6-9

試以克萊姆法，解下列聯立方程式：
$$\begin{cases} 2x - y = 4 \\ x + 3y = -5 \end{cases}$$

解

$$x_1 = \frac{\begin{vmatrix} 4 & -1 \\ -5 & 3 \end{vmatrix}}{\begin{vmatrix} 2 & -1 \\ 1 & 3 \end{vmatrix}} = \frac{7}{7} = 1, \; x_2 = \frac{\begin{vmatrix} 2 & 4 \\ 1 & -5 \end{vmatrix}}{\begin{vmatrix} 2 & -1 \\ 1 & 3 \end{vmatrix}} = \frac{-14}{7} = -2$$

3×3 聯立方程式的解為：

$$\begin{bmatrix} a_{11} & a_{12} & a_{13} \\ a_{21} & a_{22} & a_{23} \\ a_{31} & a_{32} & a_{33} \end{bmatrix} \begin{bmatrix} x_1 \\ x_2 \\ x_3 \end{bmatrix} = \begin{bmatrix} b_1 \\ b_2 \\ b_3 \end{bmatrix}, \; \Delta \equiv \begin{vmatrix} a_{11} & a_{12} & a_{13} \\ a_{21} & a_{22} & a_{23} \\ a_{31} & a_{32} & a_{33} \end{vmatrix}$$

$$\Rightarrow x_1 = \frac{\begin{vmatrix} b_1 & a_{12} & a_{13} \\ b_2 & a_{22} & a_{23} \\ b_3 & a_{32} & a_{33} \end{vmatrix}}{\begin{vmatrix} a_{11} & a_{12} & a_{13} \\ a_{21} & a_{22} & a_{23} \\ a_{31} & a_{32} & a_{33} \end{vmatrix}}, x_2 = \frac{\begin{vmatrix} a_{11} & b_1 & a_{13} \\ a_{21} & b_2 & a_{23} \\ a_{31} & b_3 & a_{33} \end{vmatrix}}{\begin{vmatrix} a_{11} & a_{12} & a_{13} \\ a_{21} & a_{22} & a_{23} \\ a_{31} & a_{32} & a_{33} \end{vmatrix}}, x_3 = \frac{\begin{vmatrix} a_{11} & a_{12} & b_1 \\ a_{21} & a_{22} & b_2 \\ a_{31} & a_{32} & b_3 \end{vmatrix}}{\begin{vmatrix} a_{11} & a_{12} & a_{13} \\ a_{21} & a_{22} & a_{23} \\ a_{31} & a_{32} & a_{33} \end{vmatrix}}$$

例題 6-10

試以克萊姆法，解下列聯立方程式：

$$\begin{cases} 10x - 8y + 0z = 40 \\ -8x + 20y - 6z = 0 \\ 0x - 6y + 10z = -20 \end{cases}$$

解

$$\begin{bmatrix} 10 & -8 & 0 \\ -8 & 20 & -6 \\ 0 & -6 & 10 \end{bmatrix} \begin{bmatrix} x \\ y \\ z \end{bmatrix} = \begin{bmatrix} 40 \\ 0 \\ -20 \end{bmatrix}$$

$$\Delta = \begin{vmatrix} 10 & -8 & 0 \\ -8 & 20 & -6 \\ 0 & -6 & 10 \end{vmatrix} = 8 \begin{vmatrix} 5 & -4 & 0 \\ -4 & 10 & -3 \\ 0 & -3 & 5 \end{vmatrix} = 8(250 - 45 - 80) = 1000$$

$$x = \frac{\begin{vmatrix} 40 & -8 & 0 \\ 0 & 20 & -6 \\ -20 & -6 & 10 \end{vmatrix}}{\Delta} = \frac{80 \begin{vmatrix} 2 & -4 & 0 \\ 0 & 10 & -3 \\ -1 & -3 & 5 \end{vmatrix}}{1000} = \frac{160 \begin{vmatrix} 1 & -2 & 0 \\ 0 & 10 & -3 \\ -1 & -3 & 5 \end{vmatrix}}{1000}$$

$$= \frac{160 \begin{vmatrix} 1 & -2 & 0 \\ 0 & 10 & -3 \\ 0 & -5 & 5 \end{vmatrix}}{1000} = \frac{160(5) \begin{vmatrix} 1 & -2 & 0 \\ 0 & 10 & -3 \\ 0 & -1 & 1 \end{vmatrix}}{1000} = \frac{160(5)(10-3)}{1000} = 5.6$$

$$y = \frac{\begin{vmatrix} 10 & 40 & 0 \\ -8 & 0 & -6 \\ 0 & -20 & 10 \end{vmatrix}}{\Delta} = \frac{-80 \begin{vmatrix} 5 & -2 & 0 \\ -4 & 0 & -3 \\ 0 & 1 & 5 \end{vmatrix}}{\Delta} = \frac{-80 \begin{vmatrix} 5 & 0 & 10 \\ -4 & 0 & -3 \\ 0 & 1 & 5 \end{vmatrix}}{\Delta}$$

$$= \frac{-400 \begin{vmatrix} 1 & 0 & 2 \\ -4 & 0 & -3 \\ 0 & 1 & 5 \end{vmatrix}}{\Delta} = \frac{(-400)(-1) \begin{vmatrix} 1 & 2 \\ -4 & -3 \end{vmatrix}}{\Delta} = \frac{2000}{1000} = 2.0$$

$$z = \frac{\begin{vmatrix} 10 & -8 & 40 \\ -8 & 20 & 0 \\ 0 & -6 & -20 \end{vmatrix}}{\Delta} = \frac{-80\begin{vmatrix} 5 & -4 & -2 \\ -4 & 10 & 0 \\ 0 & -3 & 1 \end{vmatrix}}{\Delta} = \frac{-160\begin{vmatrix} 5 & -4 & -2 \\ -2 & 5 & 0 \\ 0 & -3 & 1 \end{vmatrix}}{\Delta}$$

$$= \frac{-160\begin{vmatrix} 5 & -4 & -2 \\ -2 & 5 & 0 \\ 0 & -3 & 1 \end{vmatrix}}{\Delta} = \frac{-160\begin{vmatrix} 5 & -10 & 0 \\ -2 & 5 & 0 \\ 0 & -3 & 1 \end{vmatrix}}{\Delta} = \frac{-800\begin{vmatrix} 1 & -2 & 0 \\ -2 & 5 & 0 \\ 0 & -3 & 1 \end{vmatrix}}{\Delta}$$

$$= \frac{(-800)(1)\begin{vmatrix} 1 & -2 \\ -2 & 5 \end{vmatrix}}{\Delta} = \frac{-800}{1000} = -0.8$$

$\Rightarrow x = 5.6, y = 2.0, z = -0.8$

(2) 高斯消去法

$$\begin{bmatrix} a_{11} & a_{12} & a_{13} \\ a_{21} & a_{22} & a_{23} \\ a_{31} & a_{32} & a_{33} \end{bmatrix} \begin{bmatrix} x_1 \\ x_2 \\ x_3 \end{bmatrix} = \begin{bmatrix} b_1 \\ b_2 \\ b_3 \end{bmatrix} \Rightarrow \begin{bmatrix} a_{11} & a_{12} & a_{13} & | & b_1 \\ a_{21} & a_{22} & a_{23} & | & b_2 \\ a_{31} & a_{32} & a_{33} & | & b_3 \end{bmatrix} (增廣矩陣)$$

高斯消去法的精髓如下：

以增廣矩陣化簡成：$\begin{bmatrix} \times & \times & \times & | & \times \\ \times & \times & \times & | & \times \\ \times & \times & \times & | & \times \end{bmatrix} \Rightarrow \begin{bmatrix} \times & \times & \times & | & \times \\ 0 & \times & \times & | & \times \\ 0 & 0 & \times & | & \times \end{bmatrix} \Rightarrow \begin{bmatrix} \times & 0 & 0 & | & \times \\ 0 & \times & 0 & | & \times \\ 0 & 0 & \times & | & \times \end{bmatrix}$

例題 6-11

試以高斯消去法，解下列聯立方程式：

$\begin{cases} x + y - 2z = -7 \\ x + 2y + 3z = 6 \\ 2x - y + z = 7 \end{cases}$

解

重新排列聯立方程式 $AX = B$，寫成增廣矩陣之形式

$$\begin{bmatrix} 1 & 1 & -2 \\ 1 & 2 & 3 \\ 2 & -1 & 1 \end{bmatrix} \begin{bmatrix} x \\ y \\ z \end{bmatrix} = \begin{bmatrix} -7 \\ 6 \\ 7 \end{bmatrix} \Leftrightarrow A = \begin{bmatrix} 1 & 1 & -2 \\ 1 & 2 & 3 \\ 2 & -1 & 1 \end{bmatrix}, B = \begin{bmatrix} -7 \\ 6 \\ 7 \end{bmatrix}$$

增廣矩陣

$$\tilde{A} = \left[\begin{array}{ccc|c} 1 & 1 & -2 & -7 \\ 1 & 2 & 3 & 6 \\ 2 & -1 & 1 & 7 \end{array}\right]$$

① 將上式第一列 ×(-1) 加至第二列，得 $\tilde{A}_1$

$$\tilde{A}_1 = \left[\begin{array}{ccc|c} 1 & 1 & -2 & -7 \\ 0 & 1 & 5 & 13 \\ 2 & -1 & 1 & 7 \end{array}\right]$$

② 將上式第一列 ×(-2) 加至第三列，得 $\tilde{A}_2$

$$\tilde{A}_2 = \left[\begin{array}{ccc|c} 1 & 1 & -2 & -7 \\ 0 & 1 & 5 & 13 \\ 0 & -3 & 5 & 21 \end{array}\right]$$

③ 將上式第二列 ×(3) 加至第三列，得 $\tilde{A}_3$

$$\tilde{A}_3 = \left[\begin{array}{ccc|c} 1 & 1 & -2 & -7 \\ 0 & 1 & 5 & 13 \\ 0 & 0 & 20 & 60 \end{array}\right]$$

④ 將上式第三列 ÷(20)，得 $\tilde{A}_4$

$$\tilde{A}_4 = \left[\begin{array}{ccc|c} 1 & 1 & -2 & -7 \\ 0 & 1 & 5 & 13 \\ 0 & 0 & 1 & 3 \end{array}\right]$$

⑤ 將上式第三列 ×(-5) 加至第二列，得 $\tilde{A}_5$

$$\tilde{A}_5 = \begin{bmatrix} 1 & 1 & -2 & | & -7 \\ 0 & 1 & 0 & | & -2 \\ 0 & 0 & 1 & | & 3 \end{bmatrix}$$

⑥ 將上式第二列×(-1)加至第一列，得 $\tilde{A}_6$

$$\tilde{A}_6 = \begin{bmatrix} 1 & 0 & -2 & | & -5 \\ 0 & 1 & 0 & | & -2 \\ 0 & 0 & 1 & | & 3 \end{bmatrix}$$

⑦ 將上式第三列×(2)加至第一列，得 $\tilde{A}_7$

$$\tilde{A}_7 = \begin{bmatrix} 1 & 0 & 0 & | & 1 \\ 0 & 1 & 0 & | & -2 \\ 0 & 0 & 1 & | & 3 \end{bmatrix}$$

將 $\tilde{A}_7$ 還原成聯立方程式

$x + 0 + 0 = 1$

$0 + y + 0 = -2$

$0 + 0 + z = 3$

$\Rightarrow x = 1, y = -2, z = 3$

即增廣矩陣最右行的各元素分別對應變數向量中各元素。

---

(3) 反矩陣法

若 $n \times n$ 階方陣 A 與 B，使得 $AB = BA = I$，則 B 稱為 A 的反矩陣（inverse matrix），A 亦為 B 的反矩陣，記為 $B = A^{-1}$（或 $A = B^{-1}$），反矩陣存在的充分必要條件是 A（或 B）的行列式值不等於 0。

反矩陣(A^{-1})通常可藉由下列兩種方法來求得：

- $A^{-1} = \dfrac{adj\ A}{|A|}$

  其中：$adj\ A$ 為 A 的伴隨矩陣。

$|A|$ 則為矩陣 A 的行列式值。

高斯消去法：將矩陣 A 與單位矩陣 I 構成增廣矩陣 $\begin{bmatrix} A & | & I \end{bmatrix}$，再經由適當之列運算，將增廣矩陣轉成 $\begin{bmatrix} I & | & A^{-1} \end{bmatrix}$。

例題 6-12

試以(a)伴隨矩陣法；(b)高斯消去法，求下列矩陣之反矩陣 A^{-1}。

$$A = \begin{bmatrix} 1 & 1 & 2 \\ 1 & 2 & 1 \\ 2 & 1 & 1 \end{bmatrix}$$

解

(a) 伴隨矩陣為 $A^{-1} = \dfrac{adj\ A}{|A|}$

其中 $|A| = \begin{vmatrix} 1 & 1 & 2 \\ 1 & 2 & 1 \\ 2 & 1 & 1 \end{vmatrix} = 2 + 2 + 2 - (8 + 1 + 1) = -4$

矩陣各元素的餘因子即將矩陣中該元素所在位置的行與列去掉之後所成新矩陣的行列式值乘以 $(-1)^{i+j}$。

故 $adj\ A = \begin{bmatrix} \begin{vmatrix} 2 & 1 \\ 1 & 1 \end{vmatrix} & -\begin{vmatrix} 1 & 1 \\ 2 & 1 \end{vmatrix} & \begin{vmatrix} 1 & 2 \\ 2 & 1 \end{vmatrix} \\ -\begin{vmatrix} 1 & 2 \\ 1 & 1 \end{vmatrix} & \begin{vmatrix} 1 & 2 \\ 2 & 1 \end{vmatrix} & -\begin{vmatrix} 1 & 1 \\ 2 & 1 \end{vmatrix} \\ \begin{vmatrix} 1 & 2 \\ 2 & 1 \end{vmatrix} & -\begin{vmatrix} 1 & 2 \\ 1 & 1 \end{vmatrix} & \begin{vmatrix} 1 & 1 \\ 1 & 2 \end{vmatrix} \end{bmatrix}^T = \begin{bmatrix} 1 & 1 & -3 \\ 1 & -3 & 1 \\ -3 & 1 & 1 \end{bmatrix}$

所以反矩陣為

$$A^{-1} = \frac{1}{-4}\begin{bmatrix} 1 & 1 & -3 \\ 1 & -3 & 1 \\ -3 & 1 & 1 \end{bmatrix} = \begin{bmatrix} -\frac{1}{4} & -\frac{1}{4} & \frac{3}{4} \\ -\frac{1}{4} & \frac{3}{4} & -\frac{1}{4} \\ \frac{3}{4} & -\frac{1}{4} & -\frac{1}{4} \end{bmatrix}$$

(b) 高斯消去法求反矩陣

擴充矩陣 $[A \mid I] \Rightarrow [A^{-1}A \mid A^{-1}I] \Rightarrow [I \mid A^{-1}]$

$$= \begin{bmatrix} 1 & 1 & 2 & | & 1 & 0 & 0 \\ 1 & 2 & 1 & | & 0 & 1 & 0 \\ 2 & 1 & 1 & | & 0 & 0 & 1 \end{bmatrix} \begin{matrix} -① \\ -② \\ -③ \end{matrix}$$

列運算 $\begin{bmatrix} 1 & 1 & 2 & | & 1 & 0 & 0 \\ 0 & 1 & -1 & | & -1 & 1 & 0 \\ 0 & -1 & -3 & | & -2 & 0 & 1 \end{bmatrix} \begin{matrix} \\ ①\times(-1)+② \\ ①\times(-2)+③ \end{matrix}$

$\begin{bmatrix} 1 & 1 & 2 & | & 1 & 0 & 0 \\ 0 & 1 & -1 & | & -1 & 1 & 0 \\ 0 & 0 & -4 & | & -3 & 1 & 1 \end{bmatrix} \begin{matrix} \\ \\ ②+③ \end{matrix}$

$\begin{bmatrix} 1 & 1 & 2 & | & 1 & 0 & 0 \\ 0 & 1 & -1 & | & -1 & 1 & 0 \\ 0 & 0 & 1 & | & \frac{3}{4} & -\frac{1}{4} & -\frac{1}{4} \end{bmatrix} \begin{matrix} \\ \\ ③\times(-\frac{1}{4}) \end{matrix}$

$\begin{bmatrix} 1 & 1 & 2 & | & 1 & 0 & 0 \\ 0 & 1 & 0 & | & -\frac{1}{4} & \frac{3}{4} & -\frac{1}{4} \\ 0 & 0 & 1 & | & \frac{3}{4} & -\frac{1}{4} & -\frac{1}{4} \end{bmatrix} \begin{matrix} \\ ③+② \\ \end{matrix}$

$\begin{bmatrix} 1 & 0 & 2 & | & \frac{5}{4} & -\frac{3}{4} & \frac{1}{4} \\ 0 & 1 & 0 & | & -\frac{1}{4} & \frac{3}{4} & -\frac{1}{4} \\ 0 & 0 & 1 & | & \frac{3}{4} & -\frac{1}{4} & -\frac{1}{4} \end{bmatrix} \begin{matrix} ②\times(-1)+① \\ \\ \end{matrix}$

$$\begin{bmatrix} 1 & 0 & 0 & | & -\frac{1}{4} & -\frac{1}{4} & \frac{3}{4} \\ 0 & 1 & 0 & | & -\frac{1}{4} & \frac{3}{4} & -\frac{1}{4} \\ 0 & 0 & 1 & | & \frac{3}{4} & -\frac{1}{4} & -\frac{1}{4} \end{bmatrix} ③×(-2)+①$$

二階矩陣 $A = \begin{bmatrix} a & b \\ c & d \end{bmatrix}$，其反矩陣 $A^{-1} = \dfrac{\begin{bmatrix} d & -b \\ -c & a \end{bmatrix}}{|A|} = \dfrac{\begin{bmatrix} d & -b \\ -c & a \end{bmatrix}}{\begin{vmatrix} a & b \\ c & d \end{vmatrix}}$

例題 6-13

求矩陣 $A = \begin{bmatrix} 1 & 2 \\ 3 & 4 \end{bmatrix}$ 的反矩陣 A^{-1}。

解

$$A^{-1} = \dfrac{\begin{bmatrix} 4 & -2 \\ -3 & 1 \end{bmatrix}}{\begin{vmatrix} 1 & 2 \\ 3 & 4 \end{vmatrix}} = \dfrac{\begin{bmatrix} 4 & -2 \\ -3 & 1 \end{bmatrix}}{-2} = \begin{bmatrix} -2 & 1 \\ \frac{3}{2} & -\frac{1}{2} \end{bmatrix}$$

反矩陣的其他特性：

(a) $(kA)^{-1} = \dfrac{1}{k} A^{-1}$，常數 $k \neq 0$。

(b) $(A^{-1})^{-1} = A$。

(c) $(AB)^{-1} = B^{-1} A^{-1}$。

(d) $(A \cdot B \cdot C)^{-1} = C^{-1} B^{-1} A^{-1}$。

(e) $(A^T)^{-1} = (A^{-1})^T$。

(f) $(A^{-1} + B^{-1})^{-1} = A(A+B)^{-1} B = B(A+B)^{-1} A$。

(g) $\det(A^{-1}) = \dfrac{1}{\det(A)}$。

例題 6-14

$A = \begin{bmatrix} 1 & -3 \\ 2 & 2 \end{bmatrix}$ $B = \begin{bmatrix} 3 & 2 \\ 1 & 1 \end{bmatrix}$

試求 $(AB)^{-1}$ 及 $B^{-1}A^{-1}$ 以證明兩者相等。

解

$$(AB)^{-1} = \left(\begin{bmatrix} 1 & -3 \\ 2 & 2 \end{bmatrix}\begin{bmatrix} 3 & 2 \\ 1 & 1 \end{bmatrix}\right)^{T} = \begin{bmatrix} 0 & -1 \\ 8 & 6 \end{bmatrix}^{-1} = \frac{1}{8}\begin{bmatrix} 6 & 1 \\ -8 & 0 \end{bmatrix}$$

$$B^{-1}A^{-1} \; B^{-1}A^{-1} = \begin{bmatrix} 3 & 2 \\ 1 & 1 \end{bmatrix}^{-1} \cdot \begin{bmatrix} 1 & -3 \\ 2 & 2 \end{bmatrix}^{-1} = \begin{bmatrix} 1 & -2 \\ -1 & 3 \end{bmatrix} \cdot \begin{bmatrix} \frac{2}{8} & \frac{3}{8} \\ -\frac{2}{8} & \frac{1}{8} \end{bmatrix}$$

$$= \frac{1}{8}\begin{bmatrix} 6 & 1 \\ -8 & 0 \end{bmatrix} = (AB)^{-1}$$

在 6-5 節，聯立方程式改寫得到的矩陣方程式中

$$AX = B$$

若 A 為非奇異矩陣（即 $|A| \neq 0$），則上式可利用反矩陣求解：

$$A^{-1}(AX) = A^{-1}B$$

$$I\,X = A^{-1}B$$

$$X = A^{-1}B$$
$$= \frac{adj\,A}{|A|}B \;,\; |A| \neq 0$$

例題 6-15

試以反矩陣法，解下列方程式：

$$\begin{cases} 3x - 2y + 2z = 10 \\ x + 2y - 3z = -1 \\ 4x + 1y + 2z = 3 \end{cases}$$

解

$$\begin{bmatrix} 3 & -2 & 2 \\ 1 & 2 & -3 \\ 4 & 1 & 2 \end{bmatrix} \begin{bmatrix} x \\ y \\ z \end{bmatrix} = \begin{bmatrix} 10 \\ -1 \\ 3 \end{bmatrix},$$

$$|A| = \begin{vmatrix} 3 & -2 & 2 \\ 1 & 2 & -3 \\ 4 & 1 & 2 \end{vmatrix} = \begin{vmatrix} 3 & -2 & 2 \\ -7 & 0 & -7 \\ 4 & 1 & 2 \end{vmatrix} = -7 \begin{vmatrix} 3 & -2 & 2 \\ 1 & 0 & 1 \\ 4 & 1 & 2 \end{vmatrix}$$

$$= -7 \begin{vmatrix} 3 & -2 & -1 \\ 1 & 0 & 0 \\ 4 & 1 & -2 \end{vmatrix} = (-7)(-1) \begin{vmatrix} -2 & -1 \\ 1 & -2 \end{vmatrix} = 35$$

$AX = B \Rightarrow X = A^{-1}B$

$$A^{-1} = \frac{adjA}{|A|} = \frac{\begin{bmatrix} 3 & -2 & 2 \\ 1 & 2 & -3 \\ 4 & 1 & 2 \end{bmatrix}}{\begin{bmatrix} 3 & -2 & 2 \\ 1 & 2 & -3 \\ 4 & 1 & 2 \end{bmatrix}} = \frac{1}{35} \begin{bmatrix} 7 & 6 & 2 \\ -14 & -2 & 11 \\ -7 & -11 & 8 \end{bmatrix}$$

$$\begin{bmatrix} x \\ y \\ z \end{bmatrix} = A^{-1}B = \frac{1}{35} \begin{bmatrix} 7 & 6 & 2 \\ -14 & -2 & 11 \\ -7 & -11 & 8 \end{bmatrix} \begin{bmatrix} 10 \\ -1 \\ 3 \end{bmatrix} = \begin{bmatrix} 2 \\ -3 \\ -1 \end{bmatrix}$$

$\Rightarrow x = 2, y = -3, z = -1$

6-4 特徵值與特徵向量

對於任意 n 階方陣 A，若存在任一常數 λ 及一組非零之向量 X，若滿足：

$$AX = \lambda X$$

其中 λ 稱為矩陣 A 的特徵值（eigen values）；

X 稱為特徵值 λ 所對應的特徵向量（eigen vectors）。

亦可將上述方程式移項、整理後可得到

$(A - \lambda I)X = 0$

上述方程式有解的充要條件為

$\Delta = |A - \lambda I| = 0$

將上述行列式展開，所得到的方程式(含有 λ 的方程式)，稱為 A 的特徵方程式（charac- teristic equstion）。

由特徵方程式所求得的特徵值 λ_i，代入 $(A - \lambda_i I)X_i = 0$ 後，所解出的向量 $P_1, P_2, \cdots, P_n$ 稱為矩陣 A 的特徵向量，特徵向量並非唯一，可經由乘(或除)以任何一個非零之常數，而得到最簡易之值，通常將特徵值 λ_i 帶入矩陣後，經由選擇二列矩陣(需為二獨立方程式)，依其比值，再約分成最小比值，即可得到所對應的特徵向量 P_i。

例題 6-16

求矩陣 $A = \begin{bmatrix} 5 & 1 \\ 3 & 3 \end{bmatrix}$ 的特徵值及相對的特徵向量。

解

特徵方程式

$\begin{vmatrix} 5-\lambda & 1 \\ 3 & 3-\lambda \end{vmatrix} = (5-\lambda)(3-\lambda) - 3 = \lambda^2 - 8\lambda + 15 - 3 = 0$

$\lambda^2 - 8\lambda + 12 = (\lambda - 2)(\lambda - 6) = 0$

解得 $\lambda_1 = 2$，$\lambda_2 = 6$

$(A-\lambda I)X=0$

$$\begin{bmatrix} 5-\lambda & 1 \\ 3 & 3-\lambda \end{bmatrix}\begin{bmatrix} x_1 \\ x_2 \end{bmatrix}=\begin{bmatrix} 0 \\ 0 \end{bmatrix}$$

$\lambda_1 = 2$ 的特徵向量：

$$\begin{bmatrix} 5-2 & 1 \\ 3 & 3-2 \end{bmatrix}\begin{bmatrix} x_1 \\ x_2 \end{bmatrix}=\begin{bmatrix} 0 \\ 0 \end{bmatrix} \Rightarrow \begin{bmatrix} 3 & 1 \\ 3 & 1 \end{bmatrix}\begin{bmatrix} x_1 \\ x_2 \end{bmatrix}=\begin{bmatrix} 0 \\ 0 \end{bmatrix}$$

即 $\begin{cases} 3x_1 + x_2 = 0 \\ 3x_1 + x_2 = 0 \end{cases}$ 取 $x_1 = 1 \Rightarrow x_2 = -3$

故得特徵向量 $P_1 = \begin{bmatrix} x_1 \\ x_2 \end{bmatrix} = \begin{bmatrix} 1 \\ -3 \end{bmatrix}$

$\lambda_2 = 6$ 的特徵向量：

$$\begin{bmatrix} 5-6 & 1 \\ 3 & 3-6 \end{bmatrix}\begin{bmatrix} x_1 \\ x_2 \end{bmatrix}=\begin{bmatrix} 0 \\ 0 \end{bmatrix} \Rightarrow \begin{bmatrix} -1 & 1 \\ 3 & -3 \end{bmatrix}\begin{bmatrix} x_1 \\ x_2 \end{bmatrix}=\begin{bmatrix} 0 \\ 0 \end{bmatrix}$$

即 $\begin{cases} -x_1 + x_2 = 0 \\ 3x_1 - 3x_2 = 0 \end{cases}$ 取 $x_1 = 1 \Rightarrow x_2 = 1$

故得特徵向量 $P_2 = \begin{bmatrix} x_1 \\ x_2 \end{bmatrix} = \begin{bmatrix} 1 \\ 1 \end{bmatrix}$

$$P = [P_1 \mid P_2] = \begin{bmatrix} 1 & 1 \\ -3 & 1 \end{bmatrix}$$

矩陣的對角化

如果將矩陣 A 的特徵向量形成矩陣 P 且其反矩陣 P^{-1} 存在，則矩陣 A 可得如下結果：

$A = P\,D\,P^{-1}$

其中矩陣 D 是特徵值所形成的對角線矩陣

$$D = \begin{bmatrix} \lambda_1 & & & \bigcirc \\ & \lambda_2 & & \\ & & \ddots & \\ \bigcirc & & & \lambda_n \end{bmatrix}$$

而且 $D=P^{-1}AP \Leftrightarrow A=PDP^{-1}$

通常稱矩陣 A 轉換到矩陣 D 為相似轉換，A 與 D 互為相似。

利用上述特性，我們可以容易計算出 A^m 結果。

$D = P^{-1}AP \Rightarrow PDP^{-1} = P(P^{-1}AP)P^{-1} = A$

$A = PDP^{-1}$

$A^m = (PDP^{-1})(PDP^{-1})(PDP^{-1})\ldots(PDP^{-1}) = PD(P^{-1}P)D(P^{-1}P)DP^{-1}\ldots(PDP^{-1})$

$\quad\ = PD^m P^{-1}$

例題 6-17

矩陣 $A = \begin{bmatrix} 5 & 1 \\ 3 & 3 \end{bmatrix}$，求 A^{12}。

解

由【例題 6-16】知特徵值為 2, 6

特徵向量為 $P = \begin{bmatrix} 1 & 1 \\ -3 & 1 \end{bmatrix}$ 且 $P^{-1} = \dfrac{1}{4}\begin{bmatrix} 1 & -1 \\ 3 & 1 \end{bmatrix}$，$D = \begin{bmatrix} 2 & 0 \\ 0 & 6 \end{bmatrix}$

即 $A = PDP^{-1} = \dfrac{1}{4}\begin{bmatrix} 1 & 1 \\ -3 & 1 \end{bmatrix}\begin{bmatrix} 2 & 0 \\ 0 & 6 \end{bmatrix}\begin{bmatrix} 1 & -1 \\ 3 & 1 \end{bmatrix}$

故 $A^{12} = \underbrace{(PDP^{-1})(PDP^{-1})\ldots(PDP^{-1})}_{\text{連乘 12 次}}$

$= PD^{12}P^{-1}$

$= \dfrac{1}{4}\begin{bmatrix} 1 & 1 \\ -3 & 1 \end{bmatrix}\begin{bmatrix} 2^{12} & 0 \\ 0 & 6^{12} \end{bmatrix}\begin{bmatrix} 1 & -1 \\ 3 & 1 \end{bmatrix}$

$= \dfrac{1}{4}\begin{bmatrix} 2^{12} & 6^{12} \\ -3(2^{12}) & 6^{12} \end{bmatrix}\begin{bmatrix} 1 & -1 \\ 3 & 1 \end{bmatrix}$

$= \dfrac{1}{2}\begin{bmatrix} 2^{12}+3(6^{12}) & -2^{12}+6^{12} \\ -3(2^{12})+3(6^{12}) & 3(2^{12})+6^{12} \end{bmatrix}$

當矩陣 A 之特徵方程式出現重根時，則 $P^{-1}AP = D$ 往往無法對角化，而形成 Jordan 矩陣 J。

例如：$|A - \lambda I| = (\lambda - \lambda_1)^2 (\lambda - \lambda_2)^2 (\lambda - \lambda_3)^3 = 0$

則轉換矩陣 $P = [X_1 \ X_2 \ X_3 \ X_4 \ X_5 \ X_6 \ X_7]$ 滿足下列方程式：

$(A - \lambda_1 I)X_1 = 0,\ (A - \lambda_1 I)X_2 = X_1,\ (A - \lambda_2 I)X_3 = 0,\ (A - \lambda_2 I)X_4 = X_3,$

$(A - \lambda_3 I)X_5 = 0,\ (A - \lambda_3 I)X_6 = X_5,\ (A - \lambda_3 I)X_7 = X_6,$

其中 X_1, X_2 稱為 λ_1 的廣義特徵向量(generalized eigenvectors)。

X_3, X_4 稱為 λ_2 的廣義特徵向量。

X_5, X_6, X_7 稱為 λ_3 的廣義特徵向量。

$$J = \begin{vmatrix} \lambda_1 & 1 & 0 & 0 & 0 & 0 & 0 \\ 0 & \lambda_1 & 0 & 0 & 0 & 0 & 0 \\ 0 & 0 & \lambda_2 & 1 & 0 & 0 & 0 \\ 0 & 0 & 0 & \lambda_2 & 0 & 0 & 0 \\ 0 & 0 & 0 & 0 & \lambda_3 & 1 & 0 \\ 0 & 0 & 0 & 0 & 0 & \lambda_3 & 1 \\ 0 & 0 & 0 & 0 & 0 & 0 & \lambda_3 \end{vmatrix} = P^{-1}AP$$

例題 6-18

$A = \begin{bmatrix} 3 & -2 & -2 \\ -1 & 2 & 0 \\ 1 & -1 & 1 \end{bmatrix}$，求特徵值、特徵向量及其相似矩陣。

解

特徵方程式：選 $|A - \lambda I| = 0$（矩陣中正負號數量相同）

$\begin{vmatrix} 3-\lambda & -2 & -2 \\ -1 & 2-\lambda & 0 \\ 1 & -1 & 1-\lambda \end{vmatrix} = -\lambda^3 + 6\lambda^2 - 11\lambda + 6 = -(\lambda-1)(\lambda-2)(\lambda-3) = 0$

解得 $\lambda = 1, 2, 3$

$(A - \lambda I)X = 0$

$\Rightarrow \begin{bmatrix} 3-\lambda & -2 & -2 \\ -1 & 2-\lambda & 0 \\ 1 & -1 & 1-\lambda \end{bmatrix} \begin{bmatrix} x_1 \\ x_2 \\ x_3 \end{bmatrix} = \begin{bmatrix} 0 \\ 0 \\ 0 \end{bmatrix}$

$\lambda_1 = 1$ 的特徵向量

$\begin{bmatrix} 3-1 & -2 & -2 \\ -1 & 2-1 & 0 \\ 1 & -1 & 1-1 \end{bmatrix} \begin{bmatrix} x_1 \\ x_2 \\ x_3 \end{bmatrix} = \begin{bmatrix} 0 \\ 0 \\ 0 \end{bmatrix} \Rightarrow \begin{bmatrix} 2 & -2 & -2 \\ -1 & 1 & 0 \\ 1 & -1 & 0 \end{bmatrix} \begin{bmatrix} x_1 \\ x_2 \\ x_3 \end{bmatrix} = \begin{bmatrix} 0 \\ 0 \\ 0 \end{bmatrix}$

取上式一、二列值依序排列

$x_1 : x_2 : x_3 = \begin{vmatrix} -2 & -2 \\ 1 & 0 \end{vmatrix} : \begin{vmatrix} -2 & 2 \\ 0 & -1 \end{vmatrix} : \begin{vmatrix} 2 & -2 \\ -1 & 1 \end{vmatrix} = 2 : 2 : 0 = 1 : 1 : 0$

$\Rightarrow P_1 = \begin{bmatrix} 1 \\ 1 \\ 0 \end{bmatrix}$

$\lambda_2 = 2$ 的特徵向量

$\begin{bmatrix} 3-2 & -2 & -2 \\ -1 & 2-2 & 0 \\ 1 & -1 & 1-2 \end{bmatrix} \begin{bmatrix} x_1 \\ x_2 \\ x_3 \end{bmatrix} = \begin{bmatrix} 0 \\ 0 \\ 0 \end{bmatrix} \Rightarrow \begin{bmatrix} 1 & -2 & -2 \\ -1 & 0 & 0 \\ 1 & -1 & -1 \end{bmatrix} \begin{bmatrix} x_1 \\ x_2 \\ x_3 \end{bmatrix} = \begin{bmatrix} 0 \\ 0 \\ 0 \end{bmatrix}$

取上式二、三列值依序排列

$x_1 : x_2 : x_3 = \begin{vmatrix} 0 & 0 \\ -1 & -1 \end{vmatrix} : \begin{vmatrix} 0 & -1 \\ -1 & 1 \end{vmatrix} : \begin{vmatrix} -1 & 0 \\ 1 & -1 \end{vmatrix} = 0 : -1 : 1 = 0 : 1 : -1 \Rightarrow P_2 = \begin{bmatrix} 0 \\ 1 \\ -1 \end{bmatrix}$

$\lambda_3 = 3$ 的特徵向量

$\begin{bmatrix} 3-3 & -2 & -2 \\ -1 & 2-3 & 0 \\ 1 & -1 & 1-3 \end{bmatrix} \begin{bmatrix} x_1 \\ x_2 \\ x_3 \end{bmatrix} = \begin{bmatrix} 0 \\ 0 \\ 0 \end{bmatrix} \Rightarrow \begin{bmatrix} 0 & -2 & -2 \\ -1 & -1 & 0 \\ 1 & -1 & -2 \end{bmatrix} \begin{bmatrix} x_1 \\ x_2 \\ x_3 \end{bmatrix} = \begin{bmatrix} 0 \\ 0 \\ 0 \end{bmatrix}$

取上式一、二列值依序排列

$$x_1 : x_2 : x_3 = \begin{vmatrix} -2 & -2 \\ -1 & 0 \end{vmatrix} : \begin{vmatrix} -2 & 0 \\ 0 & -1 \end{vmatrix} : \begin{vmatrix} 0 & -2 \\ -1 & -1 \end{vmatrix} = -2 : 2 : -2 = 1 : -1 : 1$$

$$\Rightarrow P_3 = \begin{bmatrix} 1 \\ -1 \\ 1 \end{bmatrix}$$

$$\therefore P = \begin{bmatrix} P_1 & | & P_2 & | & P_3 \end{bmatrix} = \begin{bmatrix} 1 & 0 & 1 \\ 1 & 1 & -1 \\ 0 & -1 & 1 \end{bmatrix} \quad P^{-1} = \begin{bmatrix} 0 & 1 & 1 \\ 1 & -1 & -2 \\ 1 & -1 & -1 \end{bmatrix}$$

相似矩陣 $P^{-1}AP = \begin{bmatrix} 1 & 0 & 0 \\ 0 & 2 & 0 \\ 0 & 0 & 3 \end{bmatrix} = D$（對角矩陣）

例題 6-19

$A = \begin{bmatrix} 4 & 1 & -2 \\ 1 & 0 & 2 \\ 1 & -1 & 3 \end{bmatrix}$，求特徵值及其相似對角矩陣。

解

特徵方程式：選 $|A - \lambda I| = 0$（矩陣中負號較少）

$$\begin{vmatrix} 4-\lambda & 1 & -2 \\ 1 & 0-\lambda & 2 \\ 1 & -1 & 3-\lambda \end{vmatrix} = \lambda^3 - 7\lambda^2 + 15\lambda - 9 = (\lambda-1)(\lambda-3)^2 = 0$$

解得 $\lambda = 1, 3, 3$

$(A - \lambda I)X = 0$

$$\Rightarrow \begin{bmatrix} 4-\lambda & 1 & -2 \\ 1 & 0-\lambda & 2 \\ 1 & -1 & 3-\lambda \end{bmatrix} \begin{bmatrix} x_1 \\ x_2 \\ x_3 \end{bmatrix} = \begin{bmatrix} 0 \\ 0 \\ 0 \end{bmatrix}$$

$\lambda_1 = 1$ 的特徵向量

$$\begin{bmatrix} 4-1 & 1 & -2 \\ 1 & 0-1 & 2 \\ 1 & -1 & 3-1 \end{bmatrix}\begin{bmatrix} x_1 \\ x_2 \\ x_3 \end{bmatrix}=\begin{bmatrix} 0 \\ 0 \\ 0 \end{bmatrix} \Rightarrow \begin{bmatrix} 3 & 1 & -2 \\ 1 & -1 & 2 \\ 1 & -1 & 2 \end{bmatrix}\begin{bmatrix} x_1 \\ x_2 \\ x_3 \end{bmatrix}=\begin{bmatrix} 0 \\ 0 \\ 0 \end{bmatrix}$$

取上式一、二列值依序排列

$$x_1 : x_2 : x_3 = \begin{vmatrix} 1 & -2 \\ -1 & 2 \end{vmatrix} : \begin{vmatrix} -2 & 3 \\ 2 & 1 \end{vmatrix} : \begin{vmatrix} 3 & 1 \\ 1 & -1 \end{vmatrix} = 0 : -8 : -4 = 0 : 2 : 1$$

$$\Rightarrow P_1 = \begin{bmatrix} 0 \\ 2 \\ 1 \end{bmatrix}$$

$\lambda_2 = 3$ 的特徵向量

$$\begin{bmatrix} 4-3 & 1 & -2 \\ 1 & 0-3 & 2 \\ 1 & -1 & 3-3 \end{bmatrix}\begin{bmatrix} x_1 \\ x_2 \\ x_3 \end{bmatrix}=\begin{bmatrix} 0 \\ 0 \\ 0 \end{bmatrix} \Rightarrow \begin{bmatrix} 1 & 1 & -2 \\ 1 & -3 & 2 \\ 1 & -1 & 0 \end{bmatrix}\begin{bmatrix} x_1 \\ x_2 \\ x_3 \end{bmatrix}=\begin{bmatrix} 0 \\ 0 \\ 0 \end{bmatrix}$$

取上式一、三列值依序排列

$$x_1 : x_2 : x_3 = \begin{vmatrix} 1 & -2 \\ -1 & 0 \end{vmatrix} : \begin{vmatrix} -2 & 1 \\ 0 & 1 \end{vmatrix} : \begin{vmatrix} 1 & 1 \\ 1 & -1 \end{vmatrix} = -2 : -2 : -2 = 1 : 1 : 1 \Rightarrow P_2 = \begin{bmatrix} 1 \\ 1 \\ 1 \end{bmatrix}$$

$\lambda_3 = 3$ 的特徵向量(重根)

$(A - \lambda_2 I)X_3 = X_2$

$$\begin{bmatrix} 1 & 1 & -2 \\ 1 & -3 & 2 \\ 1 & -1 & 0 \end{bmatrix}\begin{bmatrix} x_1 \\ x_2 \\ x_3 \end{bmatrix}=\begin{bmatrix} 1 \\ 1 \\ 1 \end{bmatrix} \Rightarrow \begin{cases} x_1 + x_2 - 2x_3 = 1 \\ x_1 - 3x_2 + 2x_3 = 1 \\ x_1 - x_2 + 0x_3 = 1 \end{cases}$$

取 $x_2 = x_3 = 1 \Rightarrow x_1 = 2$

$$\Rightarrow P_3 = \begin{bmatrix} 2 \\ 1 \\ 1 \end{bmatrix}$$

$$\therefore P = [P_1 \mid P_2 \mid P_3] = \begin{bmatrix} 0 & 1 & 2 \\ 2 & 1 & 1 \\ 1 & 1 & 1 \end{bmatrix} \quad P^{-1} = \begin{bmatrix} 0 & 1 & 1 \\ -1 & -2 & 4 \\ -1 & 1 & 2 \end{bmatrix}$$

相似矩陣 $P^{-1}AP = \begin{bmatrix} 1 & 0 & 0 \\ 0 & 3 & 1 \\ 0 & 0 & 3 \end{bmatrix} = J$（Jordan 矩陣）

卡萊–漢米頓定理

一 $n \times n$ 方矩陣 A 必與其特徵方程式吻合，也就是，如果此矩陣之特徵方程式如下所示：

$$|A-\lambda I| |A-\lambda I| = \lambda^n + a_{n-1}\lambda^{n-1} + a_{n-2}\lambda^{n-2} + a_{n-3}\lambda^{n-3} + \cdots\cdots + a_1\lambda + a_o = 0$$

則矩陣 A 必滿足下式

$$A^n + a_{n-1}A^{n-1} + a_{n-2}A^{n-2} + a_{n-3}A^{n-3} + \cdots\cdots + a_1 A + a_o I = 0$$

例題 6-20

若 $A = \begin{bmatrix} 2 & 2 & 1 \\ 1 & 3 & 1 \\ 1 & 2 & 2 \end{bmatrix}$

(a) 試證 $A^3 - 7A^2 + 11A - 5I = [\mathbf{O}]$。　(b) 求 A^4, A^{-1}（以 A, A^2 以及 I 表示）

解

(a)【證】：

因為

$$|A-\lambda I| = |A-\lambda I| = \begin{vmatrix} \lambda-2 & -2 & -1 \\ -1 & \lambda-3 & -1 \\ -1 & -2 & \lambda-2 \end{vmatrix}$$

$$= (\lambda-2)(\lambda-3)(\lambda-2) + (-2)(-1)(-1) + (-1)(-2)(-1)$$

$$-(-1)(\lambda-3)(-1)-(-1)(-2)(\lambda-2)-(\lambda-2)(-1)(-2)$$
$$=\lambda^3+(-2-3-2)\lambda^2+(6+4+6-1-2-2)\lambda$$
$$+(-12-2-2+3+4+4)$$
$$=\lambda^3-7\lambda^2+11\lambda-5=0$$

由卡萊-漢米頓定理，可知 $A^3-7A^2+11A-5I=[\mathbf{O}]$

(b) $A^3-7A^2+11A-5I=[\mathbf{O}]$
$A^3-7A^2+11A-5I=[\mathbf{O}]$
$\Rightarrow A^3=7A^2-11A+5I$
$A^4=AA^3=A(7A^2-11A+5I)=7A^3-11A^2+5A$
$=7(7A^2-11A+5I)-11A^2+5A=38A^2-72A+35I$

又
$A^{-1}(A^3-7A^2+11A-5I)=A^{-1}[\mathbf{O}]$
$A^2-7A+11I-5A^{-1}=[\mathbf{O}]$
$\Rightarrow A^{-1}=\dfrac{1}{5}(A^2-7A+11I)$

6-5 矩陣的應用

在學習電路學的過程中，經常會以網目電流法或節點電壓法來分析電路，而其所獲得的一個線性方程組，就可以以矩陣來表示與計算。

而許多電子元件的電路行為亦可以用矩陣來描述。例如，雙埠電路中，用以描述輸出及輸入行為的各種參數：

z 參數：$\begin{bmatrix} z_{11} & z_{12} \\ z_{21} & z_{22} \end{bmatrix}\begin{bmatrix} I_1 \\ I_2 \end{bmatrix}=\begin{bmatrix} V_1 \\ V_2 \end{bmatrix}$，$y$ 參數：$\begin{bmatrix} y_{11} & y_{12} \\ y_{21} & y_{22} \end{bmatrix}\begin{bmatrix} V_1 \\ V_2 \end{bmatrix}=\begin{bmatrix} I_1 \\ I_2 \end{bmatrix}$

以及

$$a\text{參數}:\begin{bmatrix} a_{11} & a_{12} \\ a_{21} & a_{22} \end{bmatrix}\begin{bmatrix} V_2 \\ -I_2 \end{bmatrix}=\begin{bmatrix} V_1 \\ I_1 \end{bmatrix}\text{,}\ h\text{參數}:\begin{bmatrix} h_{11} & h_{12} \\ h_{21} & h_{22} \end{bmatrix}\begin{bmatrix} I_1 \\ V_2 \end{bmatrix}=\begin{bmatrix} V_1 \\ I_2 \end{bmatrix}$$

例題 6-21

利用網目電流法，求圖 6.1 所示電路中 4Ω 電阻器消耗的功率。

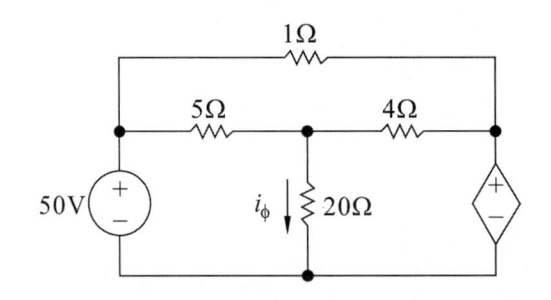

▲ 圖 6.1　例題 6-21 之電路圖

解

利用網目電流法，求解如下：

❶ 將網目電流標示於電路圖中

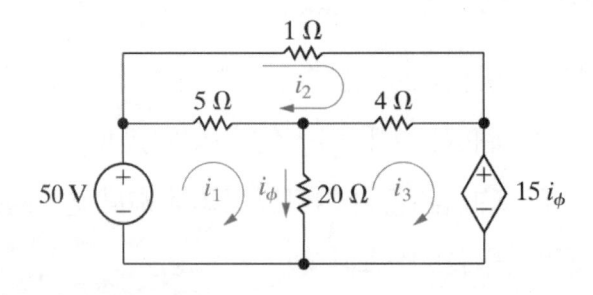

❷ 寫出網目方程式

$$\begin{cases} 5(i_1 - i_2) + 20(i_1 - i_3) = 50 \\ 1 \times i_2 + 4(i_2 - i_3) + 5(i_2 - i_1) = 0 \\ 4(i_3 - i_2) + 15i_\phi + 20(i_3 - i_1) = 0 \\ i_\phi = i_1 - i_3 \end{cases}$$

❸ 重新整理得網目方程式

$$\begin{cases} 25i_1 - 5i_2 - 20i_3 = 50 \\ -5i_1 + 10i_2 - 4i_3 = 0 \\ -5i_1 - 4i_2 + 9i_3 = 0 \end{cases}$$

❹ 以矩陣方式重寫網目方程式

$$\begin{bmatrix} 25 & -5 & -20 \\ -5 & 10 & -4 \\ -5 & -4 & 9 \end{bmatrix} \begin{bmatrix} i_1 \\ i_2 \\ i_3 \end{bmatrix} = \begin{bmatrix} 50 \\ 0 \\ 0 \end{bmatrix}$$

❺ 以克萊姆法解之

先求出行列式 Δ 之值

$$\Delta = \begin{vmatrix} 25 & -5 & -20 \\ -5 & 10 & -4 \\ -5 & -4 & 9 \end{vmatrix} = 25 \begin{vmatrix} 1 & -1 & -4 \\ -1 & 10 & -4 \\ -1 & -4 & 9 \end{vmatrix} = 25 \begin{vmatrix} 1 & -1 & -4 \\ 0 & 9 & -8 \\ 0 & -5 & 5 \end{vmatrix}$$

$$= 25(5) \begin{vmatrix} 1 & -1 & -4 \\ 0 & 9 & -8 \\ 0 & -1 & 1 \end{vmatrix} = 125(9-8) = 125$$

再解得 i_2 及 i_3

$$i_2 = \frac{\begin{vmatrix} 25 & 50 & -20 \\ -5 & 0 & -4 \\ -5 & 0 & 9 \end{vmatrix}}{\Delta} = \frac{250 \begin{vmatrix} 5 & 1 & -20 \\ -1 & 0 & -4 \\ -1 & 0 & 9 \end{vmatrix}}{125} = 2(-1)(-9-4) = 26\text{A} \text{,及}$$

$$i_3 = \frac{\begin{vmatrix} 25 & -5 & 50 \\ -5 & 10 & 0 \\ -5 & -4 & 0 \end{vmatrix}}{\Delta} = \frac{250 \begin{vmatrix} 5 & -5 & 1 \\ -1 & 10 & 0 \\ -1 & -4 & 0 \end{vmatrix}}{125} = 2(4+10) = 28\text{A}$$

故 $P_{4\Omega} = i^2 R = (i_3 - i_2)^2 R = (28-26)^2 (4) = 16\text{W}$

精選習題

6.1 求出下列行列式之值。

$$(a) \begin{vmatrix} 2 & 5 & -3 & -2 \\ -2 & -3 & 2 & -5 \\ 1 & 3 & -2 & 2 \\ -1 & -6 & 4 & 3 \end{vmatrix}, \quad (b) \begin{vmatrix} -3 & 1 & 8 & 0 \\ 2 & 1 & -1 & 0 \\ 4 & -5 & 2 & 6 \\ 11 & -3 & 1 & 7 \end{vmatrix}$$

解答 (a) –4，(b) 81

6.2 求下列所示之各個矩陣的乘積。

$$(a) \begin{bmatrix} 0 & 1 & -2 \\ -1 & 4 & 3 \end{bmatrix} \begin{bmatrix} 1 & 4 \\ 2 & 5 \\ -3 & 0 \end{bmatrix}, \quad (b) \begin{bmatrix} 1 & 4 \\ -2 & 0 \\ 3 & 5 \end{bmatrix} \begin{bmatrix} 1 & 4 & 3 \\ 2 & -1 & 0 \end{bmatrix}$$

解答 $(a) \begin{bmatrix} 8 & 5 \\ -2 & 16 \end{bmatrix}_{2 \times 2}$

$(b) \begin{bmatrix} 9 & 0 & 3 \\ -2 & -8 & -6 \\ 13 & 7 & 9 \end{bmatrix}_{3 \times 3}$

6.3 如果 $A = \begin{bmatrix} 1 & 3 \\ 2 & 4 \end{bmatrix}, B = \begin{bmatrix} 0 & 1 \\ 1 & -1 \end{bmatrix}, C = \begin{bmatrix} 1 & 0 \\ 2 & 1 \end{bmatrix}, X = \begin{bmatrix} x_1 & x_2 \\ x_3 & x_4 \end{bmatrix}$

試求 X，如果 X 滿足 $(a) AX = B$，$(b) BX = C$，$(c) CX = A$。

解答 $(a) \begin{bmatrix} \frac{3}{2} & -\frac{7}{2} \\ -\frac{1}{2} & \frac{3}{2} \end{bmatrix}$　$(b) \begin{bmatrix} 3 & 1 \\ 1 & 0 \end{bmatrix}$　$(c) \begin{bmatrix} 1 & 3 \\ 0 & -2 \end{bmatrix}$

6.4 $A = \begin{bmatrix} 0 & 2 \\ 2 & -1 \end{bmatrix}$, $B = \begin{bmatrix} 3 & 0 \\ -2 & 1 \end{bmatrix}$ 求 $|A|$、$|B|$、$|A||B|$，及 $|AB|$。

[解答] -4，3，-12，-12

6.5 $A = \begin{bmatrix} 3 & 2 \\ 1 & 4 \end{bmatrix}$, $B = \begin{bmatrix} 2 & 5 \\ 1 & 3 \end{bmatrix}$ 證明：$(AB)^{-1} = B^{-1}A^{-1}$。

[解答] $(AB)^{-1} = B^{-1}A^{-1}$

6.6 試求矩陣 A 的特徵值及對應的特徵向量 $A = \begin{bmatrix} 4 & 6 & 6 \\ 1 & 3 & 2 \\ -1 & -4 & -3 \end{bmatrix}$。

[解答] $\lambda = -1$，1，4，$P = [P_1 \mid P_2 \mid P_3] = \begin{bmatrix} 6 & 0 & 3 \\ 2 & 1 & 1 \\ -7 & -1 & -1 \end{bmatrix}$

6.7 $A = \begin{bmatrix} 3 & -2 & -5 \\ 4 & -1 & -5 \\ -2 & -1 & -3 \end{bmatrix}$，求特徵值、特徵向量及其相似矩陣。

[解答] $\lambda = -5, 2, 2$，$P = \begin{bmatrix} 3 & 1 & 1 \\ 2 & 3 & 1 \\ 4 & -1 & -0.4 \end{bmatrix}$，$J = P^{-1}AP = \begin{bmatrix} -5 & 0 & 0 \\ 0 & 2 & 1 \\ 0 & 0 & 2 \end{bmatrix}$

6.8 求下列矩陣的特徵方程式，特徵值及對應的特徵向量。

(a) $\begin{bmatrix} 1 & 1 \\ 4 & 1 \end{bmatrix}$ (b) $\begin{bmatrix} 0 & 1 & 0 \\ 0 & 0 & 1 \\ 1 & -3 & 3 \end{bmatrix}$

[解答] (a) $\lambda = -1$，3，$P = [P_1 \mid P_2] = \begin{bmatrix} 1 & 1 \\ -2 & 2 \end{bmatrix}$

(b) $\lambda = 1, 1, 1$,$P = [P_1 \mid P_2 \mid P_3] = \begin{bmatrix} 1 & 0 & 0 \\ 1 & 1 & 0 \\ 1 & 2 & 1 \end{bmatrix}$

6.9 $A = \begin{bmatrix} 1 & 1 & 2 \\ 1 & 2 & 1 \\ 2 & 1 & 1 \end{bmatrix}$,利用卡萊-漢米頓定理,計算 $A^3 - 4A^2 - A + 4I$。

解答 $A^3 - 4A^2 - A + 4I = [0] = \begin{bmatrix} 0 & 0 & 0 \\ 0 & 0 & 0 \\ 0 & 0 & 0 \end{bmatrix}$

6.10 $A = \begin{bmatrix} 3 & -4 & 0 \\ 4 & 3 & 0 \\ 0 & 0 & 5 \end{bmatrix}$

利用卡萊-漢米頓定理,

(a) 求 $A^3 - 11A^2 + 55A - 125I = ?$

(b) 求 A^4, A^{-1} (以 A, A^2 以及 I 表示)

解答 (a) $[0] = \begin{bmatrix} 0 & 0 & 0 \\ 0 & 0 & 0 \\ 0 & 0 & 0 \end{bmatrix}$

(b) $\dfrac{1}{125}(A^2 - 11A + 55I - 125)$

6.11 $A = \begin{bmatrix} 0 & -2 \\ 1 & 3 \end{bmatrix}$ 試求 A^{13}。

解答 $\begin{bmatrix} 2-2^{13} & 2-2(2^{13}) \\ -1+2^{13} & -1+2(2^{13}) \end{bmatrix} = \begin{bmatrix} 2-2^{13} & 2-2^{14} \\ -1+2^{13} & -1+2^{14} \end{bmatrix}$

6.12 如果 $A = \begin{bmatrix} 0 & -2 \\ 1 & 3 \end{bmatrix}$,以下列方法,求 e^A。

(a) 卡萊−漢米頓法

(b) 矩陣對角化法

解答 (a) $\begin{bmatrix} 2e^1 - e^2 & 2e^1 - 2e^2 \\ -e^1 + e^2 & -e^1 + 2e^2 \end{bmatrix}$

(b) $\begin{bmatrix} 2e^1 - e^2 & 2e^1 - 2e^2 \\ -e^1 + e^2 & -e^1 + 2e^2 \end{bmatrix}$，結果與(a)小題答案一致。

6.13 $A = \begin{bmatrix} \cos\theta & -\sin\theta \\ \sin\theta & \cos\theta \end{bmatrix}$，利用卡萊−漢米頓定理，試求試求

$A^2 - 2A\cos\theta + I = ?$

解答 $[0] = \begin{bmatrix} 0 & 0 \\ 0 & 0 \end{bmatrix}$

6.14 以 (a) 克萊姆法，(b) 反矩陣法，(c) 高斯消去法；

解下列聯立方程式：

$\begin{bmatrix} 1 & -1 & 2 \\ 2 & 0 & -1 \\ 1 & 1 & 1 \end{bmatrix} \begin{bmatrix} x \\ y \\ z \end{bmatrix} = \begin{bmatrix} 1 \\ 2 \\ 3 \end{bmatrix}$

解答 $x = \dfrac{5}{4}$，$y = \dfrac{5}{4}$，$z = \dfrac{1}{2}$

6.15 (a) 利用網目電流法，求下圖所示電路中各電壓源相關的功率。

(b) 求跨於 8Ω 電阻器兩端的電壓 v_o。

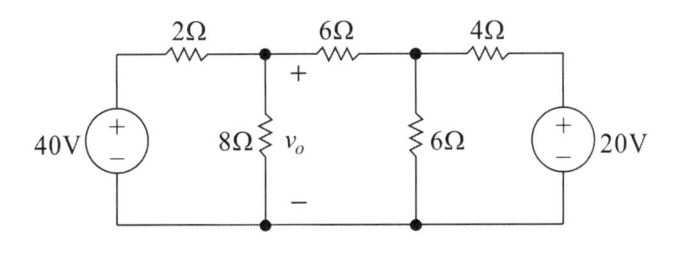

▲ 圖 P6.15　(a) 習題 6.15 的電路

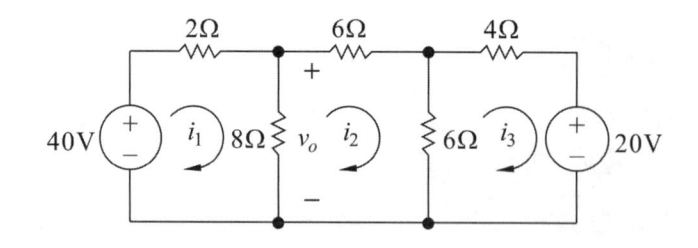

◐ 圖 P6.15　(b) 標示網目電流的電路

解答 (a) $P_{40V} = iv = (-5.6\text{A})(+40\text{V}) = -224\text{W}$

$P_{20V} = iv = (-0.8\text{A})(+20\text{V}) = -16\text{W}$

(b) $v_o = 8(i_1 - i_2) = 8(5.6 - 2) = 8(3.6) = 28.8\text{V}$

chapter 7 複變函數
Function of Complex Variable

本章大綱

7-1　基本觀念、複變數之圖示
7-2　複數函數、極限導數
7-3　解析函數與柯西黎曼方程式
7-4　常用複數函數計算公式
7-5　複平面上之線積分
7-6　複數線積分之基本性質
7-7　柯西積分定理
7-8　剩值定理
7-9　柯西積分的應用

7-1 基本觀念、複變數之圖示

複數，為實數的延伸，它使任一多項式都有根(使所有實係數方程式均有解)。複數當中有個「虛數單位」i，它是 -1 的一個平方根，即 $i=\sqrt{-1}$。任一複數都可表達為 $z = x + yi$，其中 x 及 y 皆為實數，分別稱為複數之「實部(real part)」和「虛部(imaginary part)」。

複數的發現源於三次方程的根的表達式。數學上，「複」字表明所討論的數體為複數，如複矩陣、複變函數等。

因為虛數 $\sqrt{-1}$ 在自然現象無法用具體的事物來說明或表達，故對於複數中，實數的 x 及虛部的 y 是不能直接運算。

例題 7-1

方程式 $x^2 + 2x + 3 = 0$ 在實數領域 $x \in R$ 中是無解，但若將 x 擴充至複數，則是有解

$$x = \frac{-2 \pm \sqrt{2^2 - 4(1)(3)}}{2(1)} = \frac{-2 \pm \sqrt{-8}}{2} = \frac{-2 \pm 2\sqrt{2}i}{2} = -1 \pm \sqrt{2}i$$

複數平面(或稱 Gauss 平面)：將複數 $z = x + yi$ 表成直角座標平面上的一個點 (x, y)，則所有複數依此對應關係所形成的直角座標平面，特稱為複數平面(或稱 Gauss 平面)，此時，x 軸稱為實數軸，y 軸稱為虛數軸。如圖 7.1 所示。

第七章 複變函數 325

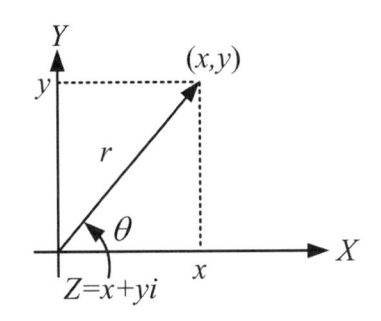

▲ 圖 7.1 複數的直角座標表示法

極座標系

在數學中，極座標系是一個二維座標系統。該座標系統中任意位置可由一個夾角(θ)和一段相對原點—極點的距離(r)來表示。極座標系的應用領域十分廣泛，包括數學、物理、工程、航海、航空以及機器人領域。在兩點間的關係用夾角(θ)和距離(r)很容易表示時，極座標系便顯得尤為有用；而在平面直角座標系中，這樣的關係就只能使用三角函數來表示。對於很多類型的曲線，極座標方程式是最簡單的表達形式，甚至對於某些曲線來說，只有極座標方程式能夠表示。

若以極座標(r,θ)表示(x,y)，則 $x = r\cos\theta$，$y = r\sin\theta$

而複數Z可以寫成：$Z = |Z|\angle Z = |Z|e^{i\angle Z}$，或 $Z = r(\cos\theta + i\sin\theta) = re^{i\theta}$

通常稱r為複數Z的絕對值

$r = |Z| = \sqrt{x^2 + y^2}$，$\theta = \angle Z = \tan^{-1}\dfrac{y}{x}$

θ是複數Z的輻角(argument)，其範圍通常定義於0到2π之間。

複數的基本運算

通過形式上應用代數的結合律、交換律和分配律,再加上等式 $i^2 = -1$,定義複數的加法、減法、乘法和除法:

若 $Z_1 = x_1 + y_1 i = r_1 e^{i\theta_1}$, $Z_2 = x_2 + y_2 i = r_2 e^{i\theta_2}$

(1) $Z_1 = Z_2$ 的充要條件為 $\begin{cases} x_1 = x_2 \\ y_1 = y_2 \end{cases}$ 或 $\begin{cases} r_1 = r_2 \\ \theta_1 = \theta_2 \end{cases}$

(2) 加減法 $Z_1 \pm Z_2 = (x_1 + x_2) + i(y_1 + y_2)$

(3) 乘法 $Z_1 Z_2 = (x_1 + iy_1)(x_2 + iy_2)$
$$= (x_1 x_2 - y_1 y_2) + i(x_1 y_2 + x_2 y_1)$$
$$= r_1 r_2 \, e^{i(\theta_1 + \theta_2)}$$

(4) 除法 $\dfrac{Z_1}{Z_2} = \dfrac{x_1 + iy_1}{x_2 + iy_2} = \dfrac{(x_1 + iy_1)(x_2 - iy_2)}{x_2^2 + y_2^2}$
$$= \dfrac{(x_1 x_2 + y_1 y_2) + i(-x_1 y_2 + x_2 y_1)}{x_2^2 + y_2^2}$$
$$= \dfrac{r_1 e^{i\theta_1}}{r_2 e^{i\theta_2}} = \dfrac{r_1}{r_2} e^{i(\theta_1 - \theta_2)}$$

例題 7-2

計算 (a) $(4+3i)^2$;(b) $\dfrac{1-i}{1+i} + \dfrac{1+2i}{1-2i}$。

解

(a) $(4+3i)^2 = (4+3i)(4+3i) = (16-9) + (12+12)i = 7 + 24i$

另解:
$(4+3i)^2 = [5(\cos 36.87° + i \sin 36.87°)]^2$
$= 5^2 (\cos 2 \times 36.87° + i \sin 2 \times 36.87°)$
$= 25(0.28 + 0.96) = 7 + 24i$

(b) $\dfrac{1-i}{1+i} + \dfrac{1+2i}{1-2i}$

$= \dfrac{(1-i)^2}{(1+i)(1-i)} + \dfrac{(1+2i)^2}{(1-2i)(1+2i)} = \dfrac{1-2i-1}{2} + \dfrac{1+4i-4}{5}$

$= -i + \dfrac{-3+4i}{5} = \dfrac{-5i-3+4i}{5} = \dfrac{-3-i}{5}$

在數學中，複數的共軛複數(conjugate number)是對虛部變號的運算，因此一個複數 $Z = x+iy$，其共軛複數為 $\overline{Z} = x-iy$。換言之，兩複數與在實數部份，其值相等，虛數部份則大小相等符號相反，則通常稱此兩複數為共軛複數，也就是 Z 與 $\overline{Z}$ 互為共軛。

由共軛特性可以得到以下結果：

(1) $Z + \overline{Z} = (x+iy) + (x-iy) = 2x \Rightarrow$ 恆為實數

$Z - \overline{Z} = (x+iy) - (x-iy) = i2y \Rightarrow$ 恆為虛數

若以 $R_e[Z]$ 表示複數 Z 的實部，$I_m[Z]$ 表示複數 Z 的虛部

則 $R_e[Z] = \dfrac{Z+\overline{Z}}{2}$

$I_m[Z] = \dfrac{Z-\overline{Z}}{2i}$

(2) $Z\overline{Z} = (x+iy)(x-iy) = x^2 + y^2 = |Z|^2$

例題 7-3

求 (a) $R_e\left(\dfrac{1}{1+2i}\right)$　(b) $R_e\left(\dfrac{2+3i}{1-i}\right)$　(c) $I_m\left(\dfrac{i}{1+2i}\right)$　(d) $I_m\left(\dfrac{3+4i}{2i}\right)$。

解

(a) $R_e\left(\dfrac{1}{1+2i}\right) = R_e\left[\dfrac{(1-2i)}{(1+2i)(1-2i)}\right]$

$$= R_e\left(\frac{1-2i}{1+4}\right)$$

$$= R_e\left(\frac{1-2i}{5}\right) = \frac{1}{5}$$

(b) $R_e\left(\dfrac{2+3i}{1-i}\right) = R_e\left[\dfrac{(2+3i)(1+i)}{(1-i)(1+i)}\right]$

$$= R_e\left(\frac{-1+5i}{2}\right) = -\frac{1}{2}$$

(c) $I_m\left(\dfrac{i}{1+2i}\right) = I_m\dfrac{i(1-2i)}{(1+2i)(1-2i)}$

$$= I_m\left(\frac{2+i}{5}\right) = \frac{1}{5}$$

(d) $I_m(\dfrac{3+4i}{2i}) = I_m(2+\dfrac{3}{2i})$

$$= I_m(2-\frac{3}{2}i) = -\frac{3}{2}$$

例題 7-4

試利用複變函數觀念，証明下述三倍角之公式：
(a) $\cos 3\theta = 4\cos^3\theta - 3\cos\theta$
(b) $\sin 3\theta = 3\sin\theta - 4\sin^3\theta$

解

令 $Z = e^{i\theta} = \cos\theta + i\sin\theta$

則 $Z^3 = (e^{i\theta})^3 = e^{i3\theta} = \cos 3\theta + i\sin 3\theta$ ·················(1)

又 $Z^3 = (\cos\theta + i\sin\theta)^3$
$= (\cos\theta)^3 + 3(\cos\theta)^2(i\sin\theta) + 3(\cos\theta)(i\sin\theta)^2 + (i\sin\theta)^3$
$= \cos^3\theta + 3i\cos^2\theta\sin\theta - 3\cos\theta\sin^2\theta - i\sin^3\theta$
$= \cos^3\theta - 3\cos\theta\sin^2\theta + i(3\cos^2\theta\sin\theta - \sin^3\theta)$
$= \cos^3\theta - 3\cos\theta(1-\cos^2\theta) + i[3(1-\sin^2\theta)\sin\theta - \sin^3\theta]$
$= (4\cos^3\theta - 3\cos\theta) + i(3\sin\theta - 4\sin^3\theta)$ ···············(2)

比較(1)、(2)的結果知

$$\begin{cases}(a)\cos 3\theta = 4\cos^3\theta - 3\cos\theta \\ (b)\sin 3\theta = 3\sin\theta - 4\sin^3\theta\end{cases}$$

為了便於導出倍角公式(以複變函數觀念)，$(x+y)^n$ 的展開就相形重要，茲整理常用之 $(x+y)^n$ 的展開式且輔以金字塔型之記憶法，供讀者參考，謹敘述如下：

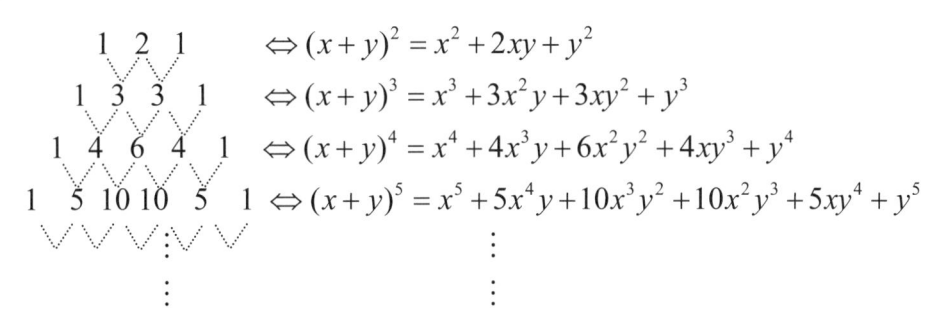

$$\begin{array}{l}
1\ \ 2\ \ 1 \quad \Leftrightarrow (x+y)^2 = x^2 + 2xy + y^2 \\
1\ \ 3\ \ 3\ \ 1 \quad \Leftrightarrow (x+y)^3 = x^3 + 3x^2y + 3xy^2 + y^3 \\
1\ \ 4\ \ 6\ \ 4\ \ 1 \quad \Leftrightarrow (x+y)^4 = x^4 + 4x^3y + 6x^2y^2 + 4xy^3 + y^4 \\
1\ \ 5\ \ 10\ \ 10\ \ 5\ \ 1 \quad \Leftrightarrow (x+y)^5 = x^5 + 5x^4y + 10x^3y^2 + 10x^2y^3 + 5xy^4 + y^5 \\
\vdots
\end{array}$$

7-2 複數函數、極限導數

複數函數 $f(Z)$ 是複數 $Z = x + iy$ 與複平面上的點的對應關係。

通常複數函數 $f(Z)$ 可以表示成：$f(Z) = u(x, y) + iv(x, y)$

其中 u、v 是函數 $f(Z)$ 的實部與虛部，u、v 均為 x、y 的實數函數，若每個複數 Z 僅對應一個複數函數 $f(Z)$，稱為單值複數函數，若有多個 $f(Z)$ 與之對應，則稱為多值複數函數。

由於多值複數函數在處理反函數時會造成困難，故通常選定一個 $f(Z)$ 做為主值(principal value)，其餘稱為分支(branch)。

例如 $\ln Z = \ln re^{i\theta} = \ln re^{i(\theta + 2\pi k)} = \ln|r| + i(\theta + 2\pi k)$ 是多值複數函數，如果

以 $0 \leq \theta \leq 2\pi$ 為主要幅角(principal argument)，則 $\ln r + i\theta$ 稱為主值。

複數函數包含實部的實數函數與虛部的實數函數，故在函數極限上的定義有可能彼此衝突，因此複數函數的極限可能不存在，以下是複數函數極限及導數定義。

(a) 極限

如果對於任意 $\varepsilon > 0$ 均存在 $\delta > 0$，使得當 $0 < |Z - Z_0| < \delta$ 時，$|f(Z) - f(Z_0)| < \varepsilon$，則稱複數函數 $f(Z)$ 在 $f(Z_0)$ 處存在極限，且 $\lim_{Z \to Z_0} f(Z) = f(Z_0)$，通常我們稱複數函數在 $Z = Z_0$ 處連續。

例題 7-5

證明複數函數 $f(Z) = \dfrac{2x - 3y}{x + y}$，當 $Z \to 0$ 時極限不存在。

解

$Z = x + yi$ 當 $Z \to 0$ 時

(a) 如果以 $x \to 0$、$y \to 0$ 代表 $Z \to 0$

則 $\lim\limits_{z \to 0} f(Z) = \lim\limits_{x \to 0} \lim\limits_{y \to 0} f(Z) = \lim\limits_{x \to 0} \lim\limits_{y \to 0} \dfrac{2x - 3y}{x + y} = 2$

而 $\lim\limits_{z \to 0} f(Z) = \lim\limits_{y \to 0} \lim\limits_{x \to 0} f(Z) = \lim\limits_{y \to 0} \lim\limits_{x \to 0} \dfrac{2x - 3y}{x + y} = -3 \neq 2$

$\Rightarrow Z \to 0$ 時極限不存在

(b) 如果 $y = mx$

則 $\lim\limits_{z \to 0} f(Z) = \lim\limits_{z \to 0} \dfrac{2x - 3y}{x + y} = \lim\limits_{z \to 0} \dfrac{2x - 3mx}{x + mx} = \lim\limits_{z \to 0} \dfrac{2 - 3m}{1 + m} = \dfrac{2 - 3m}{1 + m}$

因為 m 可能是任意數，故極限無法定義，$\Rightarrow Z \to 0$ 時極限不存在。

(b) 導數

若複數函數 $f(Z)$ 是複平面 R 區域內的單值函數，則函數導數定義為

$$f'(Z) = \lim_{\Delta Z \to 0} \frac{f(Z+\Delta Z) - f(Z)}{\Delta Z}$$

若極限存在，則稱 $f(Z)$ 可微分。

例題 7-6

複數函數 $f(Z) = \dfrac{1+Z}{1-Z}$，$Z \neq 1$，利用導數的定義求 $f'(Z)$。

解

$$\begin{aligned}
f'(Z) &= \lim_{\Delta Z \to 0} \frac{f(Z+\Delta Z) - f(Z)}{\Delta Z} \\
&= \lim_{\Delta Z \to 0} \frac{\dfrac{1+(Z+\Delta Z)}{1-(Z+\Delta Z)} - \dfrac{1+Z}{1-Z}}{\Delta Z} \\
&= \lim_{\Delta Z \to 0} \frac{\dfrac{[1+(Z+\Delta Z)](1-Z) - (1+Z)[1-(Z+\Delta Z)]}{[1-(Z+\Delta Z)](1-Z)}}{\Delta Z} \\
&= \lim_{\Delta Z \to 0} \frac{\dfrac{[(1+Z)+\Delta Z](1-Z) - (1+Z)[(1-Z)-\Delta Z]}{[1-(Z+\Delta Z)](1-Z)}}{\Delta Z} \\
&= \lim_{\Delta Z \to 0} \frac{\dfrac{(1-Z)\Delta Z + (1+Z)\Delta Z}{[1-(Z+\Delta Z)](1-Z)}}{\Delta Z} = \frac{2}{(1-Z)^2}
\end{aligned}$$

例題 7-7

應用導數定義來證明，$f(z) = \text{Re}(z)$，則 $f'(z)$ 於各處不存在。

解

令 $f(z) = \text{Re}(z) = \text{Re}(x+iy) = x$

則 $f'(Z) = \lim\limits_{\Delta Z \to 0} \dfrac{f(Z+\Delta Z) - f(Z)}{\Delta Z}$ ，$\Delta z = \Delta x + i\Delta y$

$= \lim\limits_{\Delta Z \to 0} \dfrac{\text{Re}(Z+\Delta Z) - \text{Re}(Z)}{\Delta Z} = \lim\limits_{\Delta Z \to 0} \dfrac{(x+\Delta x) - (x)}{\Delta Z}$

$= \lim\limits_{\substack{\Delta x \to 0 \\ \Delta y \to 0}} \dfrac{\Delta x}{\Delta x + i\Delta y}$

$= \lim\limits_{\substack{\Delta x \to 0 \\ \Delta y \to 0}} \dfrac{1}{1 + i\dfrac{\Delta y}{\Delta x}}$

但 $\dfrac{\Delta y}{\Delta x}$ 沒有界定，$f'(z)$ 可以有無限多值出現，

故 $f'(z)$ 於各處不存在(亦即不可微分)。

＊另一觀點：

Δy 先趨近於 0 時：$f'(Z) = \lim\limits_{\Delta x \to 0}\left[\lim\limits_{\Delta y \to 0} \dfrac{\Delta x}{\Delta x + i\Delta y}\right] = 1$

Δx 先趨近於 0 時：$f'(Z) = \lim\limits_{\Delta y \to 0}\left[\lim\limits_{\Delta x \to 0} \dfrac{\Delta x}{\Delta x + i\Delta y}\right] = 0 \neq 1$

因此 Z 是不可微分。

7-3 解析函數與柯西黎曼方程式

解析函數：若 $f(Z)$ 在 R 區域之內的所有點均存在導數，則稱 $f(Z)$ 在 R 區域內為可解析(analyticable)或 $f(Z)$ 為解析函數。

柯西黎曼方程式(Cauchy-Rieman Equation)

若 $f(Z) = u(x,y) + i\, v(x,y)$ 在 R 區域內為可解析之必要條件為 u 與 v 滿足柯西黎曼方程式

$$\frac{\partial u}{\partial x} = \frac{\partial v}{\partial y} \; , \; \frac{\partial u}{\partial y} = -\frac{\partial v}{\partial x}$$

此時 $f(Z)$ 的導數可以下列二種計算方式擇一使用

$$f'(Z) = \frac{\partial u}{\partial x} + i\frac{\partial v}{\partial x}$$

或 $\quad f'(Z) = \dfrac{\partial v}{\partial y} - i\dfrac{\partial u}{\partial y}$

例題 7-8

試證 $\sin \bar{z}$ 於任意處皆不為 z 之解析函數。

解

$f(Z) = \sin \bar{z} = \sin(x - iy) = \sin x \cosh y - i \cos x \sinh y = u + iv$

令 $u = \sin x \cosh y$，$v = -\cos x \sinh y$

$\dfrac{\partial u}{\partial x} = \cos x \cosh y$，$\dfrac{\partial u}{\partial y} = \sin x \sinh y$，$\dfrac{\partial v}{\partial x} = \sin x \sinh y$，$\dfrac{\partial v}{\partial y} = -\cos x \cosh y$

皆不滿足柯西黎曼方程式 $\begin{cases} \dfrac{\partial u}{\partial x} \neq \dfrac{\partial v}{\partial y} \\ \dfrac{\partial u}{\partial y} \neq -\dfrac{\partial v}{\partial x} \end{cases}$

故 $\sin \bar{z}$ 不為解析函數。

例題 7-9

已知函數 $u(x,y) = 3x^2y - y^3$，試求 $v(x,y) = ?$ 使得 $f(Z) = u + iv$ 為解析函數。

解

$u + iv$ 為解析函數

則 $\dfrac{\partial v}{\partial y} = \dfrac{\partial u}{\partial x} = \dfrac{\partial(3x^2y - y^3)}{\partial x} = 6xy$

$\Rightarrow v(x,y) = \int (6xy)dy + f(x) = 3xy^2 + f(x)$

$\dfrac{\partial v}{\partial x} = \dfrac{\partial \left[3xy^2 + f(x)\right]}{\partial x} = 3y^2 + f'(x) = -\dfrac{\partial u}{\partial y}$

$-\dfrac{\partial u}{\partial y} = -\dfrac{\partial(3x^2y - y^3)}{\partial y} = -3x^2 + 3y^2$

$\dfrac{\partial v}{\partial x} = -\dfrac{\partial u}{\partial y} \Rightarrow 3y^2 + f'(x) = -3x^2 + 3y^2$

$\therefore f'(x) = -3x^2,\ f(x) = -\int 3x^2 dx + c = -x^3 + c$

故選擇 $v(x,y) = 3xy^2 - x^3 + c$

7-4 常用複數函數計算公式

如果複數 $Z = x + iy = r(\cos\theta + i\sin\theta)$

① 指數：$Z^\alpha = r^\alpha(\cos\alpha\theta + i\sin\alpha\theta)$，其中 α 為有理數。

② 自然指數：$e^Z = e^{x+iy} = e^x(\cos y + i\sin y)$

③ 三角函數：

(a) $\sin Z = \dfrac{e^{iZ} - e^{-iZ}}{2i}$

(b) $\cos Z = \dfrac{e^{iZ} + e^{-iZ}}{2}$

(c) $\sin(Z_1 \pm Z_2) = \sin Z_1 \cos Z_2 \pm \sin Z_2 \cos Z_1$

$\cos(Z_1 \pm Z_2) = \cos Z_1 \cos Z_2 \mp \sin Z_1 \sin Z_2$

(d) $\sin(x+iy) = \sin x \cos(iy) + \cos x \sin(iy)$

$= \sin x \cos hy + i \cos x \sin hy$

(e) $\cos(x+iy) = \cos x \cos hy - i \sin x \sin hy$

④ 雙曲線函數：

(a) $\sin hZ = \dfrac{1}{2}(e^Z - e^{-Z})$

(b) $\cos hZ = \dfrac{1}{2}(e^Z + e^{-Z})$

(c) $\sin hZ = \sin h(x+iy) = \sin hx \cos y + i \cos hx \sin y$

$\cosh Z = \cosh(x+iy) = \cosh x \cos y + i \sinh x \sin y$

⑤ 對數：$\ln Z = \ln(re^{i\theta}) = \ln\left[re^{i(\theta+2k\pi)}\right]$

$= \ln|Z| + i(\theta + 2k\pi)$，$k=0, \pm1, \pm2, \cdots$

⑥ 廣義指數：如果 α 是任意實數

$Z^\alpha = e^{\alpha \ln|Z|} = e^{\alpha\left[\ln|Z| + i(\theta+2k\pi)\right]}$，$k=0, \pm1, \pm2, \cdots$

例題 7-10

將 $(a)\, 5^{-i}$，$(b)\, \ln(4+3i)$，$(c)\, i^{(2+3i)}$；$(d)\, \cosh(2i)$ 表示成 $a+bi$ 形式。

解

(a) $5^{-i} = e^{\ln 5^{-i}} = e^{-i \ln 5} = \cos \ln 5 - i \sin \ln 5$

(b) $\ln(4+3i) = \ln(5e^{i \tan^{-1} \frac{3}{4}}) = \ln 5 + i \tan^{-1} \dfrac{3}{4}$

(c) $i^{(2+3i)} = (e^{i\frac{\pi}{2}})^{(2+3i)} = e^{i\pi}\, e^{-\frac{3}{2}\pi} = e^{-\frac{3}{2}\pi}(\cos \pi + i \sin \pi) = -e^{-\frac{3}{2}\pi}$

(d) $\cosh(2i) = \dfrac{e^{2i} + e^{-2i}}{2} = \dfrac{e^{i2} + e^{-i2}}{2} = \cos 2$

例題 7-11

利用三角函數及雙曲線函數的定義證明下式：

(a) $\cos iZ = \cosh Z$

(b) $\sin iZ = i \sinh Z$

解

【證】：

(a) $\cos iZ = \dfrac{e^{i(iZ)} + e^{-i(iZ)}}{2} = \dfrac{e^{-Z} + e^{Z}}{2} = \dfrac{e^{Z} + e^{-Z}}{2} = \cosh Z$

(b) $\sin iZ = \dfrac{e^{i(iZ)} - e^{-i(iZ)}}{2i} = \dfrac{e^{-Z} - e^{Z}}{2i} = i\dfrac{e^{Z} - e^{-Z}}{2} = i \sinh Z$

例題 7-12

利用三角函數及雙曲線函數的定義證明下式：

(a) $\dfrac{d}{dZ} \cosh Z = \sinh Z$

(b) $\dfrac{d}{dZ} \sinh Z = \cosh Z$

解

【證】：

(a) $\cosh Z = \dfrac{e^{Z} + e^{-Z}}{2} \Rightarrow \dfrac{d}{dZ} \cosh Z = \dfrac{d}{dZ}\left(\dfrac{e^{Z} + e^{-Z}}{2}\right) = \dfrac{e^{Z} - e^{-Z}}{2} = \sinh Z$

(b) $\sinh Z = \dfrac{e^{Z} - e^{-Z}}{2} \Rightarrow \dfrac{d}{dZ} \sinh Z = \dfrac{d}{dZ}\left(\dfrac{e^{Z} - e^{-Z}}{2}\right) = \dfrac{e^{Z} + e^{-Z}}{2} = \cosh Z$

例題 7-13

利用三角函數及雙曲線函數的定義證明下式：

(a) $\sin(x+iy) = \sin x \cosh y + i \cos x \sinh y$

(b) $\cos(x+iy) = \cos x \cosh y - i \sin x \sinh y$

解

【證】：

(a) $\sin(x+iy) = \sin x \cos(iy) + \cos x \sin(iy) = \sin x \cosh y + i \cos x \sinh y$

(b) $\cos(x+iy) = \cos x \cos(iy) - \sin x \sin(iy) = \cos x \cosh y - i \sin x \sinh y$

例題 7-14

試求 $Z^4 + 1 = 0$ 之所有根。

解

$Z^4 = -1 = e^{i\pi} = e^{i(\pi+2k\pi)}$，$k=0,1,2,3,\cdots$

則 4 次方根 $Z = e^{i\frac{\pi+2k\pi}{4}}$

當 $k=0$ 時，
$Z_0 = e^{i\frac{\pi}{4}} = \cos\frac{\pi}{4} + i\sin\frac{\pi}{4} = \frac{1}{\sqrt{2}} + i\frac{1}{\sqrt{2}}$

$k=1$ 時，
$Z_1 = e^{i\frac{3\pi}{4}} = \cos\frac{3\pi}{4} + i\sin\frac{3\pi}{4} = -\frac{1}{\sqrt{2}} + i\frac{1}{\sqrt{2}}$

$k=2$ 時，
$Z_2 = e^{i\frac{5\pi}{4}} = \cos\frac{5\pi}{4} + i\sin\frac{5\pi}{4} = -\frac{1}{\sqrt{2}} - i\frac{1}{\sqrt{2}}$

$k=3$ 時，
$Z_3 = e^{i\frac{7\pi}{4}} = \cos\frac{7\pi}{4} + i\sin\frac{7\pi}{4} = \frac{1}{\sqrt{2}} - i\frac{1}{\sqrt{2}}$

其餘 k 值均會重覆 Z_0，Z_1，Z_2，Z_3 的結果。

例題 7-15

試求 $Z^3 = 1+i$ 之所有根。

解

$Z^3 = 1+i = \sqrt{2}e^{i\frac{\pi}{4}} = \sqrt{2}e^{i(\frac{\pi}{4}+2k\pi)}$, $k=0,1,2,\cdots$

則 3 次方根 $Z = \left[\sqrt{2}e^{i\frac{\pi+8k\pi}{4}}\right]^{\frac{1}{3}} = 2^{\frac{1}{6}}e^{i\frac{\pi+8k\pi}{12}}$

當 $k=0$ 時，
$Z_0 = 2^{\frac{1}{6}}e^{i\frac{\pi+8k\pi}{12}}\bigg|_{k=0} = 2^{\frac{1}{6}}e^{i\frac{\pi}{12}} = 2^{\frac{1}{6}}\left(\cos\frac{\pi}{12} + i\sin\frac{\pi}{12}\right)$

$k=1$ 時，
$Z_1 = 2^{\frac{1}{6}}e^{i\frac{\pi+8k\pi}{12}}\bigg|_{k=1} = 2^{\frac{1}{6}}e^{i\frac{9\pi}{12}} = 2^{\frac{1}{6}}e^{i\frac{3\pi}{4}} = 2^{\frac{1}{6}}\left(\cos\frac{3}{4}\pi + i\sin\frac{3}{4}\pi\right)$
$= 2^{\frac{1}{6}}\left(-\frac{1}{\sqrt{2}} + i\frac{1}{\sqrt{2}}\right) = 2^{\frac{1}{6}}\left(-2^{-\frac{1}{2}} + i2^{-\frac{1}{2}}\right) = 2^{\frac{1}{6}-\frac{1}{2}}(-1+i) = 2^{\frac{-2}{6}}(-1+i) = 2^{\frac{-1}{3}}(-1+i)$

$k=2$ 時，
$Z_2 = 2^{\frac{1}{6}}e^{i\frac{\pi+8k\pi}{12}}\bigg|_{k=2} = 2^{\frac{1}{6}}e^{i\frac{\pi+16\pi}{12}} = 2^{\frac{1}{6}}e^{i\frac{17\pi}{12}} = 2^{\frac{1}{6}}e^{i\frac{17}{12}\pi} = 2^{\frac{1}{6}}\left(\cos\frac{17}{12}\pi + i\sin\frac{17}{12}\pi\right)$

其餘 k 值均會重覆 Z_0, Z_1, Z_2 的結果。

例題 7-16

求下列複數函數的極限值：

(a) $\lim\limits_{Z \to 0}\dfrac{Z^3 - 4Z + 12}{Z^2 + 3Z - 4}$

(b) $\lim\limits_{Z \to 1}\left(\dfrac{e^Z}{Z^3} - \dfrac{2Z+1}{\ln(3Z+2)}\right)$

(c) $\lim\limits_{Z \to i}\dfrac{Z^{14}+1}{Z^{10}+1}$

第七章 複變函數 339

(d) $\lim\limits_{Z \to 0} \dfrac{1-\cos 2Z}{1-\cos Z}$

解

(a) $\lim\limits_{Z \to 0} \dfrac{Z^3 - 4Z + 12}{Z^2 + 3Z - 4} = \dfrac{12}{-4} = -3$

(b) $\lim\limits_{Z \to 1} \left(\dfrac{e^Z}{Z^3} - \dfrac{2Z+1}{\ln(3Z+2)} \right) = e^1 - \dfrac{2+1}{\ln(3+2)} = e^1 - \dfrac{3}{\ln(5)}$

(c) $\lim\limits_{Z \to i} \dfrac{Z^{14}+1}{Z^{10}+1} = \lim\limits_{Z \to i} \dfrac{14Z^{13}}{10Z^9} = \lim\limits_{Z \to i} \dfrac{14}{10}Z^4 = \dfrac{14}{10}(i^4) = \dfrac{14}{10}(1) = \dfrac{7}{5}$

(d) $\lim\limits_{Z \to 0} \dfrac{1-\cos 2Z}{1-\cos Z} = \lim\limits_{Z \to 0} \dfrac{2\sin 2Z}{\sin Z} = \lim\limits_{Z \to 0} \dfrac{4\cos 2Z}{\cos Z} = \dfrac{4}{1} = 4$

✪ 其中(c), (d)使用到了 L'hospital 規則

7-5 複平面上之線積分

如果在複平面上存在有限弧長之曲線 C，其起始點為 A，終點為 B，考慮複數函數 $f(Z)$ 沿曲線 C 的積分定義如下：將曲線 C 分割成 n 等份 $(Z_1, Z_2, \ldots Z_{n-1})$，如圖 7.2 所示，起點為 $A = Z_o$，終點 $B = Z_n$，且點 Z_{k-1} 至 Z_k 之線段上之任一點為 ζ_k，且若

$$Z_k - Z_{k-1} \equiv \Delta Z_k$$
$$S_n = f(\zeta_1)(Z_1 - Z_o) + f(\zeta_2)(Z_2 - Z_1) + \ldots + f(\zeta_n)(Z_n - Z_{n-1})$$
$$= \sum_{k=1}^{n} f(\zeta_k)(Z_k - Z_{k-1})$$
$$= \sum_{k=1}^{n} f(\zeta_k)(\Delta Z_k)$$

如果極限

$$\lim_{n\to\infty}\sum_{k=1}^{n}f(\zeta_k)\Delta Z_k$$

存在,則複變函數 $f(Z)$ 沿曲線段 C 之線積分

$$\int_c f(Z)dZ = \lim_{\substack{n\to\infty \\ \Delta Z_k \to 0}}\sum_{k=1}^{n}f(\zeta_k)\Delta Z_k$$

如果 A 點和 B 點重疊,則曲線 C 稱為環路,線積分則稱為環路積分 (contour integration),符號如下:

$$\oint f(Z)dZ$$

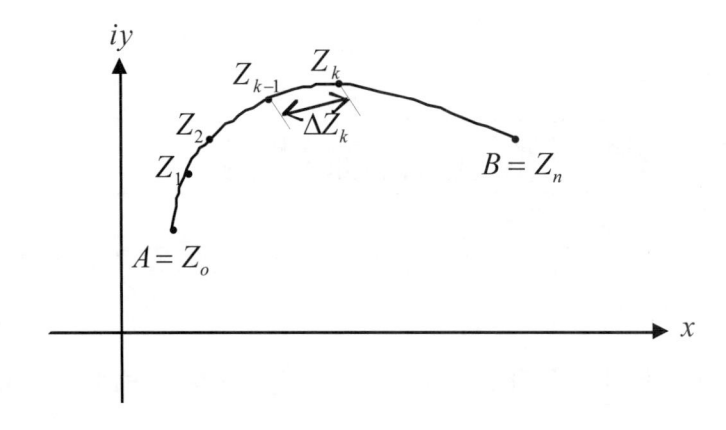

▲ 圖 7.2　複數函數 $f(Z)$ 沿曲線 C 的積分之圖示

例題 7-17

如果環路 C 是以 Z_0 為圓心,半徑 r 的圓,試求線積分 $\int_c \dfrac{dZ}{Z-Z_0}$。

解

如圖所示:

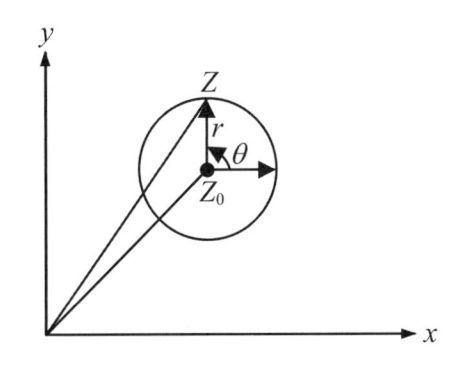

▲ 圖 7.3　例 7-17 圖示

$(x-x_0)^2+(y-y_0)^2=r^2$

$x-x_0=r\cos\theta$

$y-y_0=r\sin\theta$

$Z=x+yi$ ， $Z_0=x_0+y_0 i$

$\begin{cases} Z-Z_0=(x-x_0)+i(y-y_0)=r\cos\theta+ir\sin\theta=r\,e^{i\theta} \\ dZ=r\,i\,e^{i\theta}\,d\theta \end{cases}$

則積分 $\int_c \dfrac{dZ}{Z-Z_0}=\int_0^{2\pi}\dfrac{r\,i\,e^{i\theta}\,d\theta}{r\,e^{i\theta}}=i\int_0^{2\pi}d\theta=2\pi i$

7-6　複數線積分之基本性質

在複平面中所定義區域，如果可以單一環路 C 包圍成封閉區域稱為簡連區域(simply connected region)，由多個環路完成封閉區域則稱為複連區域(multiply connected region)，如圖 7.4 所示。

簡連區域　　　　　　　　複連區域

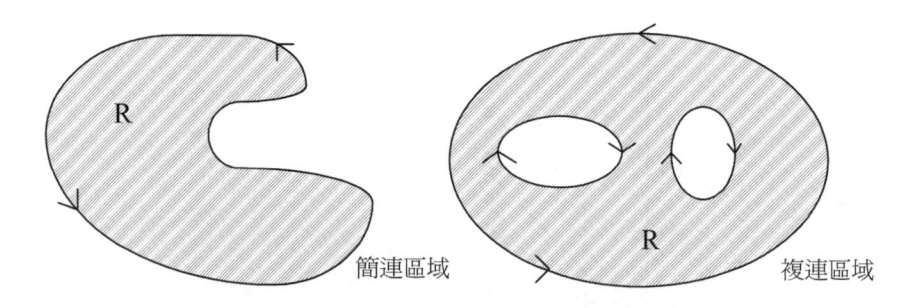

▲ 圖 7.4　封閉區域

柯西定理：不論是簡連區域或複連區域，如果形成封閉區域的邊界 C 是平滑曲線，若複數函數 $f(Z)$ 在此區域內是可解析，且導數 $f'(Z)$ 是連續，則

$$\oint_C f(Z)dZ = 0$$

上述定理是法國數學家高塞所推衍出來，故又稱柯西-高塞定理(Cauchy-Goursat theorem)。

根據上述定理我們可以得到重要結論：複平面的線積分與路徑無關。

$$\oint_C f(Z)dZ = \int_b^a f(Z)dZ + \int_a^b f(Z)dZ = 0$$
$$\quad\quad\quad\quad\quad 沿 C_1 \quad\quad\quad 沿 C_2$$

所以 $\int_b^a f(Z)dZ = -\int_a^b f(Z)dZ$

$\quad\quad\quad 沿 C_1 \quad\quad\quad 沿 C_2$

第七章 複變函數 343

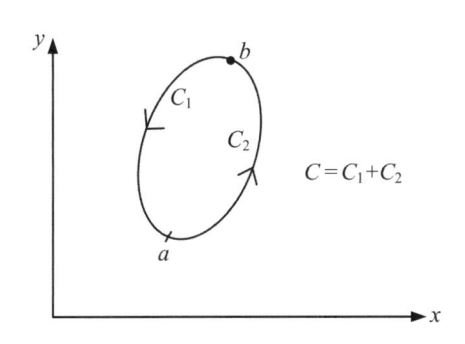

▲ 圖 7.5 線積分環路

例題 7-18

$f(Z) = Z^2$，試求 $\int_C f(Z)dZ$，路徑如圖示

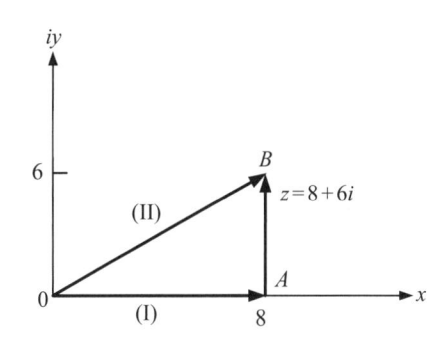

(a) I：自 0 沿 A 至 B 點。

(b) II：自 0 至 B 點。

解

(a) $Z^2 = (x+iy)^2 = x^2 - y^2 + 2xyi$，$dZ = dx + idy$

$$\int_{C_1} Z^2 dZ = \int_0^A Z^2 dZ + \int_A^B Z^2 dZ$$

$$= \int_0^8 x^2 \, dx + \int_0^6 (64 - y^2 + 16yi)i \, dy$$

$$= \frac{1}{3}x^3 \Big|_0^8 + \int_0^6 \left[(64-y^2)i - 16y\right] dy$$

$$= \frac{512}{3} + \left[(64y - \frac{y^3}{3})i - 8y^2\right]\Big|_0^6 = \frac{512}{3} + [(384 - \frac{216}{3})i - 288]$$

$$= \frac{512}{3} + \left(\frac{936}{3}i - 288\right) = \frac{512-864}{3} + \frac{936}{3}i$$

$$= -\frac{352}{3} + \frac{936}{3}i = \frac{-352+936i}{3}$$

(b) $\overline{OB}$ 線之方程式為 $y = \frac{3}{4}x$

$$Z^2 = (x+iy)^2 = \left(x + \frac{3}{4}ix\right)^2 = \left(\frac{4+3i}{4}x\right)^2 = \frac{7+24i}{16}x^2$$

$$dZ = dx + \frac{3}{4}idx = (1 + \frac{3i}{4})dx = \frac{4+3i}{4}dx$$

$$\int_{C_2} Z^2\,dZ = \int_0^8 \frac{7+24i}{16} \cdot \frac{4+3i}{4} x^2\,dx$$

$$= \frac{-44+117i}{64}\left(\frac{x^3}{3}\right)\Bigg|_0^8 = \frac{-352+936i}{3}$$

(I)與(II)積分結果相同。

7-7 柯西積分定理

如果 $f(Z)$ 在複平面的簡連區域 R 中,且 C 為 R 內的一個簡單封閉的可求長曲線(即連續而不自交並且能定義長度的閉合曲線),那麼函數在內部的點 a 上的值是:

$$f(a) = \frac{1}{2\pi i}\oint_C \frac{f(Z)}{Z-a}dZ$$

以上公式說明,全純函數必然是無窮次可導的。這是因為假設以上的公式對函數 $f(Z)$ 的 n 階導數成立:

$$f^{(n)}(a) = \frac{1}{2\pi i}\oint_C \frac{f^{(n)}(Z)}{Z-a}dZ$$

對上式等號右側的積分進行 n 次分部積分變換就可得到對 n 階導數的柯西積分公式，其中積分路徑以逆時針方向為正向，$f(Z)$ 的 n 階導數為：

$$f^{(n)}(a) = \frac{n!}{2\pi i} \oint_C \frac{f(Z)}{(Z-a)^{n+1}} dZ$$

上述公式稱為**柯西積分定理**。

例題 7-19

利用柯西積分定理重做【例題 7-17】。

解

令 $f(Z) = 1$ 為一解析函數，$a = Z_0$

則 $\oint_C \frac{f(Z)}{Z-Z_0} dZ = \oint_C \frac{1}{Z-Z_0} dZ$

$\qquad\qquad\qquad = 2\pi i f(Z_0)$

$\qquad\qquad\qquad = 2\pi i$

7-8 剩值定理

在複分析中，剩值定理是用來計算解析函數沿著閉曲線的路徑積分的一個有力的工具，也可以用來計算實函數的積分。它是柯西積分定理和柯西積分公式的推廣。

如果複數函數 $f(Z)$ 在 $Z = a$ 處，可以展開成以下形式：

$$f(Z) = \frac{a_{-n}}{(Z-a)^n} + \cdots + \frac{a_{-1}}{Z-a} + a_0 + a_1(Z-a) + \cdots$$

稱之為**勞倫級數**(Laurent)，其中係數 a_{-1} 稱為 $f(Z)$ 在極點 $Z = a$ 處的**剩值**(residue)記成 $\text{Res}(a)$。

上述複數函數 $f(Z)$ 在簡連區域 R 中的環路積分可由剩值獲得之。

$$\oint_C f(Z)dZ = 2\pi i a_{-1} \Rightarrow 稱之為\textbf{剩值定理}。$$

(1) 如果複數函數 $f(Z)$ 在 R 中不止一個剩值，則

$$\oint_C f(Z)dZ = 2\pi i (a_{-1} + b_{-1} + c_{-1} + \cdots)$$

其中 $a_{-1}, b_{-1}, c_{-1}, \cdots$ 為 $f(Z)$ 在勞倫級數展開中的有限極點所對應的剩值。

(2) 若 $Z = a$ 為單極點，則剩值
$$a_{-1} = \text{Res}(a) = \lim_{z \to a} (Z-a) f(Z)$$

若 $Z = a$ 為 n 階極點，則剩值
$$a_{-1} = \text{Res}(a) = \lim_{z \to a} \frac{1}{(n-1)!} \frac{d^{n-1}}{dZ^{n-1}} \left[(Z-a)^n f(Z) \right]$$

例題 7-20

求下列複數函數 $f(Z)$ 的剩值。

(a) $f(Z) = \dfrac{Z+2}{Z(Z+1)^2}$

(b) $f(Z) = \dfrac{Ze^{3Zx}}{(Z-1)^2}$

(c) $f(Z) = \dfrac{Z^3 + 2Z^2 + 4}{(Z-1)^3}$

(d) $f(Z) = \dfrac{\cosh Z}{Z^5}$

解

(a) $f(Z) = \dfrac{Z+2}{Z(Z+1)^2}$

$\text{Res}(0) = \lim\limits_{Z \to 0} Z \cdot \dfrac{Z+2}{Z(Z+1)^2} = 2$

$\text{Res}(-1) = \lim\limits_{Z \to -1} \dfrac{1}{1!} \dfrac{d}{dZ}\left[(Z+1)^2 \dfrac{Z+2}{Z(Z+1)^2}\right]$

$= \lim\limits_{Z \to -1} \dfrac{d}{dZ}\left(\dfrac{Z+2}{Z}\right) = \lim\limits_{Z \to -1}\left(\dfrac{1(Z)-1(Z+2)}{Z^2}\right) = -2$

(b) $f(Z) = \dfrac{Ze^{3Zx}}{(Z-1)^2}$

$\text{Res}(1) = \lim\limits_{Z \to 1} \dfrac{1}{1!} \dfrac{d}{dZ}\left[(Z-1)^2 \dfrac{Ze^{3Zx}}{(Z-1)^2}\right]$

$= \lim\limits_{Z \to 1} \dfrac{d}{dZ}\left(Ze^{3Zx}\right) = \lim\limits_{Z \to 1}\left(e^{3Zx} + 3xZe^{3Zx}\right) = e^{3x} + 3xe^{3x}$

(c) $f(Z) = \dfrac{Z^3+2Z^2+4}{(Z-1)^3}$

$\text{Res}(1) = \lim\limits_{Z \to 1} \dfrac{1}{2!} \dfrac{d^2}{dZ^2}\left[(Z-1)^3 \dfrac{Z^3+2Z^2+4}{(Z-1)^3}\right]$

$= \lim\limits_{Z \to 1} \dfrac{1}{2!} \dfrac{d^2}{dZ^2}\left(Z^3+2Z^2+4\right) = \lim\limits_{Z \to 1} \dfrac{1}{2!}(6Z+4) = 5$

(d) $f(Z) = \dfrac{\cosh Z}{Z^5} = \dfrac{1}{Z^5}(1 + \dfrac{Z^2}{2!} + \dfrac{Z^4}{4!} + \dfrac{Z^6}{6!} + \cdots)$

$= \dfrac{1}{Z^5} + \dfrac{1}{2!}\dfrac{1}{Z^3} + \dfrac{1}{4!}\dfrac{1}{Z^1} + \dfrac{Z^1}{6!} + \cdots$

$\text{Res}(0) = \dfrac{1}{4!} = \dfrac{1}{(4)(3)(2)(1)} = \dfrac{1}{24}$

例題 7-20(d)中使用到了級數列，讓我們再回顧一下級數的觀念。

泰勒級數

複變函數 f(z) 對 z=a 展開的泰勒級數是如下的冪級數：

$$f(z) = \sum_{n=0}^{n=\infty} \frac{f^n(x)}{n!}(x-a)^n$$
$$= f(a) + f'(a)(z-a) + \frac{f''(a)}{2!}(z-a)^2 + \frac{f'''(a)}{3!}(z-a)^3 + \ldots$$

如果 $a = 0$，那麼這個級數則被稱之為麥克勞倫級數。

例題 7-21

導出下列函數對 z=0 的泰勒級數展開式：

(a) $f(z) = e^z$

(b) $f(z) = \cosh z$

解

(a) $f(z) = e^z \Rightarrow f(z) = f'(z) = f''(z) = f'''(z) = \ldots = e^z$

$f(0) = f'(0) = f''(0) = f'''(0) = \ldots = 1$

$f(z) = f(a) + f'(a)(z-a) + \frac{f''(a)}{2!}(z-a)^2 + \frac{f'''(a)}{3!}(z-a)^3 + \ldots$

$f(z) = e^z = 1 + z + \frac{z^2}{2!} + \frac{z^3}{3!} + \frac{z^4}{4!} + \ldots$

(b) $e^z = 1 + z + \frac{z^2}{2!} + \frac{z^3}{3!} + \frac{z^4}{4!} + \ldots$

$e^{-z} = 1 - z + \frac{z^2}{2!} - \frac{z^3}{3!} + \frac{z^4}{4!} - \ldots$

$\cosh z = \frac{e^z + e^{-z}}{2}$

$= \frac{1}{2}\left[\left(1 + z + \frac{z^2}{2!} + \frac{z^3}{3!} + \frac{z^4}{4!} + \ldots\right) + \left(1 - z + \frac{z^2}{2!} - \frac{z^3}{3!} + \frac{z^4}{4!} - \ldots\right)\right]$

$$= 1 + \frac{z^2}{2!} + \frac{z^4}{4!} + \frac{z^6}{6!} + \ldots$$

茲整理一下常用的基本函數對 z=0 的泰勒級數展開式：

❶ $f(z) = e^z = 1 + z + \dfrac{z^2}{2!} + \dfrac{z^3}{3!} + \dfrac{z^4}{4!} + \ldots$

❷ $f(z) = \sin z = z - \dfrac{z^3}{3!} + \dfrac{z^5}{5!} - \dfrac{z^7}{7!} + \ldots$

❸ $f(z) = \cos z = 1 - \dfrac{z^2}{2!} + \dfrac{z^4}{4!} - \dfrac{z^6}{6!} + \ldots$

❹ $f(z) = \sinh z = z + \dfrac{z^3}{3!} + \dfrac{z^5}{5!} + \dfrac{z^7}{7!} + \ldots$

❺ $f(z) = \cosh z = 1 + \dfrac{z^2}{2!} + \dfrac{z^4}{4!} + \dfrac{z^6}{6!} + \ldots$

❻ $f(z) = \dfrac{1}{1+z} = 1 - z + z^2 - z^3 + z^4 + \ldots$

❼ $f(z) = \dfrac{1}{1-z} = 1 + z + z^2 + z^3 + z^4 + \ldots$

❽ $f(z) = \ln(1+z) = z - \dfrac{z^2}{2!} + \dfrac{z^3}{3!} - \dfrac{z^4}{4!} + \dfrac{z^5}{5!} - \ldots$

❾ $f(z) = \ln(1-z) = -z - \dfrac{z^2}{2!} - \dfrac{z^3}{3!} - \dfrac{z^4}{4!} - \dfrac{z^5}{5!} - \ldots$

❿ $f(z) = \ln(1+z) - \ln(1-z) = 2\left(z + \dfrac{z^3}{3!} + \dfrac{z^5}{5!} + \ldots\right)$

例題 7-22

利用剩值定理，求下列積分：

$(a)\ \displaystyle\oint_C \dfrac{Z^3 + 1}{(Z-1)(Z+2)} dZ \quad : \ |Z-1+2i| = 3$

$(b)\ \displaystyle\oint_C \dfrac{Z^5 + 1}{e^Z \sin Z} dZ \quad : \ |Z+3-4i| = 2$

解

(a) $(Z-1)(Z+2) = 0 \Rightarrow Z = 1, Z = -2$(不合)

$$\text{Res}(1) = \frac{Z^3+1}{(Z+2)}\Big|_{Z=1} = \frac{2}{3}$$

$$\int_c \frac{Z^3+1}{(Z-1)(Z+2)} dZ = 2\pi i \text{Res}(1) = 2\pi i \times \frac{2}{3} = \frac{4}{3}\pi i$$

(b) $e^Z \sin Z = 0 \Rightarrow Z = -\infty, 0, \pm\pi, \pm 2\pi, \pm 3\pi \cdots$

但所有值皆不位於圓內

$$\therefore \int_c \frac{Z^5+1}{e^Z \sin Z} dZ = 2\pi i[0] = 0$$

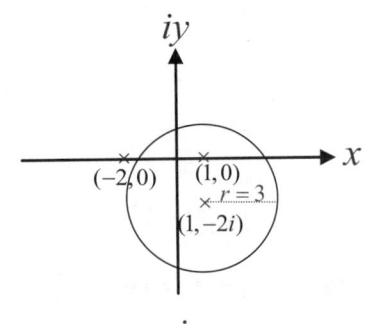

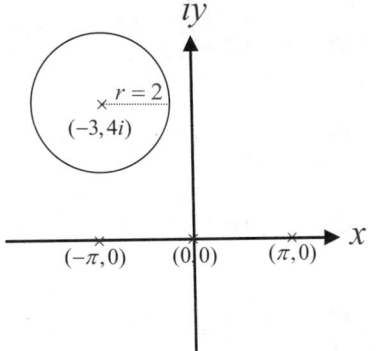

例題 7-23

利用剩值定理，求下列積分

(a) $\oint_C \frac{Z+2}{(Z-1)(Z^2+9)} dZ$ ， $C:|Z|=2$

(b) $\oint_C \frac{Z^3+2Z^2+3Z+4}{(Z+1)^4} dZ$ ， $C:\left|Z-\frac{5}{2}\right|=5$

(c) $\oint_C \frac{Z^3+2}{e^Z \sin Z} dZ$ ， $C:|Z|=4$

解

(a) 極點 $Z = 1$ ， $\pm 3i$ ，僅 $Z = 1$ 在範圍內

$$\text{Res}(1) = \lim_{Z \to 1} \frac{Z+2}{Z^2+9} = \frac{3}{10}$$

$$\therefore \oint_C \frac{Z+2}{(Z-1)(Z^2+9)} dZ = 2\pi i \left(\frac{3}{10}\right) = \frac{3\pi i}{5}$$

(b) $Z=-1$ 為四階極點，且在範圍內

$$\text{Res}(-1) = \frac{1}{3!}\lim_{Z\to -1}\frac{d^3}{dZ^3}(Z^3+2Z^2+3Z+4) = \frac{1}{3!}(6) = 1$$

$$\therefore \oint_C \frac{Z^3+2Z^2+3Z+4}{(Z+1)^4}dZ = (2\pi i)(1) = 2\pi i$$

(c) $\sin Z = 0$ 且滿足 $C:|Z|=4$ 的範圍，僅 $Z=0$，$Z=\pm\pi$

故：

$$\text{Res}(0) = \lim_{Z\to 0}\frac{Z^3+2}{\dfrac{d}{dz}(e^z\sin Z)} = \lim_{Z\to 0}\frac{Z^3+2}{(e^Z\sin Z + e^Z\cos Z)} = \lim_{Z\to 0}\frac{Z^3+2}{e^Z\cos Z} = 2$$

$$\text{Res}(\pi) = \lim_{Z\to \pi}\frac{Z^3+2}{\dfrac{d}{dz}(e^z\sin Z)} = \lim_{Z\to \pi}\frac{Z^3+2}{(e^Z\sin Z + e^Z\cos Z)} = \lim_{Z\to \pi}\frac{Z^3+2}{e^Z\cos Z}$$

$$= \frac{\pi^3+2}{-e^\pi} = -\frac{\pi^3+2}{e^\pi}$$

$$\text{Res}(-\pi) = \lim_{Z\to -\pi}\frac{Z^3+2}{\dfrac{d}{dz}(e^z\sin Z)} = \lim_{Z\to -\pi}\frac{Z^3+2}{(e^Z\sin Z + e^Z\cos Z)} = \lim_{Z\to -\pi}\frac{Z^3+2}{e^Z\cos Z}$$

$$= \frac{-\pi^3+2}{-e^{-\pi}} = \frac{\pi^3-2}{e^{-\pi}}$$

$$\therefore \oint_C \frac{Z^3+2}{e^Z\sin Z}dZ = 2\pi i\left(2 - \frac{\pi^3+2}{e^\pi} + \frac{\pi^3-2}{e^{-\pi}}\right)$$

7-9 柯西積分的應用

幾種應用柯西積分來求解積分：

第一類型：$\int_0^\infty f(x)dx$，其中 $f(x)$ 為偶函數。

例題 7-24

求 $\int_0^\infty \dfrac{2x^2}{1+x^4}dx$。

解

由於所求之函數為偶函數，所以

$$\int_{-\infty}^{\infty} \frac{x^2}{1+x^4} dx = \int_{-\infty}^{0} \frac{x^2}{1+x^4} dx + \int_{0}^{\infty} \frac{x^2}{1+x^4} dx = \int_{0}^{\infty} \frac{2x^2}{1+x^4} dx$$

可將原積分範圍修改為

$$\int_{0}^{\infty} \frac{2x^2}{1+x^4} dx = \int_{-\infty}^{\infty} \frac{x^2}{1+x^4} dx$$

考慮複數函數之封閉積分

$$\oint_C \frac{Z^2}{1+Z^4} dZ$$

其中 C 路徑包含整個 x 軸與半徑無窮大的上半圓 C_R，如圖 7.6 所示。

此區域 R 包含了 $\frac{Z^2}{1+Z^4}$ 的單極點：

$e^{\frac{\pi}{4}i}$，$e^{\frac{3}{4}\pi i}$，其剩值為

(而 $e^{\frac{5}{4}\pi i}$, $e^{\frac{7}{4}\pi i}$ 不在上半圓 R 內)

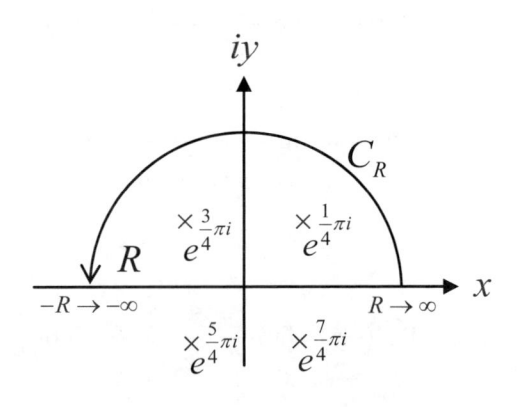

▲ 圖 7.6 例 7-24 積分路徑

$$\text{Res}(e^{\frac{\pi}{4}i}) = \lim_{x \to e^{\frac{\pi}{4}i}} \frac{Z^2}{\frac{d}{dZ}(1+Z^4)} = \lim_{x \to e^{\frac{\pi}{4}i}} \frac{Z^2}{4Z^3} = \lim_{x \to e^{\frac{\pi}{4}i}} \frac{1}{4Z} = \lim_{x \to e^{\frac{\pi}{4}i}} \frac{1}{4} Z^{-1} = \frac{1}{4} e^{-\frac{\pi}{4}i}$$

$$\text{Res}(e^{\frac{3}{4}\pi i}) = \lim_{x \to e^{\frac{3}{4}\pi i}} \frac{Z^2}{\frac{d}{dZ}(1+Z^4)} = \lim_{x \to e^{\frac{3}{4}\pi i}} \frac{Z^2}{4Z^3} = \lim_{x \to e^{\frac{3}{4}\pi i}} \frac{1}{4Z} = \lim_{x \to e^{\frac{3}{4}\pi i}} \frac{1}{4} Z^{-1} = \frac{1}{4} e^{-\frac{3}{4}\pi i}$$

$$\oint_C \frac{Z^2}{1+Z^4} dZ = 2\pi i \left[\frac{1}{4} e^{-\frac{\pi}{4}i} + \frac{1}{4} e^{-\frac{3}{4}\pi i} \right] = \frac{2\pi i}{4} \left[(\frac{1}{\sqrt{2}} - i\frac{1}{\sqrt{2}}) + (\frac{1}{\sqrt{2}} - i\frac{1}{\sqrt{2}}) \right]$$

$$= \frac{\pi i}{2} \left[(\frac{1}{\sqrt{2}} - i\frac{1}{\sqrt{2}}) + (-\frac{1}{\sqrt{2}} - i\frac{1}{\sqrt{2}}) \right] = \frac{\pi i}{2} (-i\frac{2}{\sqrt{2}}) = \frac{\pi}{\sqrt{2}}$$

$$\therefore \lim_{R \to \infty} \int_{C_R} \frac{Z^2}{1+Z^4} dZ = 0$$

因此 $\lim_{R \to \infty} \int_{-R}^{R} \frac{Z^2}{1+Z^4} dZ = \int_{-\infty}^{\infty} \frac{x^2}{1+x^4} dx = \frac{\pi}{\sqrt{2}}$

故得 $\int_0^\infty \dfrac{2x^2}{1+x^4}\,dx = \int_{-\infty}^\infty \dfrac{x^2}{1+x^4}\,dx = \dfrac{\pi}{\sqrt{2}}$

例題 7-25

試求 $\int_{-\infty}^\infty \dfrac{x^2}{x^4+10x^2+9}\,dx$ 之值。

解

$$\begin{aligned}\oint_C F(Z)dz &= \int_{-\infty}^\infty \dfrac{Z^2}{Z^4+10Z^2+9}dZ \\ &= \int_{-\infty}^\infty \dfrac{x^2}{x^4+10x^2+9}dx + \lim_{R\to\infty}\int_{C_R}\dfrac{Z^2}{Z^4+10Z^2+9}dZ \\ &= \int_{-\infty}^\infty \dfrac{x^2}{x^4+10x^2+9}dx\end{aligned}$$

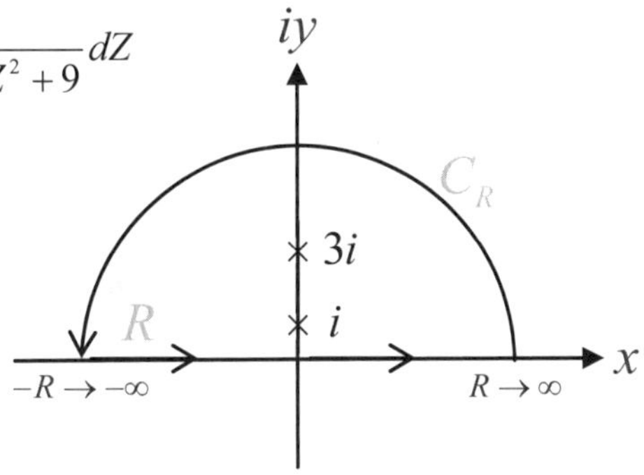

考慮複數函數之封閉積分

$$\oint_C \dfrac{Z^2}{Z^4+10Z^2+9}dZ = \oint_C \dfrac{Z^2}{(Z^2+1)(Z^2+9)}dZ$$

路徑 C 僅包含有效極點 $i, 3i$ (位於上半圓內)

$\operatorname{Res}(i) = \lim\limits_{Z\to i}\dfrac{Z^2}{(Z+i)(Z^2+9)} = \dfrac{-1}{(2i)(-1+9)} = \dfrac{i}{16}$

$\operatorname{Res}(3i) = \lim\limits_{Z\to 3i}\dfrac{Z^2}{(Z^2+1)(Z+3i)} = \dfrac{-9}{(-9+1)(6i)} = \dfrac{-9}{48}i = -\dfrac{3}{16}i$

故 $\int_{-\infty}^\infty \dfrac{x^2}{x^4+10x^2+9}\,dx = 2\pi i(\dfrac{i}{16}-\dfrac{3}{16}i) = 2\pi i\times(-\dfrac{2i}{16}) = \dfrac{\pi}{4}$

▲ 圖 7.7　例 7-25 積分路徑

第二類型：$\int_0^{2\pi} f(\cos\theta,\sin\theta)d\theta$

例題 7-26

計算 $\int_0^{2\pi}\dfrac{d\theta}{\cos\theta+2\sin\theta+3}$。

解

令 $\begin{cases} Z = e^{i\theta} = \cos\theta + i\sin\theta \\ \dfrac{1}{Z} = Z^{-1} = e^{-i\theta} = \cos\theta - i\sin\theta \end{cases}$

則 $\begin{cases} dZ = ie^{i\theta}\, d\theta,\ d\theta = \dfrac{dZ}{iZ} \\ \cos\theta = \dfrac{1}{2}\left(Z + \dfrac{1}{Z}\right) \\ \sin\theta = \dfrac{1}{2i}\left(Z - \dfrac{1}{Z}\right) \end{cases}$

原積分

$$\int_0^{2\pi} \frac{d\theta}{\cos\theta + 2\sin\theta + 3} = \oint_c \frac{\dfrac{dZ}{iZ}}{\dfrac{Z + \dfrac{1}{Z}}{2} + \dfrac{Z - \dfrac{1}{Z}}{i} + 3}$$

$$= 2\oint_c \frac{dZ}{(i+2)Z^2 + 6iZ + (i-2)}$$

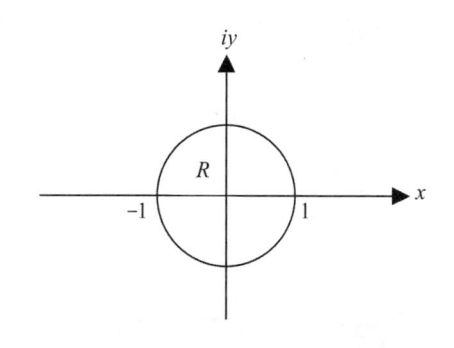

▲ 圖 7.8 例 7-26 積分路徑

$(i+2)Z^2 + 6iZ + (i-2) = 0$

$Z = \dfrac{-6i \pm \sqrt{(6i)^2 - 4(i+2)(i-2)}}{2(i+2)} = -\dfrac{1+2i}{5},\ -1-2i(\text{不合})$

$\operatorname{Res}(-\dfrac{1+2i}{5}) = \dfrac{1}{2(i+2)Z + 6i}\bigg|_{Z = -\frac{1+2i}{5}}$

$= \dfrac{1}{2(i+2)(-\dfrac{1+2i}{5}) + 6i} = \dfrac{1}{\dfrac{2}{-5}(i+2)(1+2i) + 6i}$

$= \dfrac{1}{\dfrac{2}{-5}(2 - 2 + i + 4i) + 6i} = \dfrac{1}{\dfrac{10i}{-5} + 6i} = \dfrac{-5}{10i - 30i} = \dfrac{-5}{-20i} = \dfrac{1}{4i}$

故 $\displaystyle\int_0^{2\pi} \frac{d\theta}{\cos\theta + 2\sin\theta + 3} = 2\oint_c \frac{dZ}{(i+2)Z^2 + 6iZ + (i-2)}$

$= 2 \times 2\pi i \times \operatorname{Res}(-\dfrac{1+2i}{5}) = 2 \times 2\pi i \times \dfrac{1}{4i} = \pi$

第三類型：$\int_{-\infty}^{\infty} f(x)\cos mx\,dx$ 或 $\int_{-\infty}^{\infty} f(x)\sin mx\,dx$

例題 7-27

求下列積分值：

(a) $\int_{-\infty}^{\infty} \dfrac{\cos mx}{x^2+a^2}dx$

(b) $\int_{-\infty}^{\infty} \dfrac{\sin mx}{x^2+a^2}dx$

解

考慮 $\oint \dfrac{e^{imZ}}{Z^2+a^2}dZ$，其中僅單極點 $Z=ai$ 落於上半圓內

$$\text{Res}(ai) = \lim_{Z\to ai} \dfrac{e^{imZ}}{\dfrac{d}{dZ}(Z^2+a^2)} = \lim_{Z\to ai}\dfrac{e^{imZ}}{2Z} = \dfrac{e^{-am}}{2ai}$$

則 $\oint \dfrac{e^{imZ}}{Z^2+a^2}dZ = 2\pi i\left[\dfrac{e^{-am}}{2ai}\right] = \dfrac{\pi}{a}e^{-ma}$

又 $\oint \dfrac{1}{Z^2+a^2}e^{imZ}dZ = \int_{-\infty}^{\infty}\dfrac{1}{x^2+a^2}e^{imx}dx$

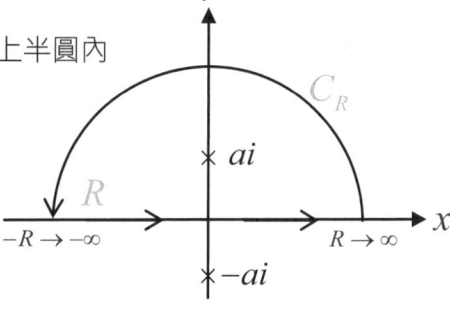

$$= \int_{-\infty}^{\infty}\dfrac{\cos mx}{x^2+a^2}dx + i\int_{-\infty}^{\infty}\dfrac{\sin mx}{x^2+a^2}dx = \dfrac{\pi}{a}e^{-ma}+i0$$

▲圖 7.9　例 7-27 積分路徑

故比較上式得

$$\int_{-\infty}^{\infty}\dfrac{\cos mx}{x^2+a^2}dx = \dfrac{\pi}{a}e^{-ma},\quad \int_{-\infty}^{\infty}\dfrac{\sin mx}{x^2+a^2}dx = 0$$

例題 7-28

根據上題結果求下列積分式：

(a) $\int_{0}^{\infty}\dfrac{x\sin mx}{x^2+a^2}dx$

(b) $\int_{0}^{\infty}\dfrac{\cos mx}{(x^2+a^2)^2}dx$

(c) $\int_0^\infty \dfrac{x \sin mx}{(x^2+a^2)^2} dx$

解

(a) 由上題結果，得

$$\int_{-\infty}^{\infty} \dfrac{\cos mx}{x^2+a^2} dx = \int_{-\infty}^{0} \dfrac{\cos mx}{x^2+a^2} dx + \int_0^{\infty} \dfrac{\cos mx}{x^2+a^2} dx$$

$$= 2\int_0^{\infty} \dfrac{\cos mx}{x^2+a^2} dx = \dfrac{\pi}{a} e^{-ma}$$

故 $\int_0^{\infty} \dfrac{\cos mx}{x^2+a^2} dx = \dfrac{\pi e^{-ma}}{2a}$

將上式左右二邊對 m 微分

$$\dfrac{d}{dm} \int_0^{\infty} \dfrac{\cos mx}{x^2+a^2} dx = \dfrac{d}{dm}\left(\dfrac{\pi e^{-ma}}{2a}\right)$$

$$\Rightarrow \int_0^{\infty} \dfrac{-x \sin mx}{x^2+a^2} dx = -\dfrac{\pi e^{-ma}}{2}$$

得 $\int_0^{\infty} \dfrac{x \sin mx}{x^2+a^2} dx = \dfrac{\pi e^{-ma}}{2}$

(b) 由上題的結果可知 $\int_0^{\infty} \dfrac{\cos mx}{x^2+a^2} dx = \dfrac{\pi e^{-ma}}{2a}$

將上式左右二邊對 a 微分

$$\dfrac{d}{da} \int_0^{\infty} \dfrac{\cos mx}{x^2+a^2} dx = \dfrac{d}{da}\left(\dfrac{\pi e^{-ma}}{2a}\right)$$

$$\Rightarrow \int_0^{\infty} \dfrac{-2a \cos mx}{(x^2+a^2)^2} dx = \dfrac{-m\pi e^{-ma}}{2a} - \dfrac{\pi e^{-ma}}{2a^2}$$

得 $\int_0^{\infty} \dfrac{\cos mx}{(x^2+a^2)^2} dx = \dfrac{\pi e^{-ma}(1+ma)}{4a^3}$

(c) 由本題之(a)小題的結果，可知

$$\int_0^{\infty} \dfrac{x \sin mx}{x^2+a^2} = \dfrac{\pi e^{-ma}}{2}$$

將上式左右二邊對 a 微分

$$\dfrac{d}{da} \int_0^{\infty} \dfrac{x \sin mx}{x^2+a^2} dx = \dfrac{d}{da} \dfrac{\pi e^{-ma}}{2}$$

$$\int_0^\infty \frac{0-2a(x\sin mx)}{(x^2+a^2)^2}dx = \frac{-\pi m e^{-ma}}{2}$$

因此，可得

$$\int_0^\infty \frac{x\sin mx}{(x^2+a^2)^2}dx = \frac{\pi m e^{-ma}}{4a}$$

精選習題

7.1 $Z_1 = 2+i$，$Z_2 = 1-2i$，求 $(a)Z_1+Z_2, (b)Z_1-Z_2, (c)Z_1 \cdot Z_2, (d)\dfrac{Z_1}{Z_2}$。

[解答] $(a)\ 3-i,\ (b)\ 1+3i,\ (c)\ 4-3i,\ (d)\ i$

7.2 試求 $Z^2+3Z+4=0$ 之所有根。

[解答] $Z = \dfrac{-3\pm\sqrt{7}i}{2}$

7.3 試求 $Z^4+16=0$ 之所有根。

[解答] $Z_1 = \sqrt{2}+i\sqrt{2}, Z_2 = -\sqrt{2}+i\sqrt{2}, Z_3 = -\sqrt{2}-i\sqrt{2}, Z_4 = \sqrt{2}-i\sqrt{2}$

7.4 試求 $Z^5 = (1-i)^4$ 之所有根。

[解答] $Z_1 = 2^{\frac{2}{5}}\left(\cos\dfrac{7\pi}{5} + i\sin\dfrac{7\pi}{5}\right), Z_2 = -2^{\frac{2}{5}}, Z_3 = 2^{\frac{2}{5}}\left(\cos\dfrac{3\pi}{5} + i\sin\dfrac{3\pi}{5}\right),$

$Z_4 = 2^{\frac{2}{5}}\left(\cos\dfrac{\pi}{5} + i\sin\dfrac{\pi}{5}\right), Z_5 = 2^{\frac{2}{5}}\left(\cos\dfrac{9\pi}{5} + i\sin\dfrac{9\pi}{5}\right)$

7.5 求 $(a)\ 2^{3i}\ (b)\ \ln(-1+i)\ (c)\ i^{(2+6i)}\ (d)\ \sinh(2i)$。

[解答] $(a)\ e^3(\cos\ln 2 + \sin\ln 2)$

(b) $\ln\sqrt{2}+i\dfrac{3}{4}\pi$

(c) $-e^{-3\pi}$

(d) $i\sin 3$

7.6 求下列複數函數的極限值：

(a) $\lim\limits_{Z\to 0}\dfrac{Z^2-2Z+8}{Z^2+3Z-4}$

(b) $\lim\limits_{Z\to 2}\left(\dfrac{1}{Z^3}-\dfrac{e^Z}{\ln(4Z+5)}\right)$

(c) $\lim\limits_{Z\to i}\dfrac{Z^6+1}{Z^2+1}$

(d) $\lim\limits_{Z\to 0}\dfrac{1-\cos Z}{e^z-1}$

[解答] (a) -2，(b) $\dfrac{1}{8}-\dfrac{e^2}{\ln(13)}$，(c) 3，(d) 0

7.7 求複數函數的導數 (a) Z^2+3Z-4 (b) $\dfrac{Z+1}{Z-1}$。

[解答] (a) $2Z+3$，(b) $\dfrac{-2}{(Z-1)^2}$

7.8 求線積分 $\int_{i}^{1-2i} Z^2\,dZ$。

[解答] $\dfrac{1}{3}(-2-4i)$

7.9 試利用複變函數觀念，証明下述二倍角之公式：

(a) $\cos 2\theta=\cos^2\theta-\sin^2\theta=2\cos^2\theta-1=1-\sin^2\theta$

(b) $\sin 2\theta=2\sin\theta\cos\theta$

[解答] 以複變函數觀念，証明之。

7.10 試利用複變函數觀念，證明下述四倍角之公式：

(a) $\cos 4\theta = 8\cos^4 \theta - 8\cos^2 \theta + 1$

(b) $\sin 4\theta = 4\sin\theta\cos\theta - 8\sin^3 \theta \cos\theta$

[解答] 以複變函數觀念，證明之。

7.11 試證 $\cos \bar{z}$ 於任意處皆不為 z 之解析函數。

[解答] 以複變函數觀念，證明之。

7.12 導出下列函數對 $z=0$ 的泰勒級數展開式：

(a) $f(z) = e^{-z}$

(b) $f(z) = \sinh z$

[解答] (a) $1 - z + \dfrac{z^2}{2!} - \dfrac{z^3}{3!} + \dfrac{z^4}{4!} + \ldots$

(b) $z + \dfrac{z^3}{3!} + \dfrac{z^5}{5!} + \dfrac{z^7}{7!} + \ldots$

7.13 已知函數 $u(x,y) = x^3 - 3xy^2$，試求 $v(x,y) = ?$ 使得 $f(Z) = u + iv$ 為解析函數。

[解答] $v(x,y) = 3x^2 y - y^3 + c$

7.14 求 $\oint_C \dfrac{\sinh Z}{(Z-3)^2(Z+4)} dZ$，其中 C 為 $|Z|=2$ $|Z|=2$ 的圓。

[解答] 0

7.15 求 $\oint_C \dfrac{\sin Z}{Z^2+1} dZ$，其中 C 為 $|Z|=3$ 的圓

[解答] $i2\pi \sinh 1$

7.16 求積分

(a) $\oint_C \dfrac{Z^2+1}{(Z+1)(Z+2)} dZ \quad C:|Z|=\dfrac{3}{2}$。

(b) $\oint_C \dfrac{Z^5+1}{e^Z \sin Z} dZ \quad C:|Z-2|=3$。

解答 (a) $4\pi i$, (b) $2\pi i \left[1-\dfrac{\pi^5+1}{e^\pi}\right]$

7.17 試求 $\displaystyle\int_{-\infty}^{\infty} \dfrac{x^2}{(x^2+a^2)(x^2+b^2)} dx$。

解答 $\dfrac{\pi}{a+b}$

7.18 試求 $\displaystyle\int_{-\infty}^{\infty} \dfrac{\cos mx}{(x-a)^2+b^2} dx$。

解答 $\dfrac{\pi e^{-mb} \cos ma}{b}$

7.19 計算 $\displaystyle\int_0^{2\pi} \dfrac{d\theta}{3+2\cos\theta}$。

解答 $\dfrac{2\pi}{\sqrt{5}}$

7.20 計算 $\displaystyle\int_0^{2\pi} \dfrac{d\theta}{5+4\sin\theta}$。

解答 $\dfrac{2\pi}{3}$

附錄
APPENDIX

本章大綱

附錄 A　三角函數之基本性質及公式
附錄 B　雙曲與反雙曲函數之基本性質及公式
附錄 C　各類微分公式
附錄 D　各類積分公式
附錄 E　分部積分與快速積分法
附錄 F　向量微分運算子之一些有用公式
附錄 G　行列式之降階法
附錄 H　Cauchy 定理之證明

附錄 A　三角函數之基本性質及公式

(1) 三角函數的徑度與角度之換算

$$180° = \pi \text{ 徑度量}；1° = \frac{\pi}{180} \text{ 徑度量}；1\text{徑度量} = \frac{180°}{\pi}$$

(2) 三角函數的一些特殊角值

角（徑）度	$\sin\theta$	$\cos\theta$	$\tan\theta$	$\cot\theta$	$\sec\theta$	$\csc\theta$
$\theta = 0° = 0\pi$	0	1	0	———	1	———
$\theta = 30° = \frac{\pi}{6}$	$\frac{1}{2}$	$\frac{\sqrt{3}}{2}$	$\frac{1}{\sqrt{3}}$	$\frac{\sqrt{3}}{1}$	$\frac{2}{\sqrt{3}}$	$\frac{2}{1}$
$\theta = 45° = \frac{\pi}{4}$	$\frac{1}{\sqrt{2}}$	$\frac{1}{\sqrt{2}}$	$\frac{1}{1}$	$\frac{1}{1}$	$\frac{\sqrt{2}}{1}$	$\frac{\sqrt{2}}{1}$
$\theta = 60° = \frac{\pi}{3}$	$\frac{\sqrt{3}}{2}$	$\frac{1}{2}$	$\frac{\sqrt{3}}{1}$	$\frac{1}{\sqrt{3}}$	$\frac{2}{1}$	$\frac{2}{\sqrt{3}}$
$\theta = 90° = \frac{\pi}{2}$	1	0	———	0	———	1
$\theta = 120° = \frac{2\pi}{3}$	$\frac{\sqrt{3}}{2}$	$-\frac{1}{2}$	$-\frac{\sqrt{3}}{1}$	$-\frac{1}{\sqrt{3}}$	$-\frac{2}{1}$	$\frac{2}{\sqrt{3}}$

(2) 三角函數的一些特殊角值(續)

角（徑）度	$\sin\theta$	$\cos\theta$	$\tan\theta$	$\cot\theta$	$\sec\theta$	$\csc\theta$
$\theta = 150° = \frac{5\pi}{6}$	$\frac{1}{2}$	$-\frac{\sqrt{3}}{2}$	$-\frac{1}{\sqrt{3}}$	$-\frac{\sqrt{3}}{1}$	$-\frac{2}{\sqrt{3}}$	$\frac{2}{1}$
$\theta = 180° = 1\pi$	0	−1	0	———	−1	———
$\theta = 270° = \frac{3\pi}{2}$	−1	0	———	0	———	−1
$\theta = 360° = 2\pi$	0	1	0	———	1	———

(3) 加法公式

$$\sin(\alpha+\beta) = \sin\alpha\cos\beta + \cos\alpha\sin\beta$$

$$\sin(\alpha-\beta) = \sin\alpha\cos\beta - \cos\alpha\sin\beta$$

$$\cos(\alpha+\beta) = \cos\alpha\cos\beta - \sin\alpha\sin\beta$$

$$\cos(\alpha-\beta) = \cos\alpha\cos\beta + \sin\alpha\sin\beta$$

$$\tan(\alpha+\beta) = \frac{\tan\alpha + \tan\beta}{1 - \tan\alpha\tan\beta}$$

$$\tan(\alpha-\beta) = \frac{\tan\alpha - \tan\beta}{1 + \tan\alpha\tan\beta}$$

(4) 倍角公式

二倍角公式

$$\sin 2\theta = 2\sin\theta\cos\theta$$

$$\cos 2\theta = 2\cos^2\theta - 1$$

$$= 1 - 2\sin^2\theta$$

$$= \cos^2\theta - \sin^2\theta$$

$$\tan 2\theta = \frac{2\tan\theta}{1 - \tan^2\theta}$$

三倍角公式

$$\sin 3\theta = 3\sin\theta - 4\sin^3\theta$$

$$\cos 3\theta = 4\cos^3\theta - 3\cos\theta$$

四倍角公式

$$\sin 4\theta = 4\sin\theta\cos\theta - 8\sin^3\theta\cos\theta$$

$$\cos 4\theta = 8\cos^4\theta - 8\cos^2\theta + 1$$

(5) 尤拉公式

$$e^{i\theta} = \cos\theta + i\sin\theta$$

$$e^{-i\theta} = \cos\theta - i\sin\theta$$

由尤拉公式，吾人可以將正弦、餘弦函數以指數函數表示如下：

$$\cos\theta = \frac{e^{i\theta}+e^{-i\theta}}{2}$$

$$\cos\theta = \frac{e^{i\theta}-e^{-i\theta}}{2i}$$

(6) 積化和差公式

$$\sin\alpha\cos\beta = \frac{1}{2}[\sin(\alpha+\beta)+\sin(\alpha-\beta)]$$

$$\cos\alpha\sin\beta = \frac{1}{2}[\sin(\alpha+\beta)-\sin(\alpha-\beta)]$$

$$\cos\alpha\cos\beta = \frac{1}{2}[\cos(\alpha+\beta)+\cos(\alpha-\beta)]$$

$$\sin\alpha\sin\beta = -\frac{1}{2}[\cos(\alpha+\beta)-\cos(\alpha-\beta)]$$

(7) 和差化積公式

$$\sin\alpha+\sin\beta = 2\sin\frac{\alpha+\beta}{2}\cos\frac{\alpha-\beta}{2}$$

$$\sin\alpha-\sin\beta = 2\cos\frac{\alpha+\beta}{2}\sin\frac{\alpha-\beta}{2}$$

$$\cos\alpha+\cos\beta = 2\cos\frac{\alpha+\beta}{2}\cos\frac{\alpha-\beta}{2}$$

$$\cos\alpha-\cos\beta = 2\sin\frac{\alpha+\beta}{2}\sin\frac{\alpha-\beta}{2}$$

(8) 冪次公式

$$\sin^2\alpha = \frac{1-\cos\alpha}{2} \quad , \quad \sin^3\alpha = \frac{3\sin\alpha-\sin 3\alpha}{4}$$

$$\cos^2\alpha = \frac{1+\cos\alpha}{2} \quad , \quad \cos^3\alpha = \frac{3\cos\alpha+\cos 3\alpha}{4}$$

附錄 B 雙曲與反雙曲函數之基本性質及公式

1. **雙曲函數**

    (1) 定義：

    $$\sinh x = \frac{e^x - e^{-x}}{2}$$

    $$\cosh x = \frac{e^x + e^{-x}}{2}$$

    $$\tanh x = \frac{e^x - e^{-x}}{e^x + e^{-x}}$$

    $$\coth x = \frac{e^x + e^{-x}}{e^x - e^{-x}}$$

    $$\text{sech}\, x = \frac{2}{e^x + e^{-x}}$$

    $$\text{csch}\, x = \frac{2}{e^x - e^{-x}}$$

    (2) 基本性質：

    $$\cosh x + \sinh x = e^x$$

    $$\cosh x - \sinh x = e^{-x}$$

2. **反雙曲函數**

    (1) 定義：

    $$\sinh^{-1} x = \ln(x + \sqrt{x^2 + 1})\,,\ x \in R$$

    $$\cosh^{-1} x = \ln(x + \sqrt{x^2 - 1})\,,\ x \geq 1$$

    $$\tanh^{-1} x = \frac{1}{2}\ln(\frac{1+x}{1-x})\,,\ -1 < x < 1$$

    $$\coth^{-1} x = \frac{1}{2}\ln(\frac{1-x}{1+x})\,,\ |x| > 1$$

$$\operatorname{sech}^{-1} x = \ln(\frac{1+\sqrt{1-x^2}}{x}) \text{，} 0<x\leq 1$$

$$\operatorname{csch}^{-1} x = \ln(\frac{1}{x}+\frac{\sqrt{1+x^2}}{|x|}) \text{，} x\neq 0$$

(2) 基本性質：

$$\sinh^{-1}(\frac{1}{x}) = \operatorname{csch}^{-1} x$$

$$\cosh^{-1}(\frac{1}{x}) = \operatorname{sech}^{-1} x$$

$$\tanh^{-1}(\frac{1}{x}) = \coth^{-1} x$$

附錄 C 各類微分公式

1. **基本微分公式**

    (1) $\dfrac{d}{dx}(c) = 0$，c 為常數

    (2) $\dfrac{d}{dx}(x^n) = nx^{n-1}$

    (3) $\dfrac{d}{dx}[f(x)]^n = n[f(x)]^{n-1} \times \dfrac{d}{dx}f(x)$

    (4) $\dfrac{d}{dx}\dfrac{f(x)}{g(x)} = \dfrac{f'(x)g(x)-g'(x)f(x)}{g^2(x)}$

    (5) $\dfrac{d}{dx}[f(x)g(x)] = f'(x)g(x)+g'(x)f(x)$

2. **指數函數與對數函數之微分**

    (1) $\dfrac{d}{dx}(e^x) = e^x$

    (2) $\dfrac{d}{dx}(a^x) = \dfrac{d}{dx}(e^{\ln a^x}) = \dfrac{d}{dx}(e^{x\ln a}) = e^{x\ln a} \times \dfrac{d}{dx}(x\ln a) = a^x(\ln a)$

(3) $\dfrac{d}{dx}(\ln x) = \dfrac{1}{x}, \forall x > 0$

(4) $\dfrac{d}{dx}(\log_a x) = \dfrac{d}{dx}(\dfrac{\log_e x}{\log_e a}) = \dfrac{d}{dx}(\dfrac{\ln x}{\ln a}) = \dfrac{1}{\ln a} \times \dfrac{1}{x} = \dfrac{1}{x \ln a}$

3. **三角函數與反三角函數之微分**

   (1) 三角函數之微分

   $\dfrac{d}{dx}(\sin x) = \cos x$

   $\dfrac{d}{dx}(\cos x) = -\sin x$

   $\dfrac{d}{dx}(\tan x) = \sec^2 x$

   $\dfrac{d}{dx}(\cot x) = -\csc^2 x$

   $\dfrac{d}{dx}(\sec x) = \sec x \tan x$

   $\dfrac{d}{dx}(\csc x) = -\csc x \cot x$

   (2) 反三角函數之微分

   $\dfrac{d}{dx}(\sin^{-1} x) = \dfrac{1}{\sqrt{1-x^2}}$

   $\dfrac{d}{dx}(\cos^{-1} x) = -\dfrac{1}{\sqrt{1-x^2}}$

   $\dfrac{d}{dx}(\tan^{-1} x) = \dfrac{1}{1+x^2}$

   $\dfrac{d}{dx}(\cot^{-1} x) = -\dfrac{1}{1+x^2}$

   $\dfrac{d}{dx}(\sec^{-1} x) = \dfrac{1}{|x|\sqrt{x^2-1}}$

   $\dfrac{d}{dx}(\csc^{-1} x) = -\dfrac{1}{|x|\sqrt{x^2-1}}$

4. **雙曲與反雙曲函數之微分**

   (1) 雙曲函數之微分

   $\dfrac{d}{dx}(\sinh x) = \cosh x$

   $\dfrac{d}{dx}(\cosh x) = \sinh x$

   $\dfrac{d}{dx}(\tanh x) = \sec h^2 x$

   $\dfrac{d}{dx}(\coth x) = -\csc h^2 x$

   $\dfrac{d}{dx}(\sec hx) = -\sec hx \tanh x$

   $\dfrac{d}{dx}(\csc hx) = -\csc hx \coth x$

   (2) 反雙曲函數之微分

   $\dfrac{d}{dx}(\sinh^{-1} x) = \dfrac{1}{\sqrt{x^2+1}}$, $x \in R$

   $\dfrac{d}{dx}(\cosh^{-1} x) = \dfrac{1}{\sqrt{x^2-1}}$, $x \geq 1$

   $\dfrac{d}{dx}(\tanh^{-1} x) = \dfrac{1}{1-x^2}$, $-1 < x < 1$

   $\dfrac{d}{dx}(\coth^{-1} x) = \dfrac{1}{1-x^2}$, $|x| > 1$

   $\dfrac{d}{dx}(\text{sech}^{-1} x) = -\dfrac{1}{x\sqrt{1-x^2}}$, $0 < x \leq 1$

   $\dfrac{d}{dx}(\text{csch}^{-1} x) = -\dfrac{1}{|x|\sqrt{1+x^2}}$, $x \neq 0$

附錄 D 各類積分公式

1. **基本積分公式**

    (1) $\int x^n dx = \dfrac{x^{n+1}}{n+1} + c$，$n \neq -1$

    (2) $\int \dfrac{1}{x} dx = \ln|x| + c$

2. **指數函數與對數函數之積分**

    (1) $\int e^x dx = e^x + c$

    (2) $\int a^x dx = \dfrac{a^x}{\ln x} + c$

    (3) $\int \dfrac{1}{x} dx = \ln|x| + c$

3. **三角函數與反三角函數之積分**

    (1) 三角函數之積分

    $\int \sin x dx = -\cos x + c$

    $\int \cos x dx = \sin x + c$

    $\int \tan x dx = \ln|\sec x| + c = -\ln|\cos x| + c$

    $\int \cot x dx = \ln|\sin x| + c$

    $\int \sec x dx = \ln|\sec x + \tan x| + c = -\ln|\sec x - \tan x| + c$

    $\int \csc x dx = \ln|\csc x - \cot x| + c = -\ln|\csc x + \cot x| + c$

    (2) 反三角函數之積分

    $\int \dfrac{1}{\sqrt{1-x^2}} dx = \sin^{-1} x + c = -\cos^{-1} x + c$

    $\int \dfrac{1}{1+x^2} dx = \tan^{-1} x + c = -\cot^{-1} x + c$

    $\int \dfrac{1}{|x|\sqrt{x^2-1}} dx = \sec^{-1} x + c = -\csc^{-1} x + c$

4. 雙曲函數與反雙曲函數之積分

   (1) 雙曲函數之積分

   $$\int \sinh x dx = \cosh x + c$$

   $$\int \cosh x dx = \sinh x + c$$

   $$\int \tanh x dx = \ln|\cosh x| + c$$

   $$\int \coth x dx = \ln|\sinh x| + c$$

   $$\int \operatorname{sech} x dx = \sin^{-1}(\tanh x) + c$$

   $$\int \operatorname{csch} x dx = \ln\left|\tanh(\frac{x}{2})\right| + c$$

   (2) 反雙曲函數之積分

   $$\int \frac{1}{\sqrt{x^2+1}} dx = \ln(x + \sqrt{x^2+1}) + c = \sinh^{-1} x + c$$

   $$\int \frac{1}{\sqrt{x^2-1}} dx = \ln(x + \sqrt{x^2-1}) + c = \cosh^{-1} x + c$$

附錄 E　分部積分法與快速積分法

1. 分部積分法

$$\int u dv = uv - \int v du = uv - \int u'v dx$$

例題 1

利用分部積分法，求 $\int x \cos x dx = ?$

解

$$\int x\cos x\,dx = \int x\,d\sin x$$
$$= x\sin x - \int (x)'\sin x\,dx$$
$$= x\sin x - \int (1)\sin x\,dx$$
$$= x\sin x - [-\cos x] + c$$
$$= x\sin x + \cos x + c$$

例題 2

利用分部積分法，求 $\int e^x \cos x\,dx = ?$

解

$$\int e^x \cos x\,dx = \int \cos x\,de^x$$
$$= e^x \cos x - \int (-\sin x)e^x\,dx$$
$$= e^x \cos x + \int (\sin x)e^x\,dx$$
$$= e^x \cos x + \int (\sin x)\,de^x$$
$$= e^x \cos x + [e^x \sin x - \int (\cos x\,e^x)\,dx]$$
$$= e^x \cos x + e^x \sin x - \int e^x \cos x\,dx$$
$$\therefore\ 2\int e^x \cos x\,dx = e^x \cos x + e^x \sin x$$
$$\Rightarrow \int e^x \cos x\,dx = \frac{e^x \cos x + e^x \sin x}{2} + c$$

2. 快速積分法

例題 3

利用快速積分法，求 $\int x^2 \sin x\,dx = ?$

解

$$
\begin{array}{c|cc|c}
\text{往} & x^2 & \sin x & \text{往} \\
\text{下} & 2x & -\cos x & \text{下} \\
\text{微} & 2 & -\sin x & \text{積} \\
\text{分} & 0 & \cos x & \text{分}
\end{array}
$$

因此可得

$$\int x^2 \sin x\, dx = -x^2 \cos x + 2x \sin x + 2\cos x + c$$

附錄 F　向量微分運算子之一些有用公式

關於向量的微分運算子，一些有用的公式：

(1) $\nabla \phi = \vec{i}\dfrac{\partial \phi}{\partial x} + \vec{j}\dfrac{\partial \phi}{\partial y} + \vec{k}\dfrac{\partial \phi}{\partial z}$ ，ϕ 為純量函數

(2) $\vec{A} \cdot \nabla = A_x \dfrac{\partial}{\partial x} + A_y \dfrac{\partial}{\partial y} + A_z \dfrac{\partial}{\partial z}$ （純量微分子）

(3) $(\vec{A} \cdot \nabla)\phi = A_x \dfrac{\partial \phi}{\partial x} + A_y \dfrac{\partial \phi}{\partial y} + A_z \dfrac{\partial \phi}{\partial z}$

(4) $(\vec{A} \cdot \nabla)\vec{B} = A_x \dfrac{\partial \vec{B}}{\partial x} + A_y \dfrac{\partial \vec{B}}{\partial y} + A_z \dfrac{\partial \vec{B}}{\partial z} \neq \vec{A} \cdot \nabla \vec{B}$

(5) $\vec{A} \times \nabla = \begin{vmatrix} \vec{i} & \vec{j} & \vec{k} \\ A_x & A_y & A_z \\ \dfrac{\partial}{\partial x} & \dfrac{\partial}{\partial y} & \dfrac{\partial}{\partial z} \end{vmatrix}$ （向量微分運算子）

(6) $(\vec{A} \times \nabla \phi) = \begin{vmatrix} \vec{i} & \vec{j} & \vec{k} \\ A_x & A_y & A_z \\ \dfrac{\partial \phi}{\partial x} & \dfrac{\partial \phi}{\partial y} & \dfrac{\partial \phi}{\partial z} \end{vmatrix}$

(7) $\nabla \cdot \vec{A} = \dfrac{\partial A_x}{\partial x} + \dfrac{\partial A_y}{\partial y} + \dfrac{\partial A_z}{\partial z}$

(8) $\nabla \cdot \nabla = \nabla^2 = \dfrac{\partial^2}{\partial x} + \dfrac{\partial^2}{\partial y} + \dfrac{\partial^2}{\partial z}$ (*Laplace* 運算子)

(9) $\nabla^2 \phi = \dfrac{\partial^2 \phi}{\partial x^2} + \dfrac{\partial^2 \phi}{\partial y^2} + \dfrac{\partial^2 \phi}{\partial z^2}$

(10) $\nabla^2 \vec{A} = \dfrac{\partial^2 \vec{A}}{\partial x^2} + \dfrac{\partial^2 \vec{A}}{\partial y^2} + \dfrac{\partial^2 \vec{A}}{\partial z^2}$

(11) $\nabla \cdot (\phi \vec{A}) = \phi (\nabla \cdot \vec{A}) + (\nabla \phi) \cdot \vec{A}$

(12) $\nabla \times (\phi \vec{A}) = \phi (\nabla \times \vec{A}) \times (\nabla \phi) \times \vec{A}$

(13) $\nabla \cdot (\vec{A} \times \vec{B}) = \vec{B} \cdot (\nabla \times \vec{A}) - (\vec{A} \cdot (\nabla \times \vec{B}))$

(14) $\nabla \cdot (\vec{A} \times \vec{B}) = \vec{A} \cdot (\nabla \times \vec{B}) + (\vec{B} \cdot \nabla) \vec{A} - \vec{B} (\nabla \cdot \vec{A}) - (\vec{A} \cdot \nabla) \vec{B}$

(15) $\nabla \times (\nabla \phi) = 0$

(16) $\nabla \cdot (\nabla \times \vec{A}) = 0$

(17) $\nabla \times (\nabla \times \vec{A}) = \nabla (\nabla \cdot \vec{A}) - \nabla^2 \vec{A}$

(18) $\nabla (\vec{A} \cdot \vec{B}) = \vec{A} \cdot \nabla \vec{B} + \vec{B} \cdot \nabla \vec{A} + \vec{A} \times (\nabla \times \vec{B}) + \vec{B} \times (\nabla \times \vec{A})$

附錄G 行列式之降階法

關於行列式的計算依降階法為之：

若 $|A|$ 是 n 階的行列式，則 $|A|$ 可以任一列或任一行的元素來展開。

$$|A| = \sum_{k=1}^{n}(-1)^{i+k}a_{ik}M_{ik}, (i=1,2,\cdots,n)$$

其中 M_{ik} 表示 a_{ik} 的子行列式

例如二階行列式 $|A| = \begin{vmatrix} a_{11} & a_{12} \\ a_{21} & a_{22} \end{vmatrix}$

經由降階：

$$|A| = a_{11}|a_{22}| - a_{12}|a_{21}|$$
$$= a_{11}a_{22} - a_{12}a_{21} \quad \text{（第一列元素展開）}$$

三階行列式 $|A| = \begin{vmatrix} a_{11} & a_{12} & a_{13} \\ a_{21} & a_{22} & a_{23} \\ a_{31} & a_{32} & a_{33} \end{vmatrix}$

經由降階

$$|A| = a_{11}\begin{vmatrix} a_{22} & a_{23} \\ a_{32} & a_{33} \end{vmatrix} - a_{12}\begin{vmatrix} a_{21} & a_{23} \\ a_{31} & a_{33} \end{vmatrix} + a_{13}\begin{vmatrix} a_{21} & a_{22} \\ a_{31} & a_{32} \end{vmatrix}$$

(第一列元素展開)

四階行列式及四階以上的高階行列式均依相同的方式先降至次高階再計算行列式值。

例如 $|A| = \begin{vmatrix} a_{11} & a_{12} & a_{13} & a_{14} \\ a_{21} & a_{22} & a_{23} & a_{24} \\ a_{31} & a_{32} & a_{33} & a_{34} \\ a_{41} & a_{42} & a_{43} & a_{44} \end{vmatrix} = a_{11}|M_{11}| + a_{12}|M_{12}| + a_{13}|M_{13}| + a_{14}|M_{14}|$

其中

$|M_{11}|$、$|M_{12}|$、$|M_{13}|$、$|M_{14}|$ 分別是 $a_{11}, a_{12}, a_{13}, a_{14}$ 的餘因子。

附錄 H　Cauchy 定理之證明

關於 Cauchy 定理證明如下：

若 R 表由一個或數個密閉曲線所圍成之密閉平面邊，而 $M(x,y)$，$N(x,y)$，$\dfrac{\partial M}{\partial y}$ 及 $\dfrac{\partial M}{\partial x}$ 在 R 區域中及周圍之密閉線 C 上皆為連續函數，且 C 為沿反時鐘方向之途徑，如圖示

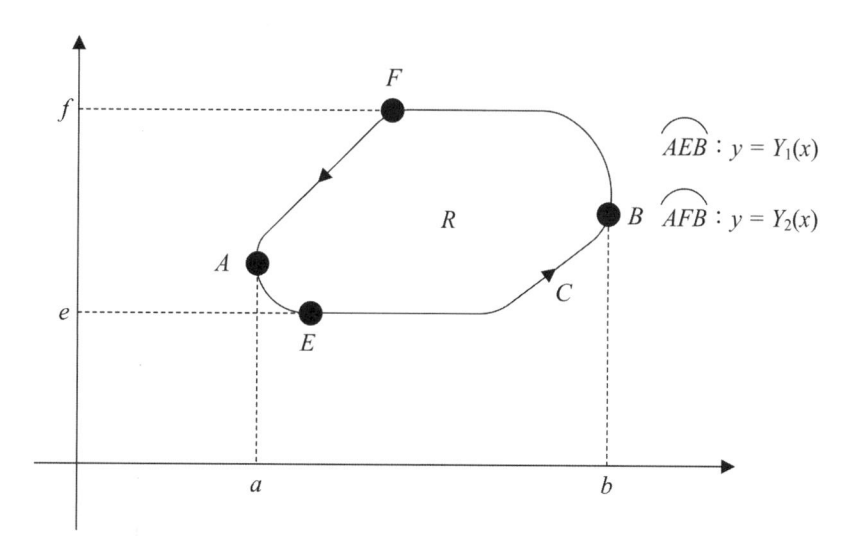

$\overparen{AEB} : y = Y_1(x)$

$\overparen{AFB} : y = Y_2(x)$

則 $\iint_R \dfrac{\partial M}{\partial y} dxdy = \int_a^b \left[\int_{Y_1(x)}^{Y_2(x)} \dfrac{\partial M}{\partial y} dy \right] dx$

$\qquad\qquad\qquad = \int_a^b [M(x, Y_2) - M(x, Y_1)] dx$

$\qquad\qquad\qquad = \int_b^a M(x, Y_2) dx - \int_a^b M(x, Y_1) dx$

$\qquad\qquad\qquad = -\left[\int_b^a M(x, Y_2) dx + \int_a^b M(x, Y_1) dx \right]$

$\qquad\qquad\qquad = \oint_C M(x, y) dx$

同理 $\iint_R \dfrac{\partial N}{\partial x} dxdy = \oint_C N(x, y) dx$

將上述兩式相加即可得 $\oint_C Mdx + Ndy = \iint_R \left[\dfrac{\partial M}{\partial x} - \dfrac{\partial M}{\partial y} \right] dx\, dy$

如果令 $f(Z) = M(x, y) + iN(x, y)$

則 $\oint_C Mdx + Ndy = -\iint_R \left[\dfrac{\partial N}{\partial x} - \dfrac{\partial M}{\partial y} \right] dx\, dy$

若 $f(Z)$ 滿足解析函數條件 $\Rightarrow \dfrac{\partial M}{\partial y} = -\dfrac{\partial N}{\partial x}$

因此 $\oint_C Mdx - Ndy = 0$ ·· (1)

同理 $\oint_C Mdx + Ndy = \iint_R \left[\dfrac{\partial M}{\partial x} - \dfrac{\partial N}{\partial y} \right] dx\, dy$

$\qquad\qquad f(Z)$ 解析的另一條件 $\dfrac{\partial M}{\partial x} = \dfrac{\partial N}{\partial y}$

因此 $\int_C Mdx - Ndy = 0$ ·· (2)

故 Cauchy 積分

$\qquad\oint_C f(Z) dZ = \oint_C (M + iN)(dx + idy)$

$\qquad\qquad\qquad = \oint_C (Mdx - Ndy) + i \oint_C (Mdy + Ndx)$

$\qquad\qquad\qquad = 0$

索引

二劃

二倍角公式　147

三劃

三倍角公式　148
子行列式　288

四劃

方向導數　250
方程式　3
分支　329
分量　228
內積　231
反矩陣　301
反微分運算子法　96

五劃

主值　329
未定系數法　85
半幅展開法　212
卡萊-漢米頓定理　314
可解析　332
外積　234

六劃

全解　6
共軛矩陣　284
共軛複數　327

六劃

向量　228
向量場　237
向量函數　237
自變數　2

七劃

初值定理　157
伴隨矩陣　288
克萊姆法則　296

八劃

拉卜拉斯變換　124
拉氏變換　126
奇函數　207
非線性微分方程式　4
非齊性　64

九劃

柏努力方程式　59
柯西方程式　78
柯西-高賽定理　342
柯西積分定理　345
柯西黎曼方程式　333
矩陣　282
郎士基行列式　66

十劃

高斯消去法　299
高斯散度定理　269

格林定理 258
特解 6
特徵值 306
特徵向量 307
特徵方程式 307
秩 289
迴旋定理 159
純量 228
純量場 237
馬克士威方程式 254

十一劃

偏微分方程式 3
偶函數 208
常微分方程式 3
參數變換法 92
梯度 250
旋度 252
第一移位定理 139
第二移位定理 139
終值定理 157
通解 6
逐項積分法 88

十二劃

傅立葉積分法 215
傅立葉級數 197
剩值定理 346
勞倫級數 346
單位矩陣 283
散度 252
虛部 324
週期函數 196

十三劃

微分方程式 3
雷建德方程式 109
零矩陣 283

十四劃

對角線矩陣 283
齊性 64
實部 324
赫密特矩陣 284
赫維賽德展式定理 150
複角公式 148
複數平面 324

十五劃

線性微分方程式 4
撓率 247
餘因子 288

十六劃

輻角 325

十七劃

應變數 2
環路積分 340

十八劃

轉置矩陣 284